国家自然科学基金项目(51478217,51478216)
资助出版
中央高校基本科研业务费专项基金

城市与区域规划空间分析方法

The spatial analysis methods in urban and regional planning

尹海伟　罗震东　耿　磊·编著

U0242808

东南大学出版社
SOUTHEAST UNIVERSITY PRESS
·南京·

内 容 提 要

　　本书以城市与区域规划空间分析方法为核心,针对城市与区域规划实践工作需求,以 GIS、RS、SPSS 等软件平台为支撑,从经济地理空间格局、自然生态环境本底特征、土地利用动态演化三个方面为城市与区域规划提供了分析框架与案例借鉴。

　　本书着重介绍空间分析方法在城市与区域规划中的具体应用,是探讨新时期如何将空间分析方法更好地融入当前城市与区域规划中的一次综合尝试。本书可供城市与区域规划、城市规划管理等相关领域的科研、教育、实践工作者参考。

图书在版编目(CIP)数据

城市与区域规划空间分析方法 / 尹海伟,罗震东,
耿磊编著. — 南京 :东南大学出版社,2015.8(2020.9重印)
　ISBN 978 - 7 - 5641 - 5758 - 6

　Ⅰ. ①城… Ⅱ. ①尹… ②罗… ③耿… Ⅲ. ①城市规
划—分析方法—研究 ②区域规划—分析方法—研究
Ⅳ. ①TU984

　中国版本图书馆 CIP 数据核字(2015)第 112054 号

城市与区域规划空间分析方法

出版发行	东南大学出版社
出 版 人	江建中
社　　址	南京市四牌楼 2 号
邮　　编	210096
经　　销	全国各地新华书店
印　　刷	虎彩印艺股份有限公司
开　　本	787 mm×1092 mm　1/16
印　　张	14.5
字　　数	399 千
版　　次	2015 年 8 月第 1 版
印　　次	2020 年 9 月第 3 次印刷
书　　号	ISBN 978 - 7 - 5641 - 5758 - 6
定　　价	45.00 元

(本社图书若有印装质量问题,请直接与营销部联系,电话:025—83791830)

前　言

近些年来,地理信息系统(GIS)与遥感(RS)技术在城市与区域规划领域的深入推广与广泛应用,使得遥感图像数据成为城市与区域规划空间数据的重要来源,改变了城市与区域规划主要依靠 AutoCAD 等绘图软件的状况。GIS 与 RS 已经逐渐成为国内外城市与区域规划技术平台的发展核心和主流方向,其在城市与区域规划领域的广泛应用为提高城市规划的科学性提供了重要技术支撑和保障。

本书以城市与区域规划空间分析方法为核心,针对城市与区域规划实践工作需求,以 GIS、RS、SPSS 等软件平台为支撑,从经济地理空间格局、自然生态环境本底、土地利用动态演化三个方面为城市与区域规划提供了分析框架与案例借鉴。

本书着重介绍空间分析方法在城市与区域规划中的具体应用,是探讨新时期如何将空间分析方法更好地融入当前城市与区域规划中的一次综合尝试。本书可供城市与区域规划、城市规划管理等相关领域的科研、教育、实践工作者参考。

本书由尹海伟、罗震东与耿磊负责总体设计,尹海伟和罗震东负责全书统稿与定稿工作。南京大学城市规划专业研究生汪鑫、曹子威、胡嘉佩、胡舒扬、薛雯雯、朱碧瑶、徐杰、廖茂羽、陈川、班玉龙、卢飞红、徐文彬、王晶晶、于亚平等,地理信息系统专业研究生刘凤凤、许峰等,负责部分章节数据文献资料、研究案例的整理工作,东南大学出版社马伟编辑为本书的出版做了大量的工作,在此一并表示衷心的感谢。

由于笔者专业知识背景与水平有限,本书难免存在不妥与疏漏之处,敬请广大同行和读者批评、指正。笔者邮箱:qzyinhaiwei@163.com。

尹海伟　罗震东　耿　磊
2015 年 1 月

目　　录

1 导 论

1.1 城市与区域规划发展的总体要求

1.1.1 科学性：更加注重探索城市与区域发展的客观规律

当前中国城市与区域规划面临着诸多重大挑战,这些挑战一方面来自整个中国社会面临的快速城镇化进程,另一方面还来自经济全球化不断深化所带来的城镇体系重构。伴随着生态文明、转型发展、新型城镇化等一系列发展理念的提出,中国迫切需要在社会主义市场经济条件下,建立与国家政治体制改革相适应的,有效完整的城乡空间规划体系(吴志强,2000),而通过空间规划进一步引导城镇、区域健康有序发展的时代已经到来。与此同时,生态环境保护、资源利用、人地关系、社会公平等一系列问题的集中爆发,导致社会舆论和广大民众对城市与区域规划的置疑与日俱增。在此背景下,无论是肩负起引领国家发展的重要责任,还是通过合理途径回应关于规划实践和绩效的诸多置疑,城市与区域规划都必须要通过不断地强化自身的科学性基础来实现。可以预见,科学性必将是今后一段时期城市与区域规划发展的核心追求和主旋律,也将是未来城市与区域规划学科发展的总体方向。

科学性是城市与区域规划的核心基础,是围绕规划对象和现实问题建构理论、标准、体系的综合过程。科学性的建立不仅将扭转规划领域单一的经验实证主义现状,促进规划理论和实践更加注重探索客观发展规律,同时也能够进一步明确其在指导社会经济发展中的关键作用与地位。实际上,有关城市规划科学性的讨论由来已久。一直以来如何提高城市规划的科学性都是学术界关注的热点,针对城市与区域规划是不是科学、如何构建科学标准、如何形成规划的科学对象等一系列理论问题形成很多次较大范围的讨论,确立了科学性在规划理论和实践发展中的重要地位(张兵,1998;孙施文,2000;邹德慈,2003;陈秉钊,2003;石楠,2003;马武定,2003;段进,2005;邹兵,2005;吴志强、于泓,2005;王世福,2005;谭少华、赵万民,2006;何兴华,2007;吴志强,2008)。与此同时,大量国内学者试图从技术层面进一步提升城市与区域规划的科学性基础。其中,李德贵、李坚(1990)建立了基本指标模型体系和诱导指标动态滚动模型体系,在编制云南思茅地区、昆明市晋宁县的发展战略规划中进行应用,以提升规划目标的精确性和自适应能力。姜爱林、包纪祥等(1998)对城市与区域规划的模型方法进行定量研究,尝试将定性分析方法与定量研究方法组合起来研究区域规划问题。齐新安(2001)运用多目标最优化方法探讨解决区域规划问题的思路、建模原则。李文实等(2003)探讨了 GIS 在城市与区域规划研究中管理数据、分析数据、辅助决策和表达规划成果等几个方面的应用,并就 GIS 在县域城镇体系规划中的应用提供了一个探索性的实证研究。毛汉英(2005)就新时期城市与区域规划的理论、方法与实践进行探讨,并提出新时期的区域规划应该普及 RS 和 GIS 技术,使区域规划从野外调查、资料收集、数据处理、计算模拟、规划制图到实施监督全过程实现信息化。上述研究通过技术层面的探讨与革新,在很大程度上增强了决策的针对性和可靠性,并以实际解决发展问题的视角为强化城市与区域规划的科学性基础提供了一条路径。

　　然而就整体而言,无论是在理论上还是在技术上,长期以来关于规划科学性的争论均更加关注一个问题,即规划是否为科学,是否符合科学的标准,是否具备科学的基本特征,却往往忽视另一个重要的问题,即规划科学性的来源究竟是什么。面对这一问题,石楠(2003)给出了明确清晰的答案:"城市规划科学性源于科学的规划实践。"

1.1.2　实践性:更加强调现实问题和规划实践的紧密结合

　　城市与区域规划科学性的来源是实践性,那么在新时期新背景下强调规划理论与现实问题的紧密结合就是城市与区域规划追求科学性的必然结果。城市与区域规划的实践性代表了当前规划发展的最前沿也是最切实的需求,明确实践性的地位有助于引导规划理论和实践按照正确的方向进行自我更新和发展。因此,实践性是城市与区域规划追求科学性的动力所在,正如李建军(2006)所说,规划理论与实践的演化正是"从错误中学习"的过程。然而实际上,最初对于城市与区域规划科学性的探索很多却并非是从实践性的角度展开的,而是带有明显的西方传统科学理论和还原论的痕迹,更加追求通过提高单一方法的精确性来实现规划整体的科学性。

　　长期以来,城市与区域规划的科学性更强调精确性、可重复性,试图通过不断逼近真实规律的模型、计量方法等,一劳永逸地得到确定性的回答某一问题的标准模式,并形成进一步认知的基础。自从 1960 年代以来,电子计算机技术和数学模拟方法应用于城市与区域规划研究,使得许多城市与区域规划问题得到了较为满意的解决,这也使人们相信通过技术方法的不断提升,能够更加趋近城市与区域规划的核心本质,看起来城市规划的方法将以一种全新的科学面貌出现。这一始于西方的思潮也深刻地影响着中国的规划学界,并引发大量学者沿此路径做出了不懈探索。然而,随着城市与区域规划的实践问题向着更为复杂、多元和不确定的方向演进,以及相关研究中大数据时代的来临(赫磊等,2012),这一传统路径遭遇了两个方面的现实瓶颈。首先,这一路径由于过于沉溺于单个方法的精确性而造成了自身的"复杂性"悖论,即一方面这种方法在理解和处理规划实践问题时已经过于冗长复杂,难以掌握;另一方面却在总体上又不够复杂,难以通过单一精确性的累加去解释和说明城市与区域问题的实际情况,即使相关方法能够进一步延伸发展,上述本质性的缺陷仍难以弥补。其次,这一路径导致了一种分解化、结构化的思维,试图将城市与区域发展系统的复杂性还原为简单性,从而为追求具体方法的精确性提供条件。但是,由于系统内部要素之间的复杂性与非线性相互作用,"简单相加"的分解思想即使能局部反映系统的特征,其最终研究也将失败,因此难以适应大数据背景下,以复杂科学为特征的规划科学性发展的需要(图 1-1)。

　　如果说基于还原论、追求单一方法精确性的路径,在既有的规划理论和实践中尚能占得一席之地的话,那么按照规划发展实践性的本质要求来看,未来的城市与区域规划必然将导向构建更为系统的、整体性的方法体系的道路上。综合性、整体性的方法即强调实践性、面向复杂性,形成有限解释的、以实践为基础和校验的演化理论,这一路径并不过度追求精确性的单一方法,相反更注重经验的科学方法观察、研究事物,更加强调通过科学方法探求有限的事实本原和变化现象(图 1-2)。仇保兴(2009)发现传统城市规划理论的西方科学基础实际上早已经发生了变化,同时更明确地提出城市与区域规划从单一连续性转向连续性与非连续性并存、从注重确定性转向确定性与非确定性并存、从突出城市的可分性转向可分性与不可分性并存,以及从严格的可预见性转向可预见性与不可预见性并存等 4 个转变方向,实际上已经明确注意到追求城市与区域规划科学性来源"另一条道路"的存在。此后,张林(2011)更是从系统动态的角度提出未来区域规划发展的前沿展望。这些研究无疑为我们探讨城市与区域规划的科学性来源提供了一种新的视角和思路。

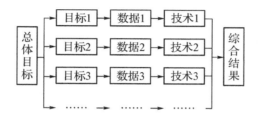

图 1-1 基于传统还原论的规划方法体系

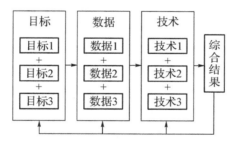

图 1-2 面向复杂多元环境的规划综合方法体系

规划的实践性将必然带来规划方法的系统性和综合性。既然城市与区域规划的科学性来源于实践性,那么实践性的基础和表现又是什么呢?是针对各类现实规划决策的支撑性。

1.1.3 支撑性:更加依赖规划在各领域中的决策支撑

城市与区域规划实践性的基础是支撑性,只有规划理论能够支撑实际的发展决策,才能通过实践过程验证自身的科学价值。同时,强化城市与区域规划的支撑性也为规划编制水平的提升明确了基本方向(鲁锐,1995;方创琳,2000;崔功豪,2002;胡序威,2002;鲍超、方创琳,2006)。很多学者均从支撑性角度入手,为新时期城市与区域规划的进一步发展提供了建设性的思考。其中,刘晓峰(2007)充分认识到支撑性的重要价值,提出市场经济条件下,城市与区域规划是由政治、经济、社会、工程技术等各方面相互作用而成的综合体,是政府利用可调控资源干预市场、进行宏观调控的重要手段。加强对规划理论的研究和发展,不断改进和完善规划的技术和方法,提高规划指标的可预测性和可控制性,编制可信度高、可行性强、优化度高和能促进国民经济持续健康发展的规划方案,是社会、经济和环境持续健康发展的重要前提和保障。苏腾(2008)则进一步强调支撑性作为规划发展提升的重要方向,提出城市与区域规划作为一种综合协调的角色,必须适应新的调整——以前只要把规划做好,等着各种建设主体来实施就可以;现在不但强调被动服务于市场主体,还需要对市场运行的状态进行判断和调控,将城市与区域规划作为一种公共政策来充分发挥其作用。刘卫东等(2011)则提出城市与区域规划的核心必须建立在满足国家和地区发展的重大需求基础之上,从而成为国家和区域发展策略(主体功能区划、重大地域空间规划、重大发展战略研究等)制定的重要支撑,并认为发挥这一作用有助于提升规划研究的科学地位。杨章贤(2011)进一步提出通过城市规划手段的信息化、基础数据库的建立、公众参与系统与城市规划管理信息系统(UPMIS)的建设等手段,构建高效的城市规划支持信息系统,辅助管理者做出科学决策,从而真正实现城市规划的高效化、人本化和科学化。

　　上述研究成果除了共同关注到支撑性在城市与区域规划研究中的重要意义之外,还普遍认识到,科学性、实践性和支撑性不仅是合一的,而且存在着价值和方法维度的双重递进。就价值维度而言,科学性是城市与区域规划发展的客观追求,实践性是科学性追求的判断标准和来源,支撑性则最终构成了实践性的基础和校验依据,三者缺一不可,是当前城市与区域规划面向复杂发展环境的发展方向与总体要求。而就方法维度而言,三者更体现为从保证方法自身的科学性基础,到以面向规划实践问题为适用准则,再到以提供决策支撑为最终目的的层次递进关系,这就构成了当前城市与区域规划方法体系的基本理论架构(图1-3)。以此为基础,在当前复杂多变的发展环境中,学术界愈发认识到城市与区域规划自身复杂科学的性质,也逐步认同以精确性为导向的单一技术方法已经难以真实反映城市与区域发展全貌、难以真实模拟复杂系统演化,因此在城市与区域规划追求科学性、实践性、支撑性的总体方向下,规划方法体系的综合性转向也就成为必然。这种综合性转向是城市与区域规划追求科学性、实践性和支撑性的必然结果,是面向复杂的、不确定的、多元的发展环境的主动应对。不同于既往单一强调城市与区域规划中的系统性、多主体参与以及多种方法的复合应用(事实上仍然是追求单一方法的简单加和),而是表现为从目标到数据再到方法的全面提升,包括多元目标综合协调、多类数据综合集成以及多样技术综合运用,是面向未来、适应未来、高度融合的全新体系框架。

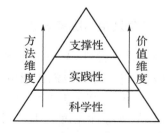

图1-3　城市与区域规划发展的科学性、实践性与支撑性之间的关系

1.2　城市与区域规划方法的综合性转向

1.2.1　多元目标的综合协调

　　城市与区域规划方法综合性转向首先体现在多元目标的综合协调。在面对复杂问题和多元格局的背景下,当前规划的目标不再是单一的,而是复合的。这种复合不仅是多目标多要求的,同时相互之间更是紧密关联、难以分割,体现为对于宏观整体发展趋势的综合性判断,要求在规划实践中能够统筹兼顾到其中的各种不同诉求。事实上,多元综合的目标很难按照传统手段进行清晰分解,而必须通过在规划数据选择、方法建构等层面的进一步融合去系统性、整体性地解决,因而目标的综合很大程度上决定了城市与区域规划的方法在出发点上就已经与过去的传统思路有所不同。

　　对于这一问题的研究,焦胜(2004)基于城市生态系统的多目标性,提出了以复杂性理论为基础的综合规划方法论,充分体现了城市生态系统在提升居住品质、保障景观质量、协调城市发展、稳定资金平衡等多方面的价值。吕斌、陈睿(2006)以城市群为研究对象,以系统论的观点推进规划方法转向综合研究的基本思想,进一步明确了目标的多元性将会引致规划方法的全面革新。吴志强、王伟(2008)明确提出"人们依然对城市区域合理的集聚程度、土地资源的集约利用与安全预警、不同聚居方式和产业集聚模式的能耗水平、城市区域的环境承载容量等大量关键问题缺乏客观而科学的定量研究",认为"快速的城镇化进程与几乎空白的区域规划理论与技术指导之间的矛盾已严重威胁着未来中国的可持续发展",并强调了建立"一套集成整合的地域城镇化检测技术集成体系"的重要性,其中对当前城市与区域规划发展的多元目标性有着非常深入的表述。李咏华(2011)明确指出引导当前城市空间扩张需要兼顾宏观政策层面节约土地资源、紧凑发展、低碳城市空间管理、严守耕地资源红线等多目标约束,并在此基础上通过城市增长边界的划定以支撑空间规划的制定与实施。上述研究均认识到当前城市与区域规划所面对的实践诉求已经发生质的变化,"混沌""多元""高度混合"的目标体系不仅是对宏观发展环境的适应,同时更将引领规划方法体系向着更加注重整体性、系统性的方向不断演进。

1.2.2　多类数据的综合集成

　　在多元目标的支撑下,当前城市与区域规划所面临的数据类型也正在发生翻天覆地的变化,这一变化主要体现在以下三个明确的方向。首先,数据的绝对数量发生了显著增长,这种增长不仅意味着数据自身的规模变化,同时更表征着数据的价值、流动性、挖掘利用难度等均显现出质的变化。其次,数据的综合性也大大提高,很多新形式的数据类别(例如流数据、网络信息数据等)仅从基本特征已经难以直接判别其所代表的空间信息属性,同样的数据往往既隐藏了空间位置又体现了个人习惯,甚至还包括政策影响、心理状态等一系列在传统数据中很难获取的信息,而这些大量适应当代互联网技术、个人信息技术的数据单元无疑为城市与区域规划提出了新的挑战。第三,与数据相匹配的规划方法体系面临重构,需要通过方法的集成、整合来进一步挖掘各类数据中的有用信息。

因此,多类数据的综合集成是多元目标体系下的必然结果,同时也必将带来城市与区域规划方法的更新与革命。

多类数据的出现要求规划在技术方法层面对数据进行集成研究。从形式上来说,数据的集成是不同来源、格式、特点、性质的地球空间数据逻辑或物理上的有机集中,有机是指数据集成时充分考虑了数据的属性、时间和空间特征、数据自身及其表达的地理特征和过程的准确性(李宗华,2005)。目前多类数据的综合集成趋势已经开始得到学术界的广泛认可。其中,吴晓莉(2001)很早就提出随着现代遥感技术的不断发展和完善,遥感数据具有的信息丰富、准确、现势性强等突出特点,能够成为城市与区域规划中一种重要的潜在数据源,并探讨了利用 GIS 和遥感集成技术将遥感数据在城市与区域规划领域中推广应用的可行性及对策。李圣文(2010)认为近年来国内的基础数据资源得到逐步积累,并形成了全国范围内的多尺度多主题的地理数据,并且提出未来多类数据整合发展的重点在于如何实现空间基础数据的共享,以更好地服务于各行业的发展、满足空间信息应用。张治华(2010)则以小见大,通过运用 GPS 于出行调查实现了对过去传统入户访谈或电话调查手段的全面提升,能够在一次性调查过程中获取包括出行轨迹、出行端点、出行方式、出行目的等一系列综合数据信息,从而大大提升了相关分析的数据丰富程度。牛强、宋小东(2012)针对规划过程中面对的大量不同种类、不同类别、不同编码方式的数据,提出了以元数据为基础支撑,整合多类数据使用、检索、集成技术,最终形成多类数据的复合高效利用体系。王芙蓉等(2013)通过对南京市借助"智慧规划"平台提升规划科学支撑实践的介绍,利用各类基础地理信息数据和规划信息数据的集成,形成了面向规划决策支持的重要平台,体现了多类数据集成在强化规划科学性、实践性、支撑性方面的重要价值。多元数据的出现已经让广大城市与区域规划研究者和实践者意识到,一个数据爆炸的时代已经到来,而综合集成数据的能力将决定未来城市与区域规划在社会经济空间发展方面的地位与价值。

1.2.3　多样技术的综合运用

多元目标与多类数据的叠合要求城市与区域规划的技术方法和体系向着更加系统化、综合化的方向演化提升。实际上,城市与区域系统作为一个始终变化的、开放且复杂的非线性系统,从 20 世纪初期开始,就有很多学者试图通过一些技术手段对其进行综合分析。随着城市分析模拟技术的日益进步,各类技术方法也在城市与区域规划实践中发挥着重要的作用,然而面对当前更为复杂多元的发展环境和发展诉求,传统的技术方法和体系已经难以提供足够支撑。就当前发展来看,GIS 与计算技术发展带动下的基于复杂适应系统的分析方法将是未来城市与区域规划技术的重要发展方向之一,而以 CA、MAS、SLEUTH 等为代表的一系列应用模型已经逐渐成为基于复杂适应系统理论的成熟工具,并标志着综合运用各种规划技术解决规划问题的时代已经到来。

国内城市与区域规划研究及实践中已经存在大量综合技术运用的有益尝试,在综合运用 GIS 分析工具方面做出了大量成果(党安荣等,2002;杜宁睿、李渊,2005;陈禹、钟佳桂,2006;黎夏等,2006;古琳、程承旗,2007)。其中,张雪松(2004)提出将传统规划 CAD技术与 GIS 相结合,能够有效地提高城市规划研究的数据应用性,从而极大地提高其对模糊、复杂空间问题的解决能力。郑新奇(2004)综合运用"GA 扩展—潜力等级—CA 扩展—GIS 耦合"集约优化配置模式,构建了城市土地利用集约度概念,建立了城市土地利用集约度模型,并成功运用到济南城区的实证研究中。焦胜(2004)运用 IDEA - CID 法、生态敏感性分析、生态适宜性分析、CA 模型、Logistic 模型等一系列分析方法,构建了城市生态系统规划的多层次分析方法,实现了对生态功能分区、生态系统平衡分析、环境系统协调控制乃至于人口发展的复合校验与支撑。徐昔保(2007)、赵丽元(2011)综合集成了 GIS、神经网络(ANN)、遗传算法(GA)和元胞自动机(CA)等技术,构建了城市土地利用演化模型和城市土地利用优化模型,为支持和辅助城市土地利用演化分析提供了坚实基础。景楠(2007)则集成多智能体、GIS、元胞自动机等技术模拟城市人口动态,为城市发展、建设、管理和规划提供决策支持。陈洁(2008)、龙瀛(2011)运用 CA、MAS、分形等复杂性科学研究工具,综合模拟城市的空间演化、道路系统规划等内容。张乐珊(2010)面向城市与区域发展的复杂性、动态性和不确定性,通过将二维平面增长模拟技术与三维技术的综合运用,实现了对城市开发情景和未来可能的发展模拟。李晓峰(2010)提出了将多领域(地理学、城市规划等)、多类型(数学规划模型、随机效用模型、投入产出模型、微观模拟模型等)、多对象(基于出行、行为等)的城市模拟模型方法进行综合运用,拓展其在规划应用与研究领域的价值。此外,李咏华(2011)综合 GIS 空间分析、土地转移矩阵、景观格局指数分析、绿色基础设施(GI)空间要素辨识及评价排序以及空间模拟等方法,以模块式组合建构了城市增长边界模型,并将其运用在杭州市的实践工作中,为精明增长模式下城市空间规划管理途径的探讨提供了有益的参考。

随着移动互联网络使用向居民活动、企业经营、科技研发以及政府管理的全面渗透,基于定位功能的移动信息设备(GPS、智能手机、IC 卡等)技术逐渐成熟,中国的"大数据"时代已经到来(秦萧等,2013)。可以预见的是,利用软件对网络数据进行挖掘,利用 GPS 或 LBS 设备结合 GIS 或网络日志来采集与分析居民行为数据,利用网络地图对获取的数据进行可视化开发等新兴技术的综合运用,将极大地扩展城市与区域规划研究的范围,并增加研究结果的精确性,而相关领域研究方法的交叉和融合将成为未来发展的主要趋势(秦萧等,2013)。

1.3　城市与区域规划分析的新框架

1.3.1　规划目标的系统解读

对应于综合性转向特征,当前城市与区域规划方法需要"综合判断＋交叉方法＋非单一导向"的全新分析框架,以此支撑规划实践适应当前复杂的环境背景及大数据时代的来临。其中,"综合判断"更多对应于规划问题多元目标的系统分析,通过建立更全面的特征描述强化更完善的基础支撑,以追求更准确的决策支持,从而将单一项目的不同诉求明晰细化。在此基础上,"交叉方法"强调通过多元分析手段的运用,从经济人文、自然生态和空间演化等多个维度将既有技术方法进行综合集成,形成根据目标体系设定的定制化、差别化的方法体系,最终为实践问题的解决奠定全面坚实的基础。而"非单一导向"则强调通过综合判断和交叉方法所得到的综合结论,还将与既有的方法体系实现反馈和评估,以促进目标和方法体系的合理化调整,从而提高整个规划流程的准确性和实践价值(图1-4)。

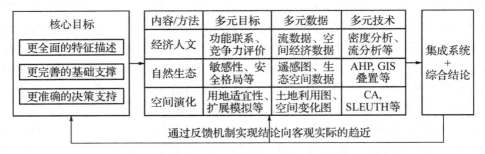

核心目标	内容/方法	多元目标	多元数据	多元技术	
更全面的特征描述	经济人文	功能联系、竞争力评价	流数据、空间经济数据	密度分析、流分析等	集成系统+综合结论
更完善的基础支撑	自然生态	敏感性、安全格局等	遥感图、生态空间数据	AHP, GIS叠置等	
更准确的决策支持	空间演化	用地适宜性、扩展模拟等	土地利用图、空间变化图	CA, SLEUTH等	

通过反馈机制实现结论向客观实际的趋近

图1-4　城市与区域规划的全新分析框架

在规划实践过程中,对于城市与区域发展目标的全面认知和解读,往往是保证规划适用性最为重要的出发点。综合目标的解读是一项系统工作,需要从多个角度、多个层面对规划对象的实际诉求进行深入剖析。例如在《冀中南区域空间布局规划》中,由于该地区位于河北省南部(包括石家庄、邯郸、邢台、衡水等4个地级市),处在河北省环首都和沿海两大战略发展核心区域的外围,西、南方向又分别临近中原经济区和济南都市圈,区域功能和空间关系非常复杂,对于其多元目标和发展价值的判断就尤为重要。为此,该研究通过构建国家政策层面、区域发展层面、多重规划层面三个维度的目标分析框架,充分探讨了新型城镇化路径、主体功能区规划以及区域发展战略等外部因素给冀中南地区发展带来的机遇和挑战,明晰了该地区在周边城市群、经济区及河北省内部的区位和价值,剖析了该地区既有各类规划中所存在的问题,最终确定了这一地区突破自身困境的基本目标,为后续的规划分析和方案生成奠定了基础。在《湖北省城镇化与城镇发展战略规划研究》中,由于城镇化是一个在较长时间维度上涉及经济、社会、文化等多元内涵的转变过程,具有长期性、综合性、复杂性等多方面的特征,特别是对于省域主体而言,这些特征表现尤为突出,因此,研究提出了以主动城镇化为核心,涉及区域关系、空间模式、产业转型以及人口配套等一系列问题的综合目标体系,为湖北省依据城镇化和产业结构升级、区域产业转移等规律,有意识、有目的、分阶段地引导规划实施并提高城镇化水平,实现城乡结构、产业结构、区域结构和收入结构的调整,为奠定经济发展转型基础提供了方向指引。可以说,多元目标的分析是多类规划方法集成的先决条件,如果没有综合目标体系的构建,诸多技术方法和分析手段将只能片面地解决细节问题,而难以对规划的总体诉求做出清晰、准确、有针对性的回应。

1.3.2　规划方法的多维集成

在规划实践过程中究竟选择何种方法进行发展条件的分析和规划方案的支撑,往往决定了这一规划在面向多元目标和复杂背景下的准确程度和应用价值,方法是规划具有科学性、实践性、支撑性的核心基础。规划方法的集成并不强调方法或手段数量的多寡,恰恰是由于规划目标无法避免的多元化和综合性导致了方法体系不得不做出主动适应,因而方法的选择需要建立在对规划对象实际诉求和现实问题全面分析的基础之上,选取最有针对性的、最"定制化"的技术方法,从而形成规划的技术支撑体系,保证规划内容具有充分的针对性和科学性。另外,规划方法的集成同样不是为了集成而集成,或简单的

"1+1=2"的叠合,而是更强调方法之间通过集成,从更加综合性的角度整体性描绘规划问题的轮廓并寻找破解之道,是对新环境中诸多复杂问题无法通过单一方法解决的重要补充。

规划方法的多维集成很大程度上建立于对传统经济、社会、生态、环境等数据进行定性、定量分析的基础之上,是融合 GIS、RS、SPSS 等分析手段而形成的一种"复杂交互"的方法体系。通常,规划方法集成的主要方向集中在经济人文、自然生态以及空间演化等基本领域,涵盖了城市与区域规划过程中对空间特征及其背后经济社会机制的关注重点,是当前规划分析过程中方法创新最为集中、方法运用最为成熟的几个重点板块,有助于保证方法体系的适用性。例如,《湖北省城镇化与城镇发展战略规划研究》首先综合运用 GIS、RS 等分析方法在宏观层面探讨湖北省的自然地理特征,并依据湖北省域自然地理与流域特征划分了三大区域,构成了湖北省城镇发展的生态空间本底。在此基础上,规划研究进一步结合历史地理分析,将湖北城镇化发展历程划分为新中国成立前、新中国成立后和改革开放后三个阶段,探讨了湖北省农业、工业、城镇发展与外部发展环境之间的关联关系,阐明了湖北在历史上获得"九省通衢""湖广熟、天下足"等美誉的根本原因,最终归纳了湖北省城镇发展与空间演化的基本历程与规律。基于自然地理与历史地理的分析,规划结合湖北省基年静态经济数据与多年动态经济数据的分析(图 1-5,见书后彩色图版)构建了以重力模型为基础的流空间模型,并加入客运班车、铁路等多种交通流数据以及企业活动、网络搜索等信息流数据进行校验,得出了相对完整的、较为准确的表征省内城镇联系的空间图谱(图 1-6,见书后彩色图版),进而从经济地理视角阐述湖北整体退居全国中游、武汉一极独大、省域中部塌陷等三个方面的发展困境与特征。最后,规划从人文地理视角分析湖北省城镇化困局的制度与文化内因,并将其总结为国家发展重心的转移、发展模式的路径锁定以及现代人文精神的缺失等多重因素,为制定城镇化发展的战略提供了关键依据。同样的,《冀中南区域空间布局规划》《山东省城镇化发展战略研究》中也充分运用流分析、密度分析、差值分析、空间模拟等一系列技术手段,从地区发展的阶段、特征、问题以及优势等入手,充分探讨了该地区发展的综合条件,并为规划制定发展战略及空间方案提供了重要支撑。

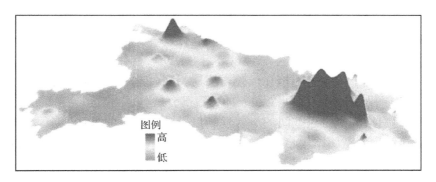

图 1-5　湖北省城镇化率空间模拟分布示意图

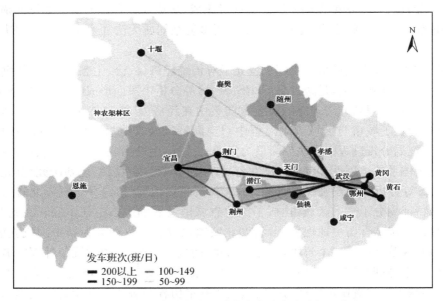

图 1 - 6　湖北省地级市间城市发车班次流分析示意图

1.3.3　规划内容的交叉反馈

　　目标的综合与方法的集成并不能够完全保证规划内容的准确性。实际上规划的科学性、实践性特征要求规划自身应该具备"试错"的功能和机制,只有在"试错"的过程中才能验证规划目标的制定是否全面准确,规划方法体系的建构是否合理有效。规划方法与规划内容的交叉反馈体现了实践性导向下规划过程的辩证思维,而这种辩证思维就是建立在综合性基础上的一种综合思维的体现。利用综合分析方法单向性地深入研究能够对整体中的某一层面形成较为深入的认识,但要想更加科学、全面地认识规划对象,仍不可避免地需要一个螺旋式不断提升的过程,要经历"肯定—否定—再肯定"等多个不同发展阶段,最后达到辩证统一,形成从目标到方法再到规划实践内容的连贯体系。

　　具体而言,在《湖北省城镇化与城镇发展战略规划研究》中,基于湖北省城镇化"质""量"并重的建设思路,规划将基本公共服务均等化、城乡统筹以及城镇化配套政策等内容与传统的综合交通、基础设施、生态建设等内容并重,同时强化破解城镇化现状问题的配套政策,强调规划成果内容的相互校验与反馈,并制定了推进城镇化建设的若干近期实施策略,成为规划保障体系中非常重要的构成部分。《冀中南区域空间布局规划》进一步将上述方法延伸,通过重点空间的深入规划以及近期行动的具体制定,从规划时序和规划层级两个维度对空间结构、交通体系、设施布局等内容进行了反馈调整,保证了规划体系的完整性和可实施性,体现了规划的科学性、实践性和支撑性。

　　城市与区域规划究竟如何进一步提高科学性,似乎始终都是一个复杂的问题,也可能始终没有确定的答案。但只要明确规划的科学性来自于实践性,其最终目的是为了强化支撑性,那么规划理论与实践的发展就始终可以保持在应对复杂发展环境变迁的前沿。而规划技术方法作为其中最为重要的支撑,虽然会随着外部环境、规划诉求乃至数据类型的改变而不断演化,但可以确定的是,技术方法的不断创新,对于发展出适应于中国特定时空环境下的地方性知识和在时性知识具有不可替代的重要价值和意义(罗震东,2012)。为此,希望本书对于规划方法的讨论,不仅可以为广大规划实践一线的工作人员提供技术支持,同时可以为规划理论的研究和探索提供启发。

参考文献

[1] 吴志强. 论进入 21 世纪时中国城市规划体系的建设[J]. 城市规划汇刊,2000(1): 1-5.

[2] 何兴华. 科学实在的理解与城市规划的认知对象[J]. 城市规划,2007,31(6):16-20.

[3] 石楠. 城市规划科学性源于科学的规划实践[J]. 城市规划,2003,27(2):82-83.

[4] 李建军. 保持我国城市规划学的科学本质——有感于当前我国城市规划实践的若干现象[J]. 城市规划学刊,2006(4):8-14.

[5] 张林. 系统视角下的区域规划范式研究[J]. 人文地理,2011(3):95-99.

[6] 仇保兴. 复杂科学与城市规划变革[J]. 城市规划,2009,33(4):11-26.

[7] 刘卫东,金凤君,张文忠,等. 中国经济地理学研究进展与展望[J]. 地理科学进展, 2011,30(12):1479-1487.

[8] 杨章贤. 信息时代区域发展与城市规划响应研究[D]. 长春:东北师范大学,2011.

[9] 鲍超,方创琳. 从地理学的综合视角看新时期区域规划的编制[J]. 经济地理,2006, 26(2):177-180.

[10] 胡序威. 我国区域规划的发展态势与面临问题[J]. 城市规划,2002,26(2):23-26.

[11] 方创琳. 我国新世纪区域发展规划的基本发展趋向[J]. 地理科学,2000,20(1):1-6.

[12] 鲁锐. 改进现行规划编制方法的一点思考[J]. 城市规划,1995(6):56-57.

[13] 崔功豪. 当前城市与区域规划问题的几点思考[J]. 城市规划,2002,26(2):40-42.

[14] 苏腾. 规划政策的系统动力学分析——以北京住房市场为例[D]. 北京:清华大学,2008.

[15] 焦胜. 基于复杂性理论的城市生态规划研究的理论与方法[D]. 长沙:湖南大学,2004.

[16] 李咏华. 基于 GIA 设定城市增长边界的模型研究[D]. 杭州:浙江大学,2011.

[17] 吴志强,王伟. 新时期我国城市与区域规划研究展望[J]. 城市规划学刊,2008(1): 23-29.

[18] 吕斌,陈睿. 我国城市群空间规划方法的转变与空间管制策略[J]. 现代城市研究, 2006(8):18-24.

[19] 李宗华. 数字城市空间数据基础设施的建设与应用研究[D]. 武汉:武汉大学,2005.

[20] 吴晓莉. 利用遥感技术拓展城市规划数据源——兼谈遥感技术在城市规划中的应用[J]. 城市规划,2001,25(8):24-27.

[21] 李圣文. 面向空间信息服务的 Web 协同关键技术研究[D]. 北京:中国地质大学,2010.

[22] 王芙蓉,窦炜,崔蓓,等. 智慧规划总体框架及建设探索[J]. 规划师,2013,29(2): 16-19.

[23] 牛强,宋小东. 基于元数据的城市规划信息管理新方法探索——走向规划信息的全面管理[J]. 城市规划学刊,2012(2):39-46.

[24] 张治华. 基于 GPS 轨迹的出行信息提取研究[D]. 上海:华东师范大学,2010.

[25] 马武定. 城市规划需要科学的评价标准[J]. 城市规划,2003,27(2):80-81.

[26] 陈秉钊. 城市规划科学性的再认识[J]. 城市规划,2003,27(2):81.

[27] 张兵. 城市规划学科的规范化问题——就《城市规划的实践与实效》所思[J]. 城市规划,2004,28(10):81-84.

[28] 赫磊,宋彦,戴慎志. 城市规划应对不确定性问题的范式研究[J]. 城市规划,2012,36(7):15-22.

[29] 陈禹,钟佳桂. 系统科学与方法概论[M]. 北京:中国人民大学出版社,2006.

[30] 党安荣,毛其智,王晓珠. 基于 GIS 空间分析的北京城市空间发展[J]. 清华大学学报(自然科学版),2002,42(6):814-817.

[31] 杜宁睿,李渊. 规划支持系统(PSS)及其在城市空间规划决策中的应用[J]. 武汉大学学报(工学版),2005,38(1):137-142.

[32] 古琳,程承旗. 基于 GIS-Agent 模型的武汉市土地利用变化模拟研究[J]. 城市发展研究,2007,6:47-51.

[33] 黎夏,叶嘉安,刘小平. 地理模拟系统在城市规划中的应用[J]. 城市规划,2006,30(6):69-74.

[34] 张雪松. 基于螺旋模型的城市数字规划研究[D]. 武汉:武汉大学,2004.

[35] 郑新奇. 基于 GIS 的城镇土地优化配置与集约利用评价研究[D]. 郑州:解放军信息工程大学,2004.

[36] 景楠. 基于多智能体与 GIS 的城市人口分布预测研究[D]. 广州:中国地球科学院广州地球化学研究所,2007.

[37] 徐昔保. 基于 GIS 与元胞自动机的城市土地利用动态演化、模拟与优化研究——以兰州市为例[D]. 兰州:兰州大学,2007.

[38] 陈洁. 基于复杂性科学的虚拟城市建模研究[D]. 济南:山东师范大学,2008.

[39] 张乐珊. 基于元胞自动机和 VR-GIS 技术的城市空间增长三维动态模拟及应用研究[D]. 青岛:中国海洋大学,2010.

[40] 李晓峰. 基于城市发展的城市模拟模型应用前景研究[D]. 天津:天津大学,2010.

[41] 龙瀛. 面向空间规划的微观模拟:数据、模拟与评价[D]. 北京:清华大学,2011.

[42] 赵丽元. 基于 GIS 的土地利用交通一体化微观仿真研究[D]. 成都:西南交通大学,2011.

[43] 秦萧,甄峰,熊丽芳,等. 大数据时代城市时空间行为研究方法[J]. 地理科学进展,2013,32(9):1352-1361.

[44] 罗震东,何鹤鸣,韦江绿. 基于公路客流趋势的省域城市间关系与结构研究[J]. 地理科学,2012,32(10).

[45] 毛汉英. 新时期区域规划的理论、方法与实践[J]. 地域研究与开发,2005,24(6):1-6.

[46] 李文实,黄民生,吴健平. 基于 GIS 的区域规划研究[J]. 世界地理研究,2003,12(4):

52-57.

[47] 齐新安. 区域经济规划的多目标最优化问题探讨[J]. 安徽农业大学学报(社会科学版),2001,10(3):8-10.

[48] 姜爱林,包纪祥. 区域经济规划的模型设计[J]. 贵州财经学院学报,1998(5):46-48.

[49] 李德贵,李坚. 区域经济规划动态滚动模型[C]//科学决策与系统工程——中国系统工程学会第六次年会论文集,1990.

[50] 谭少华,赵万民. 论城市规划学科体系[J]. 城市规划学刊,2006(5):58-61.

[51] 王世福. 当前城市规划学科发展的线索和路径[J]. 规划师,2005,21(7):7-9.

[52] 吴志强,于泓. 城市规划学科的发展方向[J]. 城市规划学刊,2006(6):2-10.

[53] 段进. 中国城市规划的理论与实践问题思考[J]. 城市规划学刊,2005,1:26.

[54] 孙施文. 有关城市规划实施的基础研究[J]. 城市规划,2000,24(7):12-16.

[55] 罗震东. 科学转型视角下的中国城乡规划学科建设元思考[J]. 城市规划学刊,2012(2):59-60.

2 经济地理空间格局分析

2.1 经济地理空间格局分析方法概述

2.1.1 经济地理空间格局分析的意义

区域分析是区域规划的科学基础和决策依据。只有认识区域，才能发展区域，只有分析区域，才能协调区域（崔功豪等，1999）。空间经济不平衡现象是区域发展中存在的普遍现象，它不仅在发达国家和发展中国家之间存在，在发达国家内部和发展中国家内部同样存在。经济地理学则试图揭开这种空间不平衡发展之谜（库姆斯，2011），其核心问题是解释地理空间中经济活动集聚现象及其背后的原因（梁琦，2005）。

经济地理空间格局是对区域经济活动集聚现象或者空间经济不平衡现象的描述与定量表征，是区域分析与区域规划所要探讨的核心问题。因此，在城市与区域规划中将区域经济地理空间格局作为重点内容进行分析研究，非常有助于全面、系统、正确地认识区域经济地理空间格局的动态演化特征、趋势与规律，为区域规划中的经济发展决策选择、经济空间合理布局及其他相关内容的规划制订提供有力的科学依据、方法支撑和决策支持。

2.1.2 经济地理空间格局相关研究简评

纵观目前有关经济地理空间格局的相关研究，可以将其概括为以下两类：

（1）第一类：基于区域差异系数的经济地理格局分析与评价

该类研究主要采用特定的区域差异系数（如基尼系数、变异系数、泰尔指数、锡尔系数、沃尔夫森指数、集中指数等），选取区域不同时段的某种属性数据，计算区域整体的差异系数，并用以表征区域经济的差异程度及其演化特征。

刘兆德等（2003）、欧向军等（2004）、吕晨等（2009）、孙姗姗等（2009）、李丽等（2010）、彭颖等（2010）、蔡安宁等（2011）、库姆斯（2011）、王洋等（2011）、陈培阳等（2012）、芦惠等（2013）、薛宝琪（2013）、蒋天颖等（2014）大批学者，分别采用泰尔指数、基尼系数、沃尔夫森指数、集中指数、变异系数、锡尔系数等区域差异指数，对不同研究对象的区域经济差异及其演变过程与格局进行了定量分析与评价，对正确理解区域经济地理空间格局的现状特征、动态演化趋势与规律，科学规划研究区的经济地理空间格局均具有重要的参考价值和借鉴意义。

然而，此类研究将"区域中各空间单元在经济发展过程中是完全独立的"作为区域差异格局分析的前提，忽视了区域内部各空间单元由于空间相邻所带来的相互联系和相互影响。因此，此类研究多以计算区域总体差异为主，在解释区域内部差异时适用性相对较差。要想完整地厘清区域经济地理格局,还应采用其他考虑地理单元空间关联的分析方法(例如空间自相关方法),为区域经济地理格局的研究提供重要补充。

(2) 第二类:考虑地理单元空间关联的经济地理空间格局分析

该类研究包括区域经济冷热区识别(即采用空间插值等分析方法,使用某种属性数据,按照一定标准对区域内各空间单元进行分类,进而甄别区域中的高值区(或称之为热点区)和低值区(或称之为冷点区)及其空间分布)、区域经济关联集聚区识别(即在考虑空间关联对经济活动影响的基础上,基于空间自相关,采用探索性空间数据分析方法(Exploratory Spatial Data Analysis,ESDA),对区域中的空间经济聚集情况进行分析,识别区域中的各类经济聚集区及其空间分布)。

李小建等(2001)、王洋等(2011)、陈培阳等(2011)、关兴良等(2012)学者,采用ESDA分析方法对中国区域经济地理空间格局进行了定量分析与评价,均发现区域经济增长的空间集聚特征明显,区域经济空间关联格局总体相对稳定。吕晨等(2009)基于GIS平台,利用ESDA技术,对2005年中国人口的空间格局进行研究,发现全国县域人口密度空间自相关性较强;局部空间自相关结果显示,京津冀、长三角、珠三角和四川盆地是“高高型”人口集聚区,而西北干旱区、内蒙古北部、东北北部山区属于“低低型”人口集聚区。

另外,许多学者采用相似的分析方法对中国不同区域的经济地理空间关联格局进行了大量的实证研究。例如,蒋天颖(2014)对浙江地区,李秀伟(2008)对东三省地区,张晓兵(2011)对“关中—天水”经济区,仇方道(2009)对淮海经济区,李丁(2013)对“兰州—西宁”城镇密集区,靳诚(2012)、胡毅(2010)对长三角地区,彭颖(2010)对成渝经济区,薛宝琪(2013)对中原经济区,李红(2012)对广西壮族自治区,陈培阳(2012)对福建省,李建豹(2011)对甘肃省,赵明华(2013)对山东省,王晓丹(2011)对广东省,柯文前(2013)对江苏省,方叶林(2013)对安徽省,所有这些案例研究结果均表明经济发展具有较强的空间关联特征,且区域经济地理空间存在集聚特征。但是,也有学者在研究快速发展地区(如长江三角洲)经济地理空间格局演化时也发现,热点区域并未呈现明显的地理集中现象。例如,靳诚(2012)通过ESDA相关分析,以4个时间断面的县域单元为研究对象,分析了1978年以来长江三角洲县域经济格局在空间上的变化情况,研究发现经济增长空间格局发展的态势在空间分布上表现出更多的随机性和结构不稳定性,热点区域切换频繁,没有明显的地理集中现象。

2.1.3　经济地理空间格局主要方法简介

1) 区域差异(集聚)系数计算

区域差异(集聚)系数计算是指通过计算某种系数来反映区域内各空间单元由于自然资源、历史基础、人口、技术、资金等发展要素不同而导致在经济发展水平和速度等方面出现的不平衡现象的方法。常用的区域差异(集聚)系数包括基尼系数、泰尔指数、沃尔夫森指数、集中指数、锡尔指数、变异系数等。

2) 空间插值分析等空间属性分析方法

空间属性分析指对区域中各空间单元的属性进行比较分析,主要用于区域经济地理格局中的经济冷热区及其动态演化分析。为了更好地表征区域规划的空间特性以及获得更好的表达效果,空间属性分析的结果还可以采用经济地理专题地图、空间插值分析以及三维可视化表达等手段呈现。

空间属性分析包括单因子分析和复合因子分析。单因子分析是指针对区域中各空间单元的单一同类属性进行比较研究,如各空间单元的 GDP 比较分析。复合因子分析是指针对区域中各空间单元的多个属性进行综合比较研究,如各空间单元的综合竞争力比较分析。

3）空间自相关分析方法

空间自相关分析是在考虑区域内各空间单元空间属性关联的基础上,对区域内空间单元的某一属性与相邻空间单元同一属性的相关程度进行考量的分析方法。区域差异系数计算的前提是空间单元是相互独立的,只能对不同层次的区域经济差异进行表象描述,而空间自相关分析考虑了区域空间单元的空间属性,可以很好地揭示区域内相邻空间单元的相互作用,从而发现空间集聚或异化现象。空间自相关性分析的常用技术手段是 ESDA,它是一系列空间数据分析方法和技术的集合,以空间关联测度为核心,通过对事物或现象空间分布格局的描述与可视化,发现空间集聚和空间异常,揭示研究对象之间的空间相互作用机制(吕晨等,2009)。

空间自相关性分析包括全局相关性分析和局部相关性分析。全局相关性分析是对区域内所有空间单元的整体相互联系程度进行分析,用于判断区域的某一属性在空间上的聚集程度,但无法回答区域属性的空间聚集格局。局部相关性分析是针对区域中的单个空间单元,计算其某一属性与相邻空间单元同一属性的相关程度,进而可以计算出具有某种特征的聚集区,从而揭示出经济地理空间格局的基本特征。

区域经济地理空间格局分析方法概览参见图 2-1。

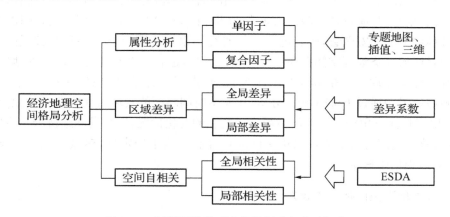

图 2-1 区域经济地理空间格局分析方法概览

2.2 经济地理空间格局分析框架

2.2.1 研究思路与框架

1）研究思路

城市与区域规划中的区域经济地理空间格局研究应遵循由数据(Data)、信息(Information)到知识(Knowledge)的总体研究思路。数据是对客观事物的数量、属性、位置及其相互关系的抽象表示；信息是多个数据积聚的纯粹结果，不反映客观事实；而知识是对数据、信息进行逻辑推导或者意义赋予而集聚产生的对某种客观事实的映射。区域拥有无穷的数据和信息，但区域的"知识"却需要从无穷数据和信息中选择部分数据和信息进行逻辑推导得出（图 2-2）。

图 2-2　区域经济地理空间格局分析的本质逻辑

区域经济地理空间格局分析需要相关区域的数据、信息作为研究基础，而不同的区域数据、信息经不同的逻辑推导或意义赋予方式会得到不同意义的经济地理空间格局。因此，区域经济地理格局应从既有可获取的数据、信息入手，通过多元的技术手段对这些数据和信息进行分析，并结合区域实际情况对分析结果进行综合研判，从而推导和辨识出该区域经济地理空间格局的特征及演化规律，进而为城市与区域规划中的区域经济发展决策选择、经济空间合理布局提供科学依据和决策支持。

2）研究框架

本研究以区域经济统计数据（如 GDP）和区域行政区空间数据为基础，以数据统计分析软件（如 SPSS）和地理空间分析软件（如 ArcGIS）为支撑，通过差异系数计算、空间差值分析、空间自相关分析等方法，从研究区经济地理空间的总体特征、静态格局与动态格局三个方面进行系统分析与定量评价（图 2-3）。

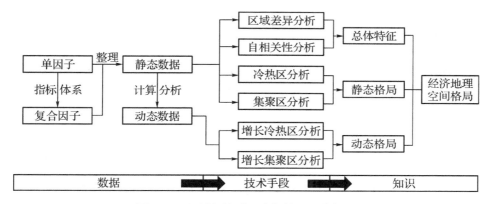

图 2-3　区域经济地理空间格局研究框架

区域经济地理空间的总体特征主要包括区域各空间单元经济发展的差异程度和相关程度。利用区域差异系数计算方法分析区域经济发展的差异程度，采用 ESDA 方法下的全局莫兰指数计算区域各空间单元经济属性的整体相关性。

静态格局分析包括经济冷热区分析和经济集聚区分析。区域经济差异不仅体现在程度上，还体现在空间分布上，经济冷热区分析即回答区域内经济热值（高值）与经济冷值（低值）是如何在区域内分布的。除经济冷热区外，经济地理空间格局分析还应回答空间单元间有没有由于相互邻近作用而在区域内形成集聚现象，如高值与高值集聚、低值与低值集聚、低值包围高值、高值包围低值等，即经济集聚区分析。结合研究区的静态数据,利用专题地图分析方法、空间插值分析方法、三维可视化表达方法、ESDA 方法下的 Getis - Ord G 统计分析方法等计算经济冷热区,并利用 ESDA 方法下的局部莫兰指数分析区域中的各类集聚区。

动态格局分析包括增长冷热区分析和增长集聚区分析,其分析方法与静态格局分析基本一致,只是使用的数据为研究区的动态数据。

2.2.2 方法与技术路线

1) 研究方法

(1) 区域属性分析

常见的方法有专题地图分析法、空间插值分析法、三维可视化分析法等,其本质均是将区域属性进行空间表达,以反映区域经济地理空间格局。用于分析的区域属性一般包括静态数据(如 GDP、人均 GDP 等)和动态数据(如增长率、增长速度等)两类。

①专题地图分析法。通过 ArcGIS 等地理空间分析软件,将区域各空间单元的同一经济属性如 GDP、人均 GDP 等与包含空间边界的空间数据进行属性或空间连接,利用 ArcGIS 下的符号系统功能和分类功能,以合适类型的专题地图方式对区域经济属性进行空间表达,并根据专题地图对该属性的空间分布特征进行解读,得到相应的区域经济冷热分区。

②空间插值分析法。插值分析法本质上是为了改变属性以空间单元为基本单位表达而造成的区域属性空间不连续的缺陷,以属性和空间单元形状为变量按一定的规则对属性在空间上的分布进行计算模拟,实现属性在区域内的连续表达。

③三维可视化分析法。利用 ArcGIS 平台下的 ArcScene,将空间插值分析结果图层进行三维可视化表达,生成区域经济空间的三维模型,通过峰谷空间分布格局的识别,可以非常直观地获取区域经济发展冷热分区的信息。

(2) 区域差异分析

常用的区域差异(集聚)系数有:标准差系数、变差(变异)系数、加权变异系数、基尼系数、沃尔夫森指数、泰尔(锡尔)指数等。其计算公式如下:

①标准差系数。用于衡量区域经济发展的绝对差异水平。

$$S = \sqrt{\frac{\sum_{i=1}^{n}(Y_i - \bar{Y})^2}{n}} \qquad (公式 2-1)$$

式中,Y_i 代表第 i 个空间单元的属性值,$\bar{Y}$ 代表区域所有空间单元的属性平均值,n 是区域空间单元的个数。

②变差(变异)系数。用于衡量区域经济发展的相对差异水平。

$$CV = \frac{S}{\bar{Y}} = \frac{1}{\bar{Y}}\sqrt{\frac{\sum_{i=1}^{n}(Y_i - \bar{Y})^2}{n}} \qquad (公式 2-2)$$

式中变量的含义与(公式 2-1)一致,下同。

③加权变异系数。对变异系数加权修正后进行区域相对差异水平测度的方法。

$$CV(w) = \frac{1}{\bar{Y}}\sqrt{\frac{P_i\sum_{i=1}^{n}(Y_i - \bar{Y})^2}{P}} \qquad (公式 2-3)$$

式中，P_i 指第 i 个空间单元的非 Y_i 的某属性值，P 是区域所有空间单元的该属性值之和，常用人口规模作为 P_i 值进行加权，具体分析案例中可根据需求进行选择。

④基尼系数。用于衡量区域经济发展的绝对差异水平。

$$G = \frac{1}{2\overline{Y}n^2}\sum_{j=1}^{n}\sum_{i=1}^{n}|Y_i - Y_j| \qquad (公式 2-4)$$

若考虑不同空间单元的加权比重，可改进（公式 2-4）进行基尼系数计算：

$$G = \frac{1}{2\overline{Y}}\sum_{j=1}^{n}\sum_{i=1}^{n}|Y_i - Y_j|P_iP_j \qquad (公式 2-5)$$

式中，变量的含义与（公式 2-1）、（公式 2-3）一致，下同。

⑤沃尔夫森指数。沃尔夫森利用基尼系数推导出来的一个指数。

$$W = \frac{2(U_* - U_1)}{M} \qquad (公式 2-6)$$

式中，U_* 指区域各空间单元某属性的平均值的修正值，$U_* = \overline{U}\times(1-基尼系数)$，$\overline{U}$ 指区域各空间单元某属性的算术平均值；U_1 指属性值最小的一半空间单元的属性平均值；M 是区域各空间单元该属性的中位数。

⑥泰尔（锡尔）指数。一种将区域差异分解为次区域内部差异与次区域区际差异进行运算的区域差异分析方法，其主要优点为可进行不同空间尺度的区域差异分解和多空间尺度的融合（王洋等，2011）。

$$T_i = \sum_{i=1}^{n}(P_i)\times\lg(P_i/Y_i) \qquad (公式 2-7)$$

式中，P_i 是区域第 i 个空间单元某非 Y 的 P 属性占区域该属性值总和的比重，常用人口规模作为 P 值进行加权，具体分析案例中可根据需求进行选择；其中 Y_i 是区域第 i 个空间单元某非 P 的 Y 属性占区域该属性值总和的比重。

可以按次区域内部差异与次区域区际差异对泰尔指数进行分解，计算方式如下：

$$T = T_{区际} + T_{区内} = \sum_{i=1}^{n}P_i\times\lg(P_i/Y_i) + \sum_{i=1}^{n}P_i\times T_i \qquad (公式 2-8)$$

式中变量的含义与（公式 2-7）一致。

（3）空间自相关性分析

空间自相关性分析包括全局空间自相关性分析与局部空间自相关性分析。

①全局空间自相关性分析。能够反映区域内各空间单元整体相关程度，常采用 ESDA 方法下的 Moran's I 指数（莫兰指数）和 Geary's C 指数来进行表征。

a. Moran's I 指数

$$\text{Moran's } I = \frac{\sum_{i=1}^{n}\sum_{j=1}^{n}w_{ij}(x_i - \bar{x})(x_j - \bar{x})}{S^2\sum_{i=1}^{n}\sum_{j=1}^{n}w_{ij}} \qquad (公式 2-9)$$

式中：x_i、x_j 分别为区域 i、j 的属性值，$\bar{x}$ 为区域的平均值；w_{ij} 为空间权重矩阵，用于定义空间单元的相互邻接关系,相邻为 1,不相邻为 0;n 为研究单元总数;$S^2 = \sum_{i=1}^{n} \dfrac{(x_i - \bar{x})^2}{n}$。同时,采用常用的标准化统计量 Z 来对 Moran's I 进行统计检验,计算方法如下:$Z(I) = \dfrac{I - E(I)}{\sqrt{Var(I)}}$,其中 $E(I)$ 为期望值,$Var(I)$ 为变异系数。

当 Moran's I 指数值为正且显著时,表明区域整体存在正的空间自相关性,即属性值高(或低)的空间单元在区域内显著集聚;当 Moran's I 指数值为负且显著时,表明区域整体存在负的空间自相关性,即区域内的空间单元与相邻单元存在显著差异,相似属性在区域内的空间分布是分散的;当 Moran's I 指数值为 0 时,区域各空间单元呈独立的随机分布,不具有相关性。

b. Geary's C 指数

$$\text{Geary's } C = \frac{(n-1)\sum_{i}^{n}\sum_{j}^{n} w_{ij}(z_i - z_j)^2}{2nS^2 \sum_{i}^{n}\sum_{j}^{n} w_{ij}} \qquad (\text{公式 } 2-10)$$

式中各指标的含义同(公式 2-9),下同。

Geary's C 统计使用 Geary's C 指数的均值进行分析。若均值在 $(0,1)$ 之间且显著时表明区域各空间单元具有正相关性,当均值大于 1 且显著时表明区域各空间单元具有负相关性;当均值为 1 时,表面区域各空间单元不具有自相关性。

②局部空间自相关性分析。能够考量区域局部几个空间单元在某个属性上的相关关系与程度,进而推断出与该属性相关的特征聚集的空间范围。局部空间自相关性分析一般采用 LISA(Local Indicators of Spatial Association)分析和 G(Getis - Ord G)统计进行表征。

a. LISA 分析:空间集聚分析

常用的 LISA 分析有局部 Moran's I 指数和 Moran 散点图。

局部 Moran's I 指数:

$$\text{Local Moran's } I_i = Z_i \sum_{j}^{n} w_{ij} Z_j \qquad (\text{公式 } 2-11)$$

式中,$Z_i = \dfrac{(x_i - \bar{x})}{\sqrt{\dfrac{1}{n}\sum_{i=1}^{n}(x_i - \bar{x})^2}}$,$Z_j = \dfrac{(x_j - \bar{x})}{\sqrt{\dfrac{1}{n}\sum_{j=1}^{n}(x_j - \bar{x})^2}}$,是各空间单元属性值的标准化形式。

在设定的显著水平下(一般是 $p < 0.05$),当 I_i 与 Z_i 均为正时,表面区域空间单元 i 与其相邻的空间单元的属性值均为高值,即区域在 i 空间单元处出现高高聚集现象(即 High - High 现象);当 I_i 与 Z_i 均为负时,表明区域空间单元 i 与其相邻的空间单元的属性值均为低值,即区域在 i 空间单元处出现低低聚集现象(即 Low - Low 现象);当 I_i 为负、Z_i 为正时,表明区域空间单元 i 的属性值高于与其相邻的空间单元的属性值,即区域在 i 空间单元处出现高低聚集现象(即 High - Low 现象);当 I_i 为正、Z_i 为负时,表明区域空间单元 i 的属性值低于与其相邻的空间单元的属性值,即区域在 i 空间单元处出现低高聚集现象(即 Low - High 现象)。

对不同区域聚集现象进行分析可以得到区域经济发展的各类分区。高高聚集现象代表了经济连片发达区,低低聚集现象代表了经济连片低洼区,高低聚集现象反映了区域中经济落后地区的中心单元,低高聚集现象反映了区域中经济发达地区中的塌陷单元。

Moran 散点图是描述某个空间单元的属性值 Z 与它的空间滞后值 w_Z(即该空间单元相邻单元的加权平均)的相关关系的一种图形方法。Moran 散点图分析以 Z 值作为横轴、w_z 作为纵轴,将区域所有空间单元分别划入 4 个象限,这 4 个象限分别对应 4 种空间集聚现象:落入第一象限的空间单元属于高高聚集区域;落入第二象限的属于低高聚集区域;落入第三象限的属于低低聚集区域;落入第四象限的属于高低聚集区域。这与 LISA 分析中的局部 Moran's I 指数确定空间集聚现象类似,但 Moran 散点图并没有给出显著水平,需要局部 Moran's I 指数补充分析。

b. G 统计分析:经济冷热区分析

$$G_i = \frac{\sum_j^n w_{ij} x_j}{\sum_j^n x_j} \qquad \text{(公式 2-12)}$$

为了更好地进行分析和比较,一般将 G_i 进行标准化处理:

$$Z(G_i) = \frac{G_i - E(G_i)}{\sqrt{Var(G_i)}} \qquad \text{(公式 2-13)}$$

式中,$E(G_i)$ 是 G_i 的期望值,$Var(G_i)$ 是 G_i 的变异系数。

如果 $Z(G_i)$ 显著且为正,表示空间单元 i 相邻单元的属性值相对较高,属于高值聚集区;反之亦反。

2) 技术路线

区域经济地理空间格局研究技术路线见图 2-4。

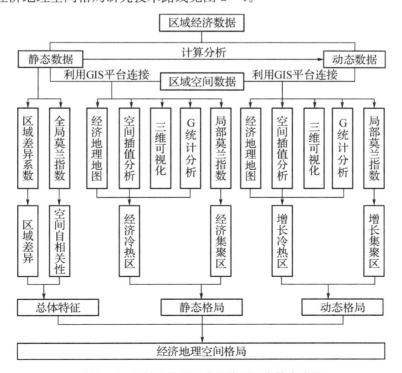

图 2-4 区域经济地理空间格局研究技术路线

2.3 案例应用解析

以河北省冀中南区域(指河北省位于京津之南的地区,包括石家庄、邯郸、邢台、衡水4个地级市,总面积 4.91 万 km²,图 2-5)作为研究对象,收集了 GDP、人均 GDP、地均GDP、全社会固定资产投资额等静态数据与 GDP 增长速度、相对发展率等动态数据,基于 Excel、ArcGIS 等软件平台,采用经济地理专题地图、插值分析、空间自相关等方法,对冀中南区域经济发展的差异程度、相关程度、经济冷热分区、经济集聚分区、增长冷热分区、增长集聚分区等进行了详细分析与定量评价,以期厘清冀中南区域经济地理空间格局的现状特征与演化规律,为河北省冀中南区域规划中的经济发展决策选择、经济空间合理布局及其他相关内容的规划策略制订提供有力的科学依据、方法支撑和决策支持。

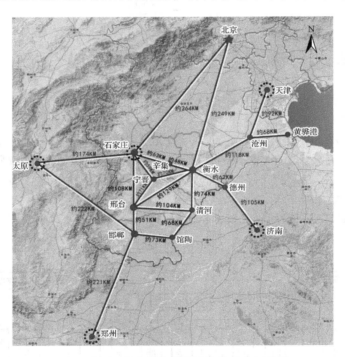

图 2-5 河北省冀中南区域空间尺度示意图

2.3.1 冀中南区域经济地理总体特征分析

(1)区域差异程度

选取冀中南区域 1996 年、2002 年、2005 年、2009 年各市县的 GDP 数据,计算冀中南区域 4 个时间节点的标准差系数和变异系数,以表征冀中南区域的经济差异程度(图 2-6)。

由图 2-6 可见,1996—2002 年,变异系数和标准差系数均变大,说明冀中南区域内部各市县经济差异程度大幅扩大;但 2002—2009 年,变异系数和标准差系数均逐渐变小,表明冀中南区域内部各市县经济差异程度逐渐缩小;冀中南区域 2009 年内部各市县经济差异程度仍然比 1996 年要大。由此可见,缩小区域内部差异还应是冀中南区域发展的重要目标之一。

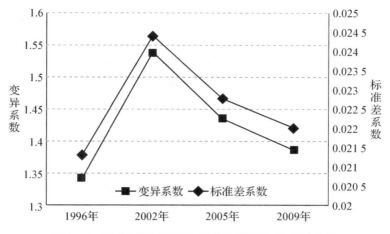

图 2－6　冀中南区域不同年份的变异系数、标准差系数

（2）区域空间自相关分析

选取冀中南区域 1996 年、2002 年、2005 年、2009 年各市县的 GDP 数据,利用 Arc-GIS 平台下的 Global Moran's I 模块计算冀中南区域 4 个时间节点的全局莫兰指数,以定量表征冀中南区域内部各市县经济发展的相关程度(图 2－7)。

由图 2－7 可见,1996—2002 年,全局莫兰指数从 0.188 8 下降到 0.140 8,说明冀中南区域内部各市县经济发展的相关程度有所下降;2002—2009 年,全局莫兰指数从 0.140 8 快速回升到 0.242 0,表明 2002—2009 年冀中南区域内部各市县经济发展的相关程度一直在稳步提升;冀中南区域 2009 年内部各市县经济发展的相关程度要远高于 1996 年,说明冀中南区域自 2002 年以来区域联动发展的势头逐步显现,未来将会呈现区域一体化进一步发展的趋势。

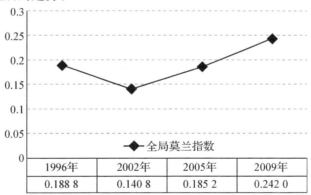

	1996年	2002年	2005年	2009年
全局莫兰指数	0.188 8	0.140 8	0.185 2	0.242 0

图 2－7　冀中南区域不同年份的全局莫兰指数系数比较

2.3.2　冀中南区域经济地理静态格局分析

（1）经济冷热区分析

基于地级市尺度,对区域内 4 个地级市的 GDP、人均 GDP 等数据进行比较分析,从整体上把握区域空间特征(图 2－8)。此外,依托 ArcGIS 平台,基于区县尺度,结合冀中南各市县(区)2009 年 GDP、人均 GDP、地均 GDP、社会固定资产投资额等数据,利用 GIS 专题地图方法、空间插值分析方法(本次案例以反距离权重法为例)、三维可视化表达法对各市县经济实力进行空间格局分析,进而辨识冀中南经济冷热区空间格局(图 2 - 9~图 2 - 11,见书后彩色图版)。

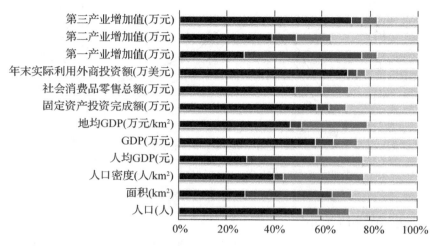

图 2 - 8　冀中南 4 市经济指标比较

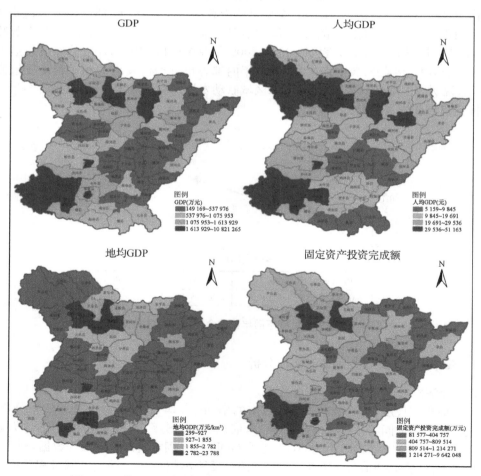

图 2 - 9　基于 GIS 专题地图方法的冀中南经济地理空间格局分析

首先,计算冀中南各市县 GDP 的平均值,利用 ArcGIS 平台的分类显示方法,对冀中南各市县按 GDP(人均 GDP、地均 GDP、固定资产投资完成额)的高低采用自然断裂点方法分成 4 类,并进行空间的可视化表达(图 2-9)。然后,利用 ArcGIS 平台下的反距离权重法对各市县 GDP、人均 GDP、地均 GDP、固定资产投资完成额进行空间插值分析(图 2-10),并使用 ArcScene 的三维模型对各市县 GDP、人均 GDP、地均 GDP、固定资产投资完成额的空间分布格局进行三维表达,以便进一步明晰区域经济空间格局(图 2-11)。

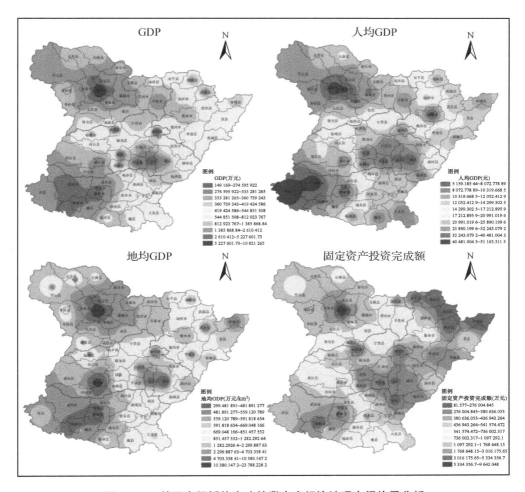

图 2-10　基于空间插值方法的冀中南经济地理空间格局分析

由分析结果可见,冀中南区域发展极不均衡,石家庄市、邯郸市两极凸显。无论是 GDP 总量,还是社会消费品零售总额、固定资产投资完成额等经济指标,石家庄和邯郸都表现出巨大的优势。从 GDP 空间格局可以看出,石家庄作为河北省省会,其省域中心的集聚能力尤为凸显;邯郸作为区域副中心城市,是晋冀鲁豫四省交界地区的重要增长核心。邢台、衡水两市的中心性则相对较弱,区域带动能力明显低于石家庄与邯郸。从人均 GDP 空间格局可以看出,石家庄、邯郸依然属于高值区,另外衡水的人均 GDP 水平在该区域中的表现也较为突出;"石家庄-衡水"、"石家庄-邯郸"两条十字轴线是冀中南区域的人均GDP高值带。地均GDP反映区域空间单元的产出效率,从地均GDP空间格局可以看出,除石家庄、邯郸外,邢台的产出效率也比较高,但带动能力弱于石家庄和邯郸,周边区域均较弱。从固定资产投资完成额空间格局可以看出,投资高值区集中于西部地区,东部地区只有衡水和西南部地区个别县市稍强,整体较弱。

通过对各市县GDP、人均GDP、地均GDP、社会固定资产投资完成额的分析结果进行综合判断,可以认为冀中南区域经济热区位于"邯郸-石家庄-衡水"十字发展带,经济冷区位于冀中南区域东南部。

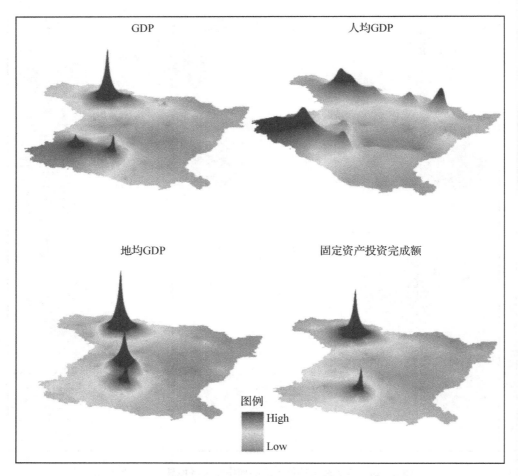

图2-11　基于三维可视化方法的冀中南经济地理空间格局分析

(2)经济集聚区分析

选取冀中南区域各市县1996年、2002年、2005年、2009年的GDP数据,利用Arc-GIS平台下的Local Moran's I模块计算冀中南区域4个时间节点各市县的局部莫兰指数以及集聚分区,以表征冀中南区域内部经济集聚的空间分布(图2-12)。

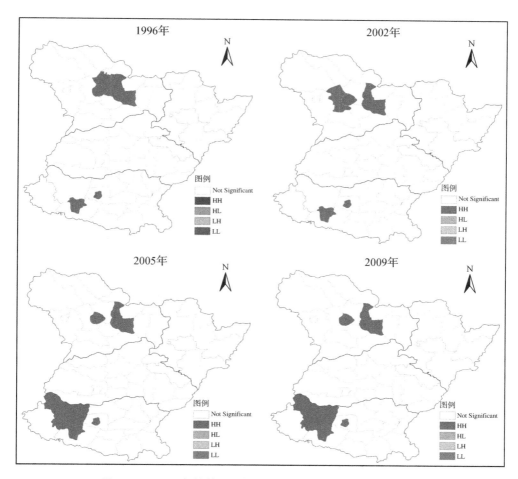

图 2 - 12　不同年份基于局部莫兰指数的冀中南经济集聚分区

　　由分析结果可见,1996 年、2002 年、2005 年、2009 年这 4 年均只出现了高高集聚区,也就是经济发达集聚区,但集聚范围较小,并未形成连绵区。1996 年经济发达集聚区主要有两处,分别为:石家庄市辖区及其周边的正定县、藁城市;邯郸市辖区。2002 年经济发达集聚区主要有两处,分别为:石家庄市辖区及其周边的鹿泉市、藁城市;邯郸市辖区。2005 年经济发达集聚区主要有两处,分别为:石家庄市辖区及其周边的藁城市;邯郸市辖区及其周边的武安市。2009 年经济发达集聚区分布与 2005 年一致。从高高集聚区的演化过程来看,冀中南区域主要有石家庄和邯郸两大经济发达集聚区,但尚未有大规模的经济连绵区形成,区域发展呈现极化发展的格局;石家庄市辖区与邯郸市辖区分别是冀中南区域两大发达集聚区的核心,近年邯郸集聚范围扩大到武安市,而石家庄集聚区范围在缩小,仅剩下石家庄市辖区与藁城市。

2.3.3　冀中南区域经济地理动态格局分析

　　(1) 增长冷热区分析

　　选取冀中南各市县 2002 年和 2009 年两个年份的 GDP 数据,计算各市县 GDP 的年均增长率和相对发展率(NICH)两个指标,并依托 ArcGIS 平台,利用 GIS 专题地图方法、空间插值分析方法(本次案例以反距离权重法为例)对各市县的经济发展速度进行定量分析与空间上的可视化表达,进而依托可视化表达结果对冀中南经济地理空间格局的动态变化进行分析(图2-13,见书后彩色图版)。

GDP平均增长率是2002年至2009年冀中南各市县GDP年均增长率的算术平均值,相对发展率(NICH) = $(G_{i2009} - G_{i2002})/(G_{总2009} - G_{总2002})$,其中$G_{i2009}$、$G_{i2002}$分别指冀中南的$i$县(市、区)2009年和2002年的GDP水平;$G_{总2009}$、$G_{总2002}$分别指冀中南区域整体2009年和2002年的GDP水平。相对发展率(NICH)能够较好地测度各地区在一定时期内相对大区域的发展速度,是衡量地区经济增长能力的指标(李丁等,2013)。

首先,计算冀中南各市县GDP的平均值,利用ArcGIS平台的分类显示方法,将冀中南各市县GDP年均增长率(相对发展率)分成4类,并进行空间的可视化表达(图2-13)。然后,利用ArcGIS平台下的反距离权重法对各市县GDP年均增长率、相对发展率进行空间插值分析,对GDP年均增长率、相对发展率的空间分布格局进行更好地表达,进一步明晰区域经济地理空间结构(图2-13)。

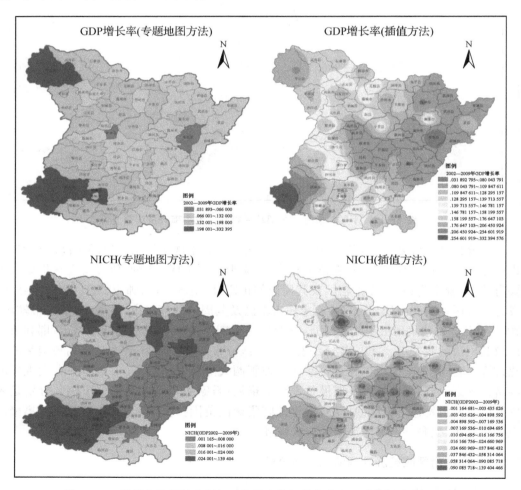

图2-13　基于年均增长率与相对发展率指标的冀中南区域增长冷热区分析

从年均增长率看,冀中南2002年至2009年间发展速度较快的区域集中于西部地区,但经济总量较大的石家庄地区并没有显示出突出的发展速度;此外,石家庄与邯郸、邢台之间的高邑县、柏乡县、临城县等地区由于距各大中心均较远,发展速度也较慢;东部地区普遍属于发展缓慢的区域,其中仅有衡水市相对较好,显示出了较快的发展速度。

从相对发展率来看,情况则有所不同。整体来说,经济增长能力较好的区域仍然处于西部区域,但石家庄地区的增长能力相当强,对周边区域的带动效果也较为明显,与周边区域形成"中心-腹地"的结构;另外,石家庄地区和邯郸邢台之间的县市由于缺乏中心带动,经济增长能力仍然较差;而东部地区仍然只有衡水地区具备较好的经济增长能力,但石家庄与衡水之间的区域经济增长能力也较好,从"石家庄—衡水"已经形成了一条增长能力较强的发展带。

综合考虑增长速度与相对发展率(NICH)两大因素,可以认为冀中南区域增长热区位于"石家庄—衡水""邯郸—邢台"两大发展快速区,增长冷区位于区域东南部发展缓慢区。

（2）增长集聚区分析

利用 ArcGIS 平台下的 Local Moran's I 模块,对冀中南区域各市县 GDP 的年均增长率和相对发展率(NICH)两个指标进行集聚分析,计算冀中南区域的增长集聚分区(图2-14)。

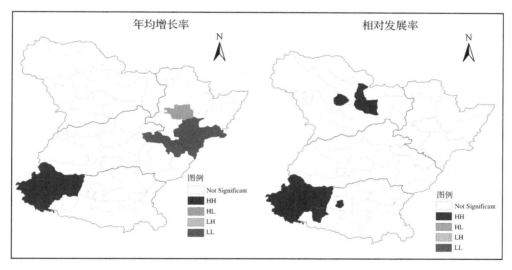

图 2 - 14　不同年份基于局部莫兰指数的冀中南经济增长集聚分区

年均增长率方面,冀中南区域在 2002—2009 年间形成了高高集聚区、高低集聚区、低低集聚区,即增长扩散区、增长极化区、低速增长集聚区,没有形成低高集聚区即增长塌陷区。增长扩散区位于区域南部,邯郸市下辖的武安市和涉县,该区域的空间单元增长较快且形成了相互促进的格局;增长极化区为衡水市辖区,说明衡水市辖区及与其相邻的空间单元组成的区域中,只有衡水市辖区属于快速增长的单元,其他区域均增长较慢,该区域出现单核极化的情况;低速增长集聚区位于冀中南区域东部,包括枣强县、故城县、南宫市等 3 个单元,低速增长集聚区内各单元增长均较慢,缺乏有带动作用的地区中心。

相对发展率方面,冀中南区域在 2002—2009 年间只形成了高高集聚区,即增长扩散区。增长扩散区有两个,分别为石家庄市辖区及其附近的藁城市;邯郸市辖区及其附近的武安市和涉县。这两个集聚区均属于增长量较大且相互促进的次区域。相对发展率集聚格局基本与 2009 年的经济集聚区一致。从综合年均增长率与相对发展率来看,武安市与涉县在近年无论是增长速度还是增长量,都已经形成了较好的互动与发展格局,这两个单元发展潜力较大。

2.4　本章小结

经济地理空间格局分析是城市与区域规划的重要基础,而区域差异是经济地理格局研究的核心内容。本章基于从"数据""信息"到"知识"的研究思路,认为经济地理空间格局分析本质是利用一定的技术方法对区域各空间单元某类属性数据进行抽象、概括、模拟得到区域经济地理空间格局的过程。

基于此,本章在介绍了区域差异系数计算、经济地理专题地图方法、空间插值分析方法、三维可视化表达方法、ESDA 方法的基础上,以河北省冀中南区域作为研究对象,收集了 GDP、人均 GDP、地均 GDP、固定资产投资完成额等静态数据与 GDP 增长速度、相对发展率等动态数据,基于 Excel、ArcGIS 等软件平台,对冀中南区域经济地理空间发展的总体特征、区域经济地理静态格局(即经济冷热分区与集聚分区)、区域经济地理动态格局(即增长冷热分区与集聚分区)进行了详细分析和定量评价。研究结果表明,冀中南区域内部的经济差异自 2002 年后逐年下降、空间自相关性逐年增加;冀中南经济地理静态格局表现为:"邯郸—石家庄—衡水"十字发展带加东南部发展滞后区;形成了石家庄(石家庄市辖区+藁城市)与邯郸(邯郸市辖区+武安市)两大经济发达集聚区。经济地理动态格局表现为:"石家庄—衡水""邯郸—邢台"两大发展快速区加东南部发展缓慢区;形成了石家庄(石家庄市辖区+藁城市)和邯郸(邯郸市辖区+武安市+涉县)两大经济增长快速集聚区。研究结果非常有助于全面、系统地认识区域经济地理空间格局的特征、动态演化的趋势与规律,为区域规划中的经济发展决策选择、经济空间合理布局及其他相关内容的规划策略制订提供了有力的科学依据、方法支撑和决策支持。

参考文献

[1] 崔功豪,魏清泉,刘科伟. 区域分析与规划[M]. 北京:高等教育出版社,1999.

[2] 库姆斯,等著;安虎森,等译. 经济地理学:区域和国家一体化[M]. 北京:中国人民大学出版社,2011.

[3] 梁琦. 空间经济学的过去、现在与未来[J]. 经济学季刊,2005(4):48-57.

[4] 王洋,修春亮. 1990—2008 年中国区域经济格局时空演变[J]. 地理科学进展,2011, 30(8):1037-1046.

[5] 吕晨,樊杰,孙威. 基于 ESDA 的中国人口空间格局及影响因素研究[J]. 经济地理, 2009,29(11):1797-1802.

[6] 陈培阳,朱喜钢. 基于不同尺度的中国区域经济差异[J]. 地理学报,2012,67(8):1.

[7] 芦惠,欧向军,李想,等. 中国区域经济差异与极化的时空分析[J]. 经济地理,2013,

33(6):15-21.

[8] 彭颖,陆玉麒.成渝经济区经济发展差异的时空演变分析[J].经济地理,2010(6):
912-917.

[9] 孙姗姗,朱传耿,李志江.淮海经济区经济发展差异演变[J].经济地理,2009,29(4):
572-576.

[10] 薛宝琪.中原经济区经济空间格局演化分析[J].经济地理,2013,33(1):15-20.

[11] 蒋天颖,华明浩,张一青.县域经济差异总体特征与空间格局演化研究——以浙江为
实证[J].经济地理,2014,34(1):35-41.

[12] 刘兆德,谢红彬,范宇.20世纪90年代江苏省经济发展及空间差异研究[J].经济地
理,2003,23(1):23-27.

[13] 李丽.改革开放以来江苏省区域经济差异格局演化研究[J].经济地理,2010,30
(10):1605-1611.

[14] 蔡安宁,庄立,梁进社.江苏省区域经济差异测度分析——基于基尼系数分解[J].经
济地理,2011,31(12):1995-2000.

[15] 欧向军,顾朝林.江苏省区域经济极化及其动力机制定量分析[J].地理学报,2004,
59(5):791-799.

[16] 关兴良,方创琳,罗奎.基于空间场能的中国区域经济发展差异评价[J].地理科学,
2012,32(9):1055-1065.

[17] 李秀伟,修春亮.东北三省区域经济极化的新格局[J].地理科学,2008,28(6):
722-728.

[18] 张晓兵,王美昌.关中-天水经济区县域经济差异及时空演变的空间统计分析[J].经
济地理,2011,31(10):1599-1603.

[19] 仇方道,朱传耿,佟连军,等.淮海经济区县域经济差异变动的空间分析[J].地理科
学,2009,29(1):56-63.

[20] 李丁,冶小梅,汪胜兰,等.基于ESDA-GIS的县域经济空间差异演化及驱动力分
析——以兰州—西宁城镇密集区为例[J].经济地理,2013,33(5).

[21] 靳诚,陆玉麒.1978年来长江三角洲经济格局空间演变研究[J].人文地理,2012,27
(2):113-118.

[22] 胡毅,张京祥.基于县域尺度的长三角城市群经济空间演变特征研究[J].经济地理,
2010,30(7):1112-1117.

[23] 李红,丁嵩,刘光柱.边缘省区县域经济差异的空间格局演化分析——以广西为例
[J].经济地理,2012,32(7):30-36.

[24] 陈培阳,朱喜钢.福建省区域经济差异演化及其动力机制的空间分析[J].经济地理,
2011,31(8):1252-1257.

[25] 李建豹,白永平,罗君,等.甘肃省县域经济差异变动的空间分析[J].经济地理,
2011,31(3):390-395.

[26] 赵明华,郑元文.近10年来山东省区域经济发展差异时空演变及驱动力分析[J].经
济地理,2013,33(1):79-85.

[27] 王晓丹,王伟龙.广东省区域经济差异的探索性空间数据分析:1990—2009[J].城市

发展研究,2011,18(5):43-48.

[28] 柯文前,陆玉麒,俞肇元,等.多变量驱动的江苏县域经济空间格局演化[J].地理学报,2013,68(6):802-812.

[29] 方叶林,黄震方,涂玮,等.基于地统计分析的安徽县域经济空间差异研究[J].经济地理,2013,33(2):33-38.

[30] 李小建,乔家君.20 世纪 90 年代中国县际经济差异的空间分析[J].地理学报,2001,56(2):136-145.

3 城镇空间联系强度分析

3.1 城镇空间联系分析方法概述

3.1.1 城镇空间联系分析的意义

在区域分析与区域规划研究中,城镇往往被视为空间中的"节点"。节点在发展和演化过程中不断与外界发生着经济、社会、文化等各类功能性的交互作用。因而,节点地位的变化是由它与其他节点的相互作用所决定的,也正是由于节点间的相互影响、相互联系,才把空间上彼此相互分离的城镇有机结合为具有一定结构和功能的城镇体系(许学强等,1995)。通常,我们把这种城镇节点间的相互作用称之为城镇空间联系。

通过对城镇空间联系的定量分析,可以定量地揭示出区域空间组织的结构与演化规律,从而有利于了解区域和城镇经济的空间组织模式和内在联系强度,有利于明确区域和城镇实体的空间发展方向,有利于合理组织和构建区域内的交通运输体系(郑焕友等,2009)。因此,城镇空间联系的定量分析是制定区域城镇空间组织结构的重要支撑,也是落实区域宏观发展政策以及因地制宜地制定区域和地方城镇空间发展战略的重要依据。

3.1.2 城镇空间联系相关研究简评

城镇空间联系是区域地理学、经济地理学、城市与区域规划研究的主要范畴和前沿问题(李春芬,1995;熊剑平等,2006),其研究由来已久。伴随着各类实证研究的不断涌现,关于城镇空间联系的研究方法也在不断演化并趋于成熟。对于城镇空间联系的研究,可以一直追溯到德国区位论学者关于中心地的经典研究(克里斯塔勒,1998)。中心地理论认为城镇与城镇间是一种支配与被支配、中心与腹地的垂直层级关系,城镇之间的互动仅限于此层级上的单向互动关系(小城镇从大城镇获取商品和服务),不同规模的城镇之间则不存在横向的互动关系(Pred,1977)。受中心地理论影响的城市地理学者将复杂的城市系统模型化为一个相对简化的城镇之间的层级结构模型(张闯,2009),对这种垂直体系的层级结构研究通过诸如城镇人口等属性数据进行度量。这种以规模来刻画的城镇网络体系强调了垂直单向的节点结构关系,却忽视了水平的城镇联系关系属性以及这种关系形成背后的动态要素流动机制。

社会学家 Castells 的"流空间(Space of Flow)"理论为城市地理学者提供了一个新的理论基础(Castells,1996),为城镇空间的横向联系提供了新的研究方法。在 Castells 看来,我们的社会是由各种流构成的,资本流、信息流、技术流、组织互动流、声音、图像和各种象征要素流等。从这一视角来看,城镇积累和获得财富与权力不是通过城镇中所拥有的东西,而是通过流过城镇的各种流获得的(张闯,2009)。基于此,城镇空间联系研究的视角开始从城镇自身的属性特征转为更为广阔的各类城镇间要素的流动特征,以彼得·

霍尔(Peter Hall)和彼得・泰勒(Peter Taylor)等为代表的全球城市网络研究学者基于"流空间"理论,进一步系统地推进了城镇间关系的研究工作。

3.1.3　城镇空间联系测度方法简介

根据城镇空间联系理论相关研究的发展,可将其定量测度方法划分为两类。

(1)第一类:基于城镇静态属性数据的理论模型模拟方法

该方法尝试以模型建构的方式,通过指标体系的综合计算,结合一定的数量分析方法(如主成分分析、层次分析、多年份比较方法等)(冷炳荣等,2011),揭示出城镇之间的相互作用及其空间差异。其中最通用的当属凯利于1858年提出的城市引力模型(或称经济联系强度模型、重力模型)。经地理学家塔费(E. J. Taffe)引入,并正式提出"经济联系强度同它们的人口乘积成正比,同它们之间距离的平方成反比"的观点之后,开始用于城镇经济联系强度测算。中国学者杨吾扬(1989)在国内首次提出了计算城镇间联系强度的基本引力公式,之后经过很多学者对于此基本模型的不断改进而趋于成熟。由于数据获取来源较为公开、理论方法较为成熟,而被国内外学者广泛地用于不同尺度区域中的城镇网络关系测度(顾朝林,1992;黄炳康等,2000;Du Guoqing,2001;郑国等,2004)。

(2)第二类:通过测度城镇间各种流来直接测度城镇网络关系

该方法通常通过直接测度城镇间包括人流、物流、技术流、信息流、金融流在内的各种要素流的强度来表征城镇之间的相互关系,进而识别区域城镇网络结构。早在1980年代以前,就有学者提出尝试从"流"的角度来划分城市区域空间、研究城镇关系,例如通过航空OD客流(Yuji Murayama,1982)、电话消息流量(David Clark,1973)等相继研究了不同尺度区域的城镇体系与空间关系。中国学者顾朝林(1992)尝试通过客运班车流量(班次数)、货流、商品贸易批发流、技术流、报纸发行量、长途通话流量等具有OD性质的流量数据综合划分了济南市的经济影响区。1990年代以来,随着"流空间"概念的日益明确和系统性研究框架的逐渐成熟,为该方法在不同尺度上的推广应用奠定了重要的理论和方法基础。基于该理论,Hall及其组织领导的欧洲研究网络通过对交通、通勤和远程通讯等流数据以及跨界金融和商务服务运行情况的分析,揭示了欧洲8个巨型城市区域的功能联系特征(Hall et al.,2006);Taylor开创了内锁型网络法,通过收集公司办公网络的区位分布及在公司网络的功能,分析了世界城市网络的联系特征(Taylor et al.,2002)。由于国内城镇间各种流数据的获取比较困难、数据不够准确与全面,因而基于流空间分析理论与方法的相关实证研究仍处于探索阶段。

3.2　城镇空间联系强度分析框架

3.2.1　研究思路与框架

本研究构建了基于相互强度作用模型和流联系双重视角的城镇空间联系分析框架(图3-1),通过理论模拟与实际测度两个方面来全面揭示城镇间的经济联系强度与城镇组织结构,进而通过两种测度结果的相互印证,提高城镇空间联系分析的准确性与可靠性。

首先,利用相互作用强度模型分析某一区域城镇空间潜在联系的强度,并据此绘制出基于城镇规模属性特征的空间联系图谱,表征城镇间的经济联系与组织结构。然后,利用城镇间的各种流数据,从交通、信息、企业等多维流空间视角,分析城镇间联系的实际强度与状态,绘制出基于各种流数据的城镇空间联系图谱。最后,利用两组数据的分析结果进行相互印证以及校核分析,从而得出关于城镇空间联系总体特征的完整判断,科学辨识城镇间的空间联系与组织结构,为城市与区域规划合理确定城镇空间关系提供科学依据与方法支撑。

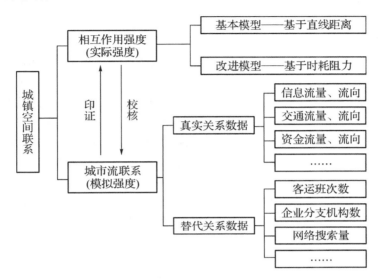

图 3 - 1　城镇空间联系强度研究框架示意图

3.2.2　方法与技术路线

1）研究方法

（1）重力模型

重力模型(又称相互作用模型、引力模型)是用来衡量区域间经济联系强度大小的理论模型,其既能反映经济中心城镇对周边地区的辐射能力,也能反映周围地区对经济中心辐射能力的接受程度。重力模型的思想来自于牛顿的万有引力定律,该模型认为城镇间的联系强度和城镇规模与距离相关,即规模越大的城镇,其产生的吸引力越大,两城镇的空间距离越近,其联系越紧密。参考万有引力公式,城镇重力模型基本式可表述为:

$$R_{ij} = \frac{G_i \times G_j}{D_{ij}^2} \qquad （公式 3-1）$$

式中:R_{ij} 表示两城镇经济联系的强度,G_i、G_j 分别表示 i 和 j 城镇的人口规模,D_{ij} 表示两城镇之间的直线距离。考虑到单纯采用城镇人口规模的局限性以及不同交通运输方式综合运输成本的不同,为了使计算结果更精确,可以把基本引力模型公式改写为结合综合规模因素和交通成本的相互作用模型变式:

$$R_{ij} = \frac{\sqrt{P_i G_i} \times \sqrt{P_j G_j}}{D_{ij}^2} \qquad （公式 3-2）$$

式中,R_{ij} 表示两城镇经济联系的强度;$\sqrt{P_iG_i}$ 表示城镇 i 的经济规模,其中 P_{ij} 表示城镇的人口数,G_{ij} 表示城镇的经济总量,D_{ij} 表示综合交通成本阻力,其计算公式为:

$$D_{ij} = \sqrt{\sum_{s=1}^{n} \lambda_s T_s C_s} \qquad (公式 3-3)$$

式中:λ 为不同的交通方式权重,T_s 表示两地间采用第 S 种交通方式的时间成本,C_s 为第 S 种运输方式的运输成本。

（2）流测度

流根据数据来源可以分为两类。一类是能够直接反映城镇关联结构的流数据,较为典型的有交通客流量、通讯联系流量、资金流量、快递包裹信件流量等,此类数据具有准确、直接、真实的优势,能够揭示城镇间各类要素流的真实流量和流向,但由于数据获取比较困难,目前在城镇联系研究中还较难采用。另一类是间接反映城镇关联结构的流数据,较为典型的有长途客运班次、列车班次（间接表征城镇间的客流量）（罗震东等,2011、2012）,企业分支机构数（间接表征城镇间的经济关联度）（唐子来等,2010）,地名共现的网络搜索量（间接表征城镇间的信息流联系）（沈丽珍等,2011）等。虽然基于替代流数据分析的城镇关系结构分析仍存在确定性和准确性上的不足,但该类数据具有较易获取与处理的优势,能够间接表征城镇间的各类流的空间关联,可以较为接近地反映城镇间的空间关联特征。

2）技术路线

研究流程主要包括数据收集、数据处理与数据分析三大步骤（图3-2）。对于流空间分析来说,主要收集的数据包括各城镇间的客流、信息流等直接流量数据或者列车班次、网络搜索量等替代流量数据,数据处理阶段主要是对原始数据的标准化处理并建立 O-D 流量矩阵。对于重力模型分析来说,主要收集的数据包括计算所需的各城镇人口、经济总量等以及两两城镇间的阻力距离数据,数据处理阶段主要是利用原始数据计算两两城镇间的引力作用强度值,构建引力强度矩阵。在数据分析阶段,可采用 O-D 流量矩阵以及引力强度矩阵,从外部联系、内部网络以及特定节点等不同尺度进行数据结果分析,从而全面地揭示城镇间的空间联系特征。

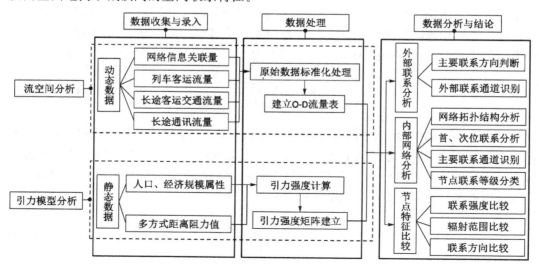

图3-2　城镇空间联系强度研究技术流程图

3.3　案例应用解析

本案例选取山东省为研究对象,山东省位于中国东部沿海地区,由济南、青岛两个副省级城市和滨州、德州、东营、菏泽、莱芜、济宁、聊城、临沂、日照、泰安、潍坊、威海、烟台、淄博、枣庄等15个地级市构成。山东省作为东部地区承接南北的中枢大省,在中国的区域经济格局中具有重要的地位,是重要的工农业大省和文化大省。同时,山东省域丰富多变的地理区位和历史文化差异,也造就了内部迥异、复杂的区域空间格局,因此具有很高的研究典型性。

对山东省域空间联系现状特征的分析,是优化山东省域空间格局、明确山东省域空间结构的重要基础,是遵循城镇间组织关联的自然规律与现有格局,因地制宜地推进差异化的省域空间发展战略的重要支撑。本研究基于重力模型、替代性流与真实流等多元数据统计分析方法,综合揭示山东省城镇空间联系的特征与组织结构。

3.3.1　基于通信信息流的山东省域外部经济联系特征分析

通信话务量是能够直接表征城镇间的经济、商务、文化和日常生活等各类交往信息的直接流数据。案例选取山东省各地市与省外各地市的移动通信话务流量数据,按不同的省域单元进行数据叠加,从而得到山东省与其他各省市区的通信联系强度(图3-3)。

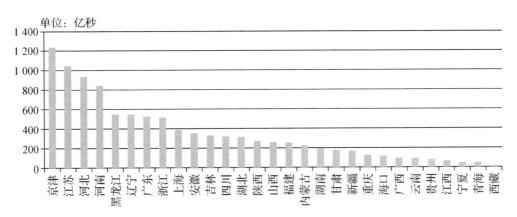

图3-3　山东省与其他各省市区2013年5、6月移动电话话务总量统计

数据来源:中国电信山东分公司。

由图3-3可见,与山东联系最为紧密的地区主要包括京津、江苏、河北、河南、黑龙江、辽宁等省(市),其中京津地区、江苏与山东的联系最为紧密;从区域角度来看,京津冀、沪苏浙以及东北三省是与山东联系最为紧密的三大区域。

通过对各地级市的主要外部联系方向进行筛选分析,对于每个城市,只保留与其联系最强的6个城市(图3-4)。山东省域各区域表现出不同的区域联系特征,其中济南都市圈的主导外部联系主要面向京津冀地区,尤其是德州、滨州、聊城等城市,与京津冀地区联系很强,北京、天津两大中心城市对其产生了支配性的外部影响力;鲁南地区除了与北京具有较强联系外,与长三角主要城市的联系也明显强于省内其他城市,尤其是济宁、临沂、枣庄和日照等市,与上海、徐州、连云港、苏州、南京等长三角中心城市间形成了较为紧密的联系;胶东地区除了与上海的联系较强外,更多的联系是朝向京津冀地区以及东北三省等北方地区,北京、天津、大连与哈尔滨等北方城市与其建立了最紧密的联系。

济南都市圈	胶东地区	鲁南地区
济南	青岛	济宁
德州	东营	菏泽
莱芜	潍坊	临沂

续

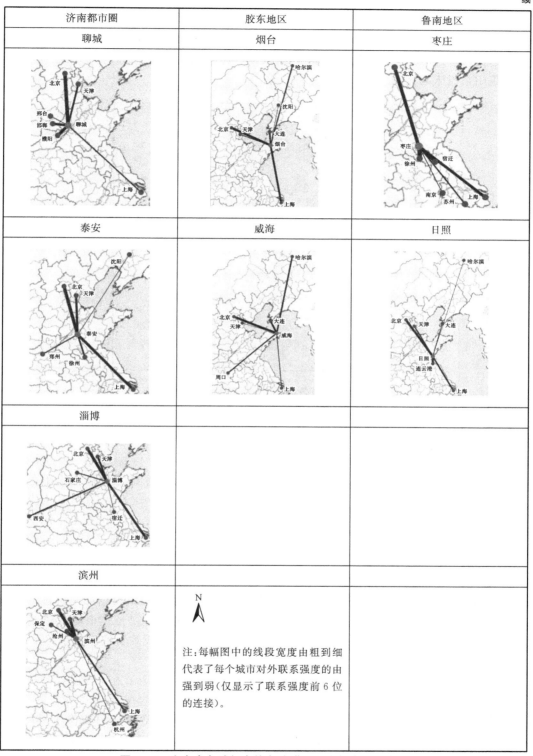

图 3-4 山东省各地级市信息流联系强度与方向示意图

　　根据话务量筛选出各地级市的主要外部联系方向,进行空间叠加,形成山东省各地级市主导外部联系方向分布图(图3-5),图中反映了山东省整体沿京沪通道呈现出南北向主导联系的格局,北京和上海一南一北两个经济中心对于山东具有明显的支配影响地位。因此,进一步加强与京津地区、苏沪地区的对接,强化省域南北向轴带发展与联系,应当是山东省未来区域空间拓展的主导战略。

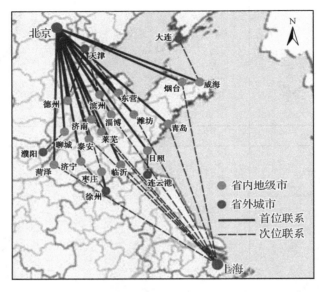

图3-5　山东省各地级市主导外部联系方向分布图

数据来源:中国电信山东分公司。

3.3.2　基于公路与铁路客运班次的山东省域内部城际关系研究

　　交通流量体现了城际人口流动的频率,是反映城镇互动关系的重要指标。山东省域内部城市众多、空间类型丰富,不同的城市区域由于区位和职能分工的不同,其构成的交通联系强度也不同,本案例尝试通过交通流的测度来反映差异化的城市区域关系。

　　由于山东省内公路网络完善,长途客车是城市间出行的主要交通方式,同时近几年来随着铁路网络的不断完善,铁路出行分担比在逐步加大。因此,本案例选取长途客运流与铁路客运流两组数据,旨在较真实、全面地反映山东省域交通流的空间格局。考虑到市际层面的实际交通流量数据难以获取,本案例中所采取的两组数据都是通过客运班次数来替代真实流数据。由于客运交通部门对客运班次的制定是依据市场供需情况及时调整的,因此采用客运班次的数据替代方法可以较为近似地反映真实的流量关系。

　　(1)公路客运流

　　公路客运流量数据选取山东交通出行网(http://www.sdjtcx.com/)提供的长途客车发车班次数据来替代公路客运流数据。

　　根据各城镇间的长途客运班次数绘制城镇间的交通流量联系分布图(图3-6,见书后彩色图版),这里假设若两地间日发车总班次大于300班,则认为其已形成紧密联系,若处于200~300班之间,则认为其具有紧密联系趋势。

　　从地级市层面的长途客运流分析可见,济南表现出很强的交通枢纽核心地位,与泰安(374 班/日)、淄博(341 班/日)两市已形成完全的公交一体化,并且与聊城(241 班/日)、济宁(230 班/日)等城市间的交通联系也十分紧密,两地间日发车总班次已超过 200班,发车间隔在 15 分钟以内,已具有形成公交一体化的趋势;相对而言,青岛市的客运联系相对薄弱,与其构成较为紧密关联的城市很少,呈独立发展态势;已建立或者具有公交一体化趋势的城市区域有济南—淄博(341 班/日)、济南—泰安(374 班/日)、济南—济宁(230 班/日)、济南—聊城(241 班/日)、威海—烟台(209 班/日)、滨州—东营(202 班/日),这些区域是具有紧密联系趋势的城市地区。

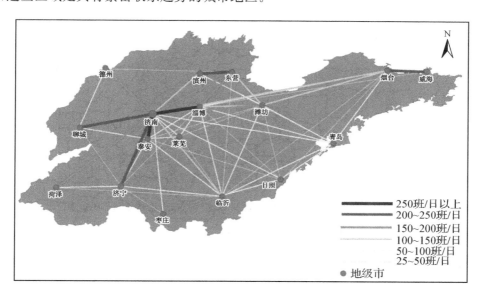

图 3-6 基于公路客运班次的交通流分析(地级市层面)
数据来源:山东省交通出行网客运班次查询。

由山东省县域层面的长途客运交通流分析结果(图 3-7,见书后彩色图版)可见,山东省域城镇体系格局中呈现出差异化的分片区发展特征:胶东区域表现出整体网络扁平化、高度关联均衡特征;济南都市圈表现出沿轴线集聚、高密度中心关联的特征;鲁南地区表现相互关联较弱、整体格局分散的基本特征。具体来说,在山东半岛地区,虽然青岛、烟台仍为两个主要交通枢纽,但整体格局已呈现出均衡网络化的联系特征,各地级市、县级市之间构成相互关联的多中心网络化格局,城市与城市间联系强度上的差异很小,并且可以看到这种网络化的联系格局已不受行政区划的限制并呈现扁平化趋势(表3-1);济南都市圈区域依托济南的枢纽地位,形成向中心节点高度集聚的联系特征,也已突破了行政区的限制,但和山东半岛不同的是,此片区形成了高密度连绵集聚的轴带状联系,主要联系都向济南、淄博两大中心城市集中(表 3-2),外围城市间联系很少,此外,可以看到除了济南以外,淄博也凸显出了其一定的交通枢纽地位,不仅承担着东西向济青轴线的交通联系,还承担着与南北向的东营-滨州地区、莱芜市的纵向交通联系;鲁西南地区虽然可以识别出东西向的联系通道,但整体联系仍偏弱,表现出离散的斑块状特征,各市以向中心城市节点集中的内向联系为主,跨区域联系较少,但济宁(兖州、曲阜、邹城、嘉祥、微山)—枣庄(滕州)间形成了相对紧密的跨市域网络化联系(表 3-3),临沂也表现出一定的南部交通枢纽的地位。

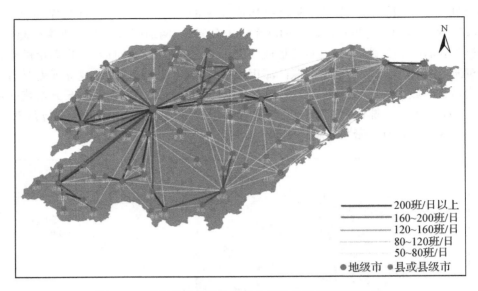

图 3-7　基于公路客运班次的交通流分析（县级市层面）

注：本图根据山东交通出行网长途客运班次相关数据绘制。

表 3-1　烟台—青岛区域的各主要市县间日发（到）车班次数统计（单位：班/日）

	烟台	蓬莱	招远	栖霞	海阳	龙口	莱州	莱阳	青岛	平度	即墨	莱西	潍坊
烟台													
蓬莱	99												
招远	114	24											
栖霞	87	61	69										
海阳	55	8	5	11									
龙口	117	105	85	22	4								
莱州	74	50	87	10	4	65							
莱阳	119	41	40	122	71	43	44						
青岛	95	36	42	31	51	52	51	92					
平度	29	16	7	1	1	17	97	48	253				
即墨	21	24	17	15	33	26	4	42	112	12			
莱西	21	28	47	17	0	39	4	144	98	52	60		
潍坊	100	69	63	22	38	125	53	72	66	126	15	29	
昌邑	34	26	40	10	0	44	17	0	29	3	0	2	355

数据来源：山东交通出行网。

表 3-2　济南—淄博区域各主要市县间日发（到）车班次数统计（单位：班/日）

	济南	章丘	平阴	商河	济阳	淄博	沂源	桓台	高青
济南									
章丘	180								
平阴	204	0							

	济南	章丘	平阴	商河	济阳	淄博	沂源	桓台	高青
商河	54	0	0						
济阳	151	0	0	0					
淄博	341	55	4	10	4				
沂源	22	0	0	0	0	56			
桓台	23	0	0	0	0	23	0		
高青	6	0	0	0	6	35	0	0	

数据来源:山东交通出行网。

表3-3　济宁—枣庄区域的各主要市县间日发(到)车班次数统计(单位:班/日)

	济宁	曲阜	邹城	兖州	嘉祥	微山	枣庄	滕州
济宁								
曲阜	86							
邹城	161	92						
兖州	47	96	52					
嘉祥	274	10	6	14				
微山	88	131	25	26	4			
枣庄	40	16	14	1	8	107		
滕州	136	105	155	6	6	155	388	

数据来源:山东交通出行网。

(2)铁路客运流

本案例通过中国铁路时刻网(http://www.shike.org.cn/)的列车班次查询功能获取山东省各市县间的日均列车班次数来作为铁路流量的替代数据,统计对象包含高速列车、动车、特快列车、快速列车和普快列车。

根据山东省各市县 2013 年 7 月的日发车(到达)班次总量分布情况(图 3-8),省内主要铁路交通流表现出沿"T"字型轴线高度集聚的态势,济青、京沪这两条轴线承载了省内大部分的铁路客运流,形成跨越山东省三大片区的综合交通联系骨架。济南作为这两条轴线的交点,在省内表现出核心的铁路枢纽地位,而京九铁路作为重要的铁路运输廊道,却没有表现出很强的拉动作用,菏泽、聊城两市并没有凸显出京九线上枢纽城市的地位;在临沂、威海、烟台等城市区域中,整个市域的铁路客流呈现出较低水平的均衡发展态势,中心城市的铁路枢纽作用较弱,东营、滨州地区由于几乎没有客运铁路通过,在客运铁路网络中被严重边缘化。

为了进一步分析各市县间的交通流,案例选取 17 个地级市以及日列车总班次数大于 20 班的县(市)作为研究对象来分析城市间流量分布(图 3-9,见书后彩色图版)。

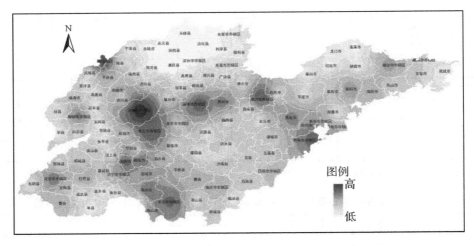

图 3-8　山东省各市县铁路日发车（到达）班次数趋势分布

数据来源：http://www.shike.org.cn/，2013 年 7 月数据。

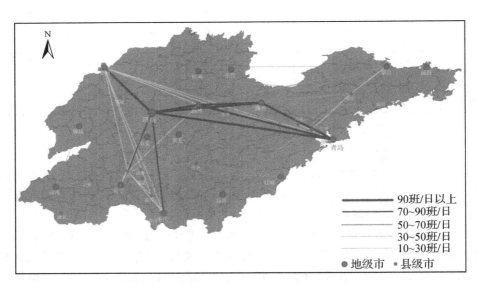

图 3-9　基于铁路班次数据的山东省主要市县间铁路客运联系分布图

数据来源：中国铁路时刻网，2013 年 7 月数据。

由分析结果（图 3-9）可见，胶济铁路沿线的交通流联系最为紧密，其作为山东省内各类要素最为密集的廊道而发挥着极为重要的交通支配作用，沿轴线的淄博、潍坊等城市都表现出了较高的铁路枢纽地位，甚至包括青州、高密、胶州等县级市也已成为了济青铁路沿线较为重要的节点城市。此外，京沪铁路沿线城市间也表现出了较高的联系趋势，虽然目前来看，联系强度仍不及济青轴线，但是对比从 2009 年 1 月与 2013 年 7 月各市县的铁路班次变化情况（图 3-10），可以明显看出，随着京沪高速铁路的开通，京沪轴线间的铁路交通联系正在快速强化，沿线的交通流明显加密，尤其是在鲁南地区的"泰安-济宁-枣庄"沿线，泰安、枣庄、滕州、曲阜等市的交通地位显著提高。因此，省域将由沿济青线单一横向轴带发展逐渐转变为沿济青、京沪的"T"字型骨架发展。

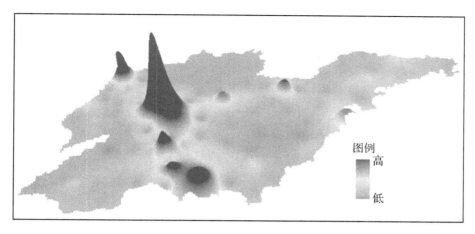

图 3‑10 2009—2013 年山东各县市铁路班次变化情况

数据来源：中国铁路时刻网，2009 年 1 月与 2013 年 7 月数据。

3.3.3 基于网络信息流的山东省域内部城市网络关系研究

网络信息联系强度是通过网络信息流的间接测度来反映城镇间的联系。这一方法采用搜寻区域城镇两两之间关联事件相关信息出现频次的手段，来刻画城镇间的联系强度。假设若某条新闻事件同时出现了两个地级市名，则其在某种程度上建立了一定的互动关系，若同时包含两城市名的新闻越多，则这两个城市的经济联系越强。基于此假设，可以通过城市名共现的新闻数目来反映两市的联系强度。

在本案例中，利用中国经济网山东频道的站内新闻搜索功能，搜索山东省两两城市共同出现在标题中的经济新闻数量，来反映城市间的联系强度。研究采取了绝对数量比较和相对数量比较两种定量比较方法。绝对数量比较通过两市间的新闻数量直接反映两市间的城市联系强度，而事实上，不同城市的新闻总量是不同的，新闻总数较少的城市必然会在绝对联系中处于弱势地位，并不能完全反映真实的区域联系格局，因而进一步采取了相对占比分析，计算公式如下：

$$G_{ij} = \frac{N_{ij}}{N_i + N_j} \times 1\,000 \qquad\qquad （公式 3‑4）$$

式中，G_{ij} 表示城市 i 与城市 j 之间的联系强度，N_{ij} 表示两城市名共同出现的新闻数量，N_i 表示出现城市 i 的新闻总数，N_j 表示出现城市 j 的新闻总数。

山东省各地级市网络搜索关联强度的分析结果（图 3‑11、图 3‑12）表明，在关联新闻发生频率的格局上，山东省域整体呈现出北强南弱，东高西低的态势，中部与东部地区城市间高度关联，南部与西部地区呈现低水平均衡的态势。对应于省域的双中心格局，济南（$N = 63\,702$）、青岛（$N = 63\,580$）作为两个相关新闻发生频率最高的信息关联中心，分别在济南都市圈和山东半岛地区中表现出核心的地位（图 3‑13），此外，淄博（$N = 33\,391$）、烟台（$N = 33\,037$）等城市也在各自区域中具有中心联系的地位。

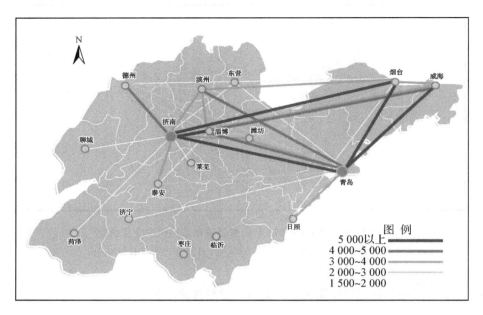

图 3 - 11　山东省各地级市网络关联度绝对量分析

数据来源：中国经济网山东频道数据库。

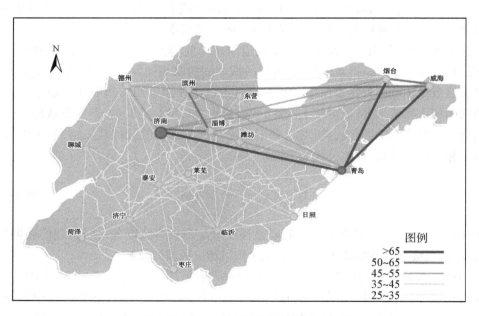

图 3 - 12　山东省各地级市网络关联度相对量分析

数据来源：中国经济网山东频道数据库。

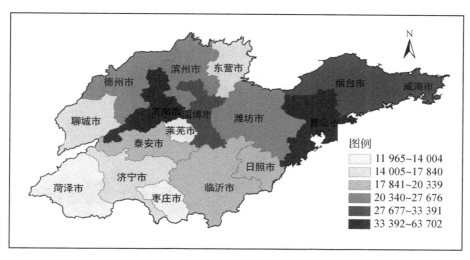

图 3 - 13 山东省包含各地级市名的经济新闻数目分布

数据来源:中国经济网山东频道数据库。

在济南、青岛以及其他可识别出的重要关联节点(例如淄博和烟台)的带动下,济南都市圈东部与山东半岛地区相互之间也表现出较为活跃的强互动关系,尤其是济南与青岛的联系十分紧密,而与鲁西南地区关联较为薄弱;在鲁西南地区呈现低度关联的整体格局,临沂和济宁是两个和周边地区关联相对较强的区域中心。由此推断,济南都市圈与山东半岛间的经济产业方面的联系较为紧密,而与鲁南片区的联系较为薄弱。山东省域内部整体呈现出东西向经济联系强于南北向联系的总体态势。

3.3.4 基于引力模型的山东省域内部城市间相互作用强度分析

目前山东各城市之间都有公路相连,且多数运量都由公路承担,同时随着铁路线网的完善,铁路承担运量越来越大,因此仅选取城市之间的公路和铁路这两种主要交通运输方式,其他运输方式未予考虑。根据山东各市县之间运输方式的不同组合类型,赋予各种运输方式不同的权重(表 3 - 4);公路运输时间根据 Google 地图提供的最短行车时间查询功能确定,铁路运输时间通过火车班次查询获得的两地间运行时间最快的 5 列火车平均时间确定,并根据经验判断,设定公路运输成本为 1,铁路运输成本为 0.5。

表 3 - 4 不同交通方式下的权重组合

组合类型	运输方式	权重
仅有一种交通方式	公路	1
有两种交通方式	铁路、公路	公路 $\lambda_s=0.6$,铁路 $\lambda_s=0.4$

根据综合经济规模计算结果生成综合城市经济规模分布图(图 3 - 14),图中反映了山东省内具有较高经济规模的市县主要集中在以下城市片区:济南—淄博、青岛—日照构成两个经济规模最大的城市集聚连绵发展片区,也构成了山东省的双中心格局,其次是威海—烟台、济宁—枣庄两个次级连绵片区。此外,临沂、潍坊在各自区域中表现出独立的中心发展态势,而整个鲁西南地区的城市经济规模呈现出低水平的均衡分布趋势。

根据引力模型计算结果,以 150 为阈值,并按比例折算成线宽,绘制成空间关系图谱(图 3-15,见书后彩色图版),以定量表征山东省各市县间的理论联系强度。结果表明:

(1)济南—淄博—潍坊—青岛所构建的东西向轴线是山东省域最主要的联系廊道,这一条轴线上的城市间形成了最为密集的经济联系趋势;枣庄—济宁—泰安—济南—德州所构建的南北向轴线依托京沪通道,也已初具规模。因此,就理论模型结果而言,山东省域呈现出"T"字型轴线的联系格局。

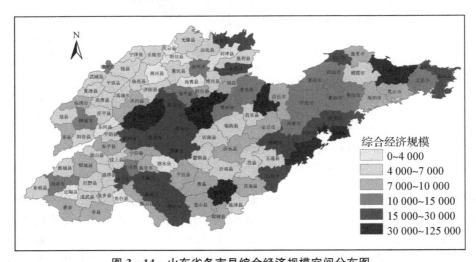

图 3-14　山东省各市县综合经济规模空间分布图

综合经济规模等于每一县(市)的城镇人口(人)与其 GDP(元)乘积的开方(参见公式 3-2)

数据来源:《山东省 2011 年统计年鉴》。

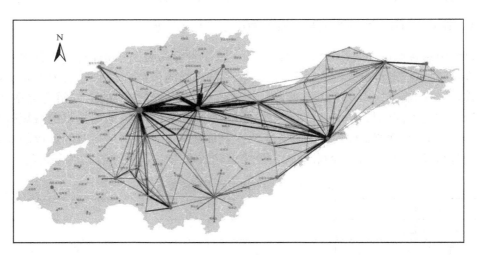

图 3-15　山东省各市县间城市引力模型分析图

(2)山东省域内部呈现各片区差异化的空间联系特征:从城市个体层面来看,济南、青岛作为两大区域中心城市,城市辐射范围最大,受其影响的城市最多,且与部分城市间的关系极为紧密,典型如济南和淄博、章丘、邹平、泰安等,青岛和胶州、即墨、诸城、日照等,其次,淄博也显示出了较大的城市辐射范围,与其形成较强联系的城市有济南、邹平、桓台、潍坊等。从区域层面来看,东部地区(包括烟台、威海、蓬莱、文登、荣成等城市)以及南部地区(包括济宁、枣庄、滕州、兖州、曲阜、邹城等城市)具有形成较为紧密内部联系的趋势,临沂表现出较为独立的中心集聚发展特征,东营、滨州、德州对于济南、淄博具有较强依赖性,菏泽与聊城与省域内部其他城市联系均相对薄弱。

(3) 根据各地级市与其他市县间可识别出的较强联系数量(联系强度大于150)分布(图 3 - 16),可以看出济南处于绝对中心地位,与 41 个市县建立了较强联系。其次,淄博(联系数为 29)、青岛(联系数为 23)、潍坊(联系数为 18)、烟台(联系数为 18)、临沂(联系数为 15)等城市也具有较强的中心地位,并具有较强区域联系的城市大部分都位于济青轴线上,而威海(联系数为 3)、滨州(联系数为 2)、聊城(联系数为 1)与菏泽(联系数为 0)等城市则处于联系网络中的边缘地位。

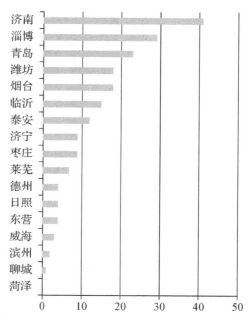

图 3 - 16　各地级市构建较强联系($R \geqslant 150$)的城市数量统计

3.4　本章小结

城镇经济空间联系的定量分析是制定区域城镇空间组织结构的重要支撑,也是落实区域宏观发展政策以及因地制宜制定区域和地方城镇空间发展战略的重要依据。本章构建了基于相互强度作用模型和流联系双重视角的城镇空间联系分析框架,并以山东省作为研究案例,通过理论模拟与实际测度两个方面来全面揭示了山东省城镇间的经济联系强度与城镇组织结构,并通过两种测度结果的相互印证,提高了城镇空间联系分析的准确性与可靠性。

正如城际流动的要素是丰富和宏大的,城镇联系也是复杂而多样的,是在很长历史演化过程与现实地缘政治、经济、文化交互作用下的综合表现,任何一种方法都无法穷尽地准确揭示这一联系的真实特征。因此,基于多方法的相互印证和校核分析是非常重要且必要的。随着大数据时代的到来,不断更新的数据挖掘与分析技术将不断推动城镇联系研究领域的方法创新。

参考文献

[1] 许学强,周一星,宁越敏. 城市地理学[M]. 北京:商务印书馆,1995.

[2] 郑焕友,徐晓妹. 安徽省区域经济联系与整合发展[J]. 亚热带资源与环境学报,2009,4(3):43-48.

[3] 熊剑平,刘承良,袁俊. 国外城市群经济联系空间研究进展[J]. 世界地理研究,2006, 15(1):63-70.

[4] 李春芬. 区际联系——区域地理学的近期前沿[J]. 地理学报,1995,50(6):491-496.

[5] (德)沃尔特·克里斯塔勒. 德国南部中心地原理[M]. 常正文,等译. 北京:商务印书馆,1998.

[6] Pred, A.. City-systems in advanced economics, past growth, present processes and future development options[M]. London, Hutchinson & Co(Publishers)Ltd. ,1977.

[7] 张闯. 从层级到网络:城市间关系研究的演进[J]. 财经问题研究,2009(3):22-27.

[8] Castells, M.. The Rise of the Network Society. Cambridge, MA, Blackwell, 1996.

[9] 冷炳荣,杨永春,李英杰,等. 中国城市经济网络结构空间特征及其复杂性分析[J]. 地理学报,2011,66(2):199-211.

[10] Du, G. Q. Using GIS for analysis of urban system[J]. GeoJournal,2000,52(3):213-221.

[11] 黄炳康,李忆春,吴敏. 成渝产业带主要城市空间关系研究[J]. 地理科学,2000,20(5):411-415.

[12] 郑国,赵群毅. 山东半岛城市群主要经济联系方向研究[J]. 地域研究与开发,2004, 23(5):51-54.

[13] 顾朝林. 中国城市经济区划分的初步研究[J]. 地理学报,1991,46(2):129-141.

[14] Yuji Murayama. Canadian urban system and its evolution process in terms of air-passenger flows[J]. Geographical Reviews of Japan,1982,55(6):380-402.

[15] Clark, D.. Urban Linkage and Regional Structure in Wales, An Analysis of Change,1958-68[J]. Transactions of the Institute of British Geographers,1973(58):41-58.

[16] Hall, P. ,Pain, K.. The polycentric metropolis, learning from megacity regions in Europe[M]. Routledge,2006.

[17] Taylor, P. J. ,Catalano, G. ,Walker, D. R. F. Measurement of the World City Network[J]. Urban Studies,2002,39(13).

[18] 罗震东,何鹤鸣,韦江绿. 基于公路客流趋势的省域城市间关系与结构研究[J]. 地理科学,2012,32(10).

[19] 罗震东,何鹤鸣,耿磊. 基于客运交通流的长江三角洲功能多中心结构研究[J]. 城市规划学刊,2011(2):16-23.

[20] 唐子来,赵渺希. 经济全球化视角下长三角区域的城市体系演化:关联网络和价值区段的分析方法[J]. 城市规划学刊,2010(1):29-34.

[21] 沈丽珍,罗震东,陈浩. 区域流动空间的关系测度与整合——以湖北省为例[J]. 城市问题,2011(12):30-35.

[22] 杨吾扬. 区位论原理——产业、城市和区域的区位经济分析[M]. 兰州:甘肃人民出版社,1989.

4 城镇综合竞争力评价

4.1 城镇综合竞争力分析方法概述

4.1.1 城镇综合竞争力评价的意义

自 2003 年"中国城市竞争力排行榜"出炉以来,国内各大城市都密切关注其榜上排名,对自身竞争力水平的分析以及提升策略更是高度重视。作为城镇发展方向与功能定位的有效调控工具,城市与区域规划为适应时代发展需求也相应增加了"城镇竞争力评价"等方面的相关研究内容,以期使城镇在新世纪全球战略资源的争夺中"知彼知己",发挥自身比较优势,促进城镇社会经济的可持续发展。

城镇竞争力评价有助于城镇了解自身在区域与国家宏观发展图景中的地位与能级,优势与不足,从而调整现有发展战略以提升城镇掌握核心发展要素的能力(顾朝林,2003)。另外,通过城镇竞争力评价可以更好地认识并发挥某一区域内城镇各自的比较优势,进而在该区域中各城镇之间构建一个分工合理、功能各异、协作紧密的有机整体,从而带动区域和整个国家竞争力的整体提升(马立静,2005)。因此,城镇竞争力评价不仅是对现实发展需求的时代回应,更是对城镇长远战略谋划的主动出击,它能使城镇规划更具有系统性与前瞻性,并对城镇建设发展发挥更好的指导作用(刘昭黎,2006)。

4.1.2 城镇综合竞争力评价的相关研究简评

国际上关于竞争力的研究始于 1980 年代,城镇竞争力是全球化进程加深以及城镇地位作用突显的宏观背景下,对国家竞争力与产业竞争力的理论延伸,后两者的理论探索与实证案例为城镇竞争力的发展奠定了重要基础。

关于城镇竞争力的内涵解释,国内外学者从不同的角度提出了多种定义:城镇竞争力是城镇创造财富和价值的能力(Paul Cheshire,1986;郝寿义,1998;于涛方,2004;余明江,2010),是城镇在要素聚集、资源配置方面的能力(宁越敏,2001;徐康宁,2002;周振华等,2001),是反映一个城镇综合能力的概念(顾朝林,2003;倪鹏飞,2003;陈梦筱,2006)。然而,在现实应用中,由于不同学者的学术背景和分析视角以及各地区的实际情况不一致,城镇竞争力的内涵与外延也会有所调整,这也直接关系到竞争力评价指标及模型的建构(余明江,2010)。

（1）国内外城镇竞争力评价模型概述

国外关于城镇竞争力的评价体系,有学者根据其理论基础与指标要素,将其分为三种不同的类型:第一种借鉴波特的"钻石体系"和"价值链"理论,如 Peter Kresl 的多变量评价研究;第二种是将城镇竞争资本和其他要素结合,来进行城镇竞争力的评价,如

Douglas Webster 的城镇竞争力模型;第三种是借鉴产业竞争力、企业竞争力的评价方法,关注城镇竞争环境(或过程)与城镇竞争力的关系,如 Iain Begg 的城镇竞争模型(陈梦筱,2006)。而国内关于城镇竞争力的研究目前尚处于起步阶段,主要从阐释城镇竞争力的概念内涵、构建城镇竞争力指标体系与评价模型、城镇竞争力实证案例研究以及地域竞争力提升战略研究等方面,从理论和实证方面进行探讨。目前国内影响力最大的评价模型包括北京国际城市发展研究院(IUD)于 2002 年提出"城市价值链模型"、倪鹏飞于 2003 年提出的"弓弦箭模型"(表 4-1)。

表 4-1　国内外主要城镇竞争力评价模型提出者及指标体系

	提出者	指标体系与评价模型
国外主要研究	Peter Kresl	显示性框架:制造业增长值、商品零售额、商业服务收入 解释性框架:经济因素(生产要素、基础设施、区位、经济结构)、战略因素(政府效率、城市战略、公司部门合作、制度灵活性)
	Douglas Webster	经济结构、区域性禀赋、人力资源和制度环境
	Reija Linnamaa	基础设施、企业、人力资源、生活环境的质量、制度和政策网络、网络中的成员
	Iain Begg	城镇绩效的"投入":自上而下的部门趋势和宏观影响、公司特质、贸易环境、创新和学习能力 城镇绩效的"产出":就业率和生产所决定的具体生活水平
	Huggins	商业密度与科技企业比重和经济参与率(活动率)、生产率、工人成果收入以及失业率
国内主要研究	北京国际城市发展研究院(IUD)	构建实力、能力、活力、潜力、魅力 5 大系统,强调全球化程度、后工业化的城市产业结构、流量经济市场开放度、企业家、创新环境、人力资源、城市治理结构、城市品牌以及城市群和城市联盟
	倪鹏飞	显示性指标:城市产品市场占有率、城市国内生产总值年增长率、城市劳动生产率和城市居民人均年收入 解释性指标:硬竞争力(劳动力、资本力、科技力、环境力、区位力、设施力、结构力)、软竞争力(集聚力、经济秩序、社会秩序、制度力、管理力、开放程度)
	上海市社科院	建立总量、质量、流量的指标体系,包含综合经济实力、综合服务功能、综合发展环境、综合创新能力、综合管理力、市民综合素质
	郝寿义	综合经济实力、资金实力、开放程度、人才及科技水平、管理水平、基础设施
	宁越敏	经济水平、社会文化、政策制度、金融环境、政府作用、基础设施、国民素质、对外对内开放程度、城市环境质量
	唐礼智	企业管理、经济综合实力、基础设施、国民素质、科技实力、对外开放度、金融环境、政府作用
	于涛方	城市管治、创新和学习、贸易环境、制度和政策

通过对城镇竞争力评价模型的回顾梳理,可以看出:①竞争力研究的基本思路是将国家竞争力、产业竞争力与企业竞争力相关的理论应用到城镇竞争力这一新的领域,并针对城镇的特征对已有评价方法与指标体系进行创新性探索。②城镇竞争力不仅关注到城镇现有的竞争资本与能级,同时也强调城镇在未来环境中的发展潜力和应变能力,概念内涵渐趋综合。③评价指标能够全面考虑到城镇竞争力两个方面的内涵:一个是从

绩效上反映的竞争能力,主要采用显示性指标计算,包括经济增长、投资规模、居民实际收入等要素;另一个是从动态上反映的竞争能力,即城镇要素集聚能力和资源增值能力以及对其所在区域进行资源优化配置的能力,主要采用解释性指标衡量,如制度建构、管理能力等。④指标体系目前仍未有定论,现有体系主要包括有经济、社会、文化、环境、制度等多个方面,由于不同研究者对城镇竞争力的内涵定义有所不同,因此所反映出来的指标选取偏向也存在较大差异。

(2)城镇综合竞争力评价方法概述

城镇综合竞争力评价方法可以分为定性描述与定量计算两种类型。定性描述方法通常基于相关评价模型(最常用的是钻石模型法 Diamond Model,图 4 - 1)对城镇发展的众多方面进行系统阐述与比较。钻石模型由美国哈佛商学院著名的战略管理学家迈克尔·波特于 1990 年提出,模型基于生产要素、需求条件、相关产业和支持产业的表现与企业的战略结构和竞争对手这 4 个决定性要素,以及机会和政府两个附加因素,考察一国的产业竞争力。在城镇竞争力评价中,可以利用上述 6 大方面,也可以结合城镇系统特征

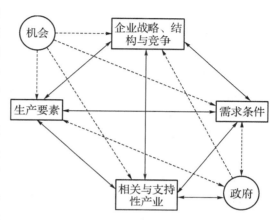

图 4 - 1　波特的"钻石模型"

对上述要素进行重新解释,定性分析城镇总体表现(李怀建,2007;麻小利,2009;杨善奇,2013)。定量计算方法通常基于构建的评价指标体系采用多指标综合评价方法来定量表征综合竞争力的强弱。多指标综合评价方法的关键是合理确定指标权重系数,其方法亦可分为两大类:一类是主观赋权法,即从评价者的主观角度出发,依据各评价指标的重要程度而确定权数,常用的有专家咨询法(Delphi 法)、层次分析法(AHP 法)等;另一类是客观构权法,即根据指标本身的相关系数与变异系数等统计信息计算各指标的权重系数,常用的有主成分分析法、因子分析法、回归分析法等。

通常,主观赋权法主要依赖专家经验,考虑比较全面,特别是能够保证考虑到一些非量化因素的影响,且较好解释,但有时由于评价者的主观意识而难免偏于武断,客观性较差。客观赋权法主要是根据计量分析方法对各属性指标数据特征进行定量分析,受主观影响较小,但采用的定量分析方法却往往受数据类型、数据质量等的影响而具有局限性与失真性,且有时对所得结论也不易给出合理的解释(杨彤等,2006)。

鉴于各种评价方法都存在一定的不足,难以精确地反映出城镇竞争力的真实情况,因而部分学者同时采用了多种方法来进行竞争力得分计算以彼此校验,提高评价结果的可信度。例如,倪鹏飞在其城镇竞争力评价框架中,不仅采用了主成分分析方法来进行得分计算,还对城镇竞争力因果关系的分析使用了模糊曲线分析法,通过求相关度、贡献弹性,根据样本点拟合样本曲线,最后选出影响变量的重要因素(倪鹏飞,2003);辽宁大学评价框架等还利用聚类分析法对参与排序的城镇进行聚类,看看哪些城镇距离较近,相似特征多,并和因子分析的结果相对照(佘明江,2010)。

4.1.3 城镇综合竞争力常用测度方法简介

在城市与区域规划研究中,为了更好地认识某一区域内城镇各自的比较优势和在区域与国家宏观发展图景中的地位与能级,通常基于定量计算方法来进行城镇综合竞争力的评价。因而,本节将重点介绍聚类分析、主成分分析、层次分析法等定量分析方法。尽管目前综合竞争力评价方法还有很多,例如数据包络分析法(DEA)、结构方程模型法、模糊曲线法等,但是这些方法计算过程较为复杂,在城市与区域规划实践中使用频率相对较低。

(1)聚类分析

聚类分析是在没有先验知识的情况下,按照样本(或变量)在性质上的亲密程度进行分类的一种方法。因而,聚类分析是一种探索性的数据分析,在分类过程中,人们不必事先给出分类标准。聚类分析能够对样本(或变量)进行快速分类以供分析者判断样本(或变量)的类别特征及差异,方法简单直接,分类结果直观易懂。但基于聚类分析的城镇综合竞争力评价只能获取城镇的分类结果,不能直接获取城镇竞争力的具体得分及其排序。因此,需要将聚类分析与其他计算方法(如主成分分析、因子分析等)相结合,以帮助评价者更为准确地把握城镇类别特征。另外,聚类分析结果不仅受到采用的具体聚类方法的影响,同时也受到变量类型、数量及相关性的影响。如果指标过分集中在经济方面且指标之间存在很多重复信息(即指标之间存在较高的相关性),将使经济发展水平相当的城镇在多维空间中相对积聚,致使聚类区分度不太好。

(2)主成分分析

主成分分析是因子分析方法的一个特例,两者实质上都是通过浓缩数据,用少数几个因子来描述许多指标或因素之间的联系并反映原资料的大部分信息。方法的基本原理是将由 n 个城镇样本与每个样本共有的 p 个变量(指标)构成的 $n \times p$ 阶的地理数据矩阵 $X_1, X_2, X_3, \cdots, X_p$,通过坐标变换,将原有变量作线性变化,转换为一组不相关的综合性变量 $Z_1, Z_2, Z_3, \cdots, Z_p$,并通过选择方差较大的少数综合变量 $Z_1, Z_2, Z_3, \cdots, Z_m(m < p)$ 来代表总体水平。当位次在前的主成分的特征值大于 1 或其累计贡献率达到某一百分比(通常为 85% 或 90% 以上)时,就认为它们能够集中反映研究问题的大部分信息,从而可以用几个主成分来代替原来的众多指标,达到化繁为简、降维处理的目的(李永强,2006)。

主成分分析方法的主要优点有:①减少指标数量的同时又能够良好地反映原有变量大部分信息;②综合后的主成分因子变量之间不存在显著的线性相关关系,有效减小变量相关性对结果的影响;③经过综合的主成分因子变量具有命名解释性,方便后续进行竞争力的分要素解析。但也存在以下不足:①变量权重系数受选用属性指标数量的影响,如某一方面选用的属性指标数量越多,则以这种方法计算的权重系数就越大,因此在这种情况下产生的评价结果难免受到一定局限甚至形成某些偏差;②每一个主成分不一定有实际含义,这给评价结果的解释带来了困难(李永强,2006);③因子分析(包括主成分分析)要求各属性指标间要具有较高相关性,但实际上并非所有属性指标之间都存在必然的相关关系,例如:由库兹涅茨环境与发展曲线理论可知,经济发展水平与环境污染治理指标之间就没有必然的相关关系(杨彤等,2006)。

（3）层次分析法

层次分析法（The Analytic Hierarchy Process，AHP）的基本原理是先将问题或目标分解成层次化的指标体系，形成一个递阶、有序的层次模型，然后构建不同层次的两两判断矩阵，并依靠相关专家的主观判断给出各指标的相对重要性，进而利用矩阵运算确定评价体系中各指标的权重。该方法的主要特点是接近人们进行考察问题及进行决策的思维程序，且在对复杂的决策问题的本质、影响因素及其内在关系等进行深入分析的基础上，能够利用较少的定量信息使决策的思维过程数学化，从而为多目标、多准则或无结构特性的复杂决策问题提供简便的决策方法，尤其适合于对决策结果难于直接准确计量的场合。

但是，由于存在主观打分环节，层次分析法的结果受个人偏好与主观臆断的影响较大，且由于客观事物的复杂性及人类思维对于模糊概念地的运用，用准确数据 1～9 来描述相对重要性也会导致结果与真实情况存在一定的差距。同时，AHP 处理的层次结构，假定任一元素只隶属于一个层次，同一层次中任意两个元素以及不同层次中的任两个元素都不存在支配和反馈关系，但实际上，城镇竞争力评价体系的研究对象是复杂的城镇社会经济生态复合系统，AHP 这种内部独立的数据结构无法考虑其指标选择和赋权过程中存在的多种制约和反馈关系。

4.2 城镇综合竞争力评价分析框架

4.2.1 研究思路与框架

城镇综合竞争力定量评价过程实质上是一个"指标体系构建—确定指标权重—计算竞争力得分—综合评价"的过程（图 4-2）。其中，最为关键的是指标体系构建与指标权重的计算方法选择，这直接关系到竞争力评价结果的真实性与可靠性。综合评价阶段将竞争力分析与城镇发展提升策略相结合，是竞争力评价发挥现实指导作用的重要环节，可以根据各城镇综合竞争力得分及排序结果，通过可视化处理（如 GIS 专题图和 3D 分析图等）进行区域城镇格局分析，能够清晰反映出区域中心的分布特征以及中心城镇与周边城镇的联系，进而有针对性地提出不同城镇的发展策略以及规划建议。

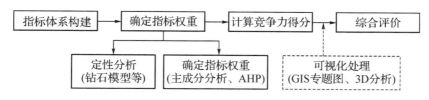

图 4-2 城镇综合竞争力评价研究框架

4.2.2 方法与技术路线

（1）聚类分析

首先，根据研究区实际和数据可获取性，构建研究区城镇综合竞争力评价的指标体系，并收集相关数据与进行数据的标准化处理。然后，基于 SPSS 软件平台，采用层次聚类分析和动态聚类分析方法,对研究区的综合竞争力进行分类评价(图4-3)。

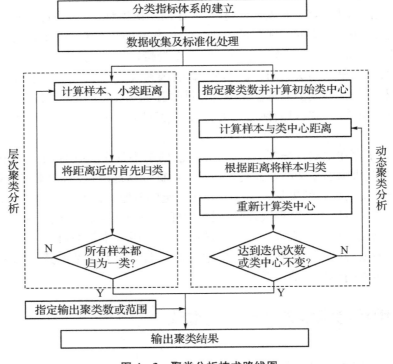

图4-3　聚类分析技术路线图

(2) 主成分分析法

首先,构建研究区城镇综合竞争力评价的指标体系,并进行数据的收集和标准化处理。然后,基于SPSS软件平台,采用巴特利特球形检验(Bartlett Test of Sphericity)、反映象相关矩阵检验(Anti-image Correlation Matrix)和KMO检验(Kaiser-Meyer-Olkin)方法对变量之间的相关性进行评价,判断是否适合进行因子分析。通过检验后,选用主成分分析方法进行因子分析,得到因子的方差贡献率和因子载荷矩阵。通常选取特征值大于1或因子的累积方差贡献率大于85%以上的公共因子作为主成分。利用因子载荷矩阵,可以考察各公共因子与原有变量之间的关系,进而对因子进行命名和解释。最后,利用回归法、巴特利法等方法计算各公共因子的得分,并利用各主成分的累积方差贡献率(可以将贡献率进行归一化,使其总贡献率为1)作为每个主成分的权重,计算每个样本的综合得分值,进而对研究区的综合竞争力进行分类评价(图4-4)。

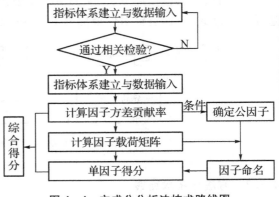

图4-4　主成分分析法技术路线图

（3）层次分析法

首先，根据研究区实际情况，对综合竞争力的影响因素进行系统梳理，构建研究区城镇综合竞争力评价的递阶层次结构（包含目标层、准则层及指标层）。然后，构建因素相对重要性的两两判别矩阵，并分别进行层次单排序与一致性检验和层次总排序与一致性检验，进而得到指标层每一个指标的相对重要性权重值。再次，通过指标数据输入与原始指标的标准化处理，得到无量纲化的指标数据。最后，通过加权求和得到样本的要素得分和综合得分值，并对研究区的综合竞争力进行分类评价（图 4-5）。

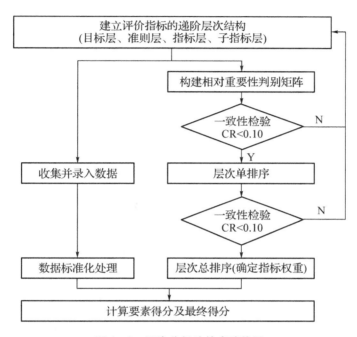

图 4-5　层次分析法技术路线图

4.3　案例应用解析

以河北省冀中南区域作为研究区，根据研究区实际与数据的可获得性，从经济发展、生活水平、政府能力、城镇建设等 4 个方面，选取了 19 项指标构建了研究区综合竞争力评价的指标体系（表 4-2）。然后，基于 SPSS、AHP 等软件平台，采用聚类分析、主成分分析、层次分析等方法，并进行不同分析方法的相互校验，对石家庄、衡水、邢台、邯郸 4 个地级市及其所属的 59 个县与县级市共 63 个城市样本，进行城镇综合竞争力的定量评价，以期通过量化计算结果直观、全面了解各城市当前的总体发展水平、比较优势以及发展路径，为冀中南区域增长极的选择、区域差异化发展战略的制定、经济集聚区的划定以及相关规划策略制定提供科学支撑与决策支持。

表 4 - 2　冀中南地区城镇综合竞争力评价指标体系

目标层	准则层	指标层
城镇综合竞争力	经济发展	GDP、人均 GDP、GDP 增长率、第三产业增加值比重、人均外商直接投资额
	生活水平	总人口、城镇化率、人均社会消费品零售额、农民人均纯收入、在岗职工人均收入、每万人医生数
	政府能力	地方一般预算收入、人均财政收入、人均全社会固定资产投资额
	城镇建设	燃气普及率、每万人拥有公交车辆、人均公园绿地面积、建成区绿化覆盖率、交通发展潜力（路网密度）

4.3.1　基于聚类分析的冀中南综合竞争力评价

利用 SPSS 软件中的"Hierarchical Cluster Analysis（系统聚类）"模块，选择 Q 型聚类方法，采用欧式距离平方（Squared Euclidean Distance）及组间连接（Between Group Linkage）的方法来计算变量与小类距离，生成聚类数为 10 的研究区分类结果（表 4 - 3），并将其与 GIS 中的研究区行政区划图进行属性关联，制作研究区的 GIS 分类专题图（图 4 - 6）。

表 4 - 3　冀中南地区城市 Q 型聚类结果（K＝10）

Q10	城市名称
1～5	石家庄市（第 1 类）、邯郸市（第 2 类）、邢台市（第 3 类）、衡水市（第 4 类）、武安市（第 5 类）
6	赵县
7	鹿泉市、邯郸县、涉县
8	清河县、邢台县、内丘县
9	井陉县、灵寿县、正定县、栾城县、辛集市、晋州市、新乐市、沙河市、平山县、藁城市、磁县、永年县
10	行唐县、高邑县、深泽县、赞皇县、无极县、元氏县、枣强县、武邑县、武强县、安平县、故城县、景县、阜城县、冀州市、深州市、临城县、柏乡县、隆尧县、任县、巨鹿县、新河县、广宗县、平乡县、威县、临西县、南宫市、临漳县、成安县、大名县、肥乡县、邱县、鸡泽县、广平县、馆陶县、魏县、曲周县、饶阳县、南和县、宁晋县

由分析结果可见，冀中南区域呈现明显的中心极化发展态势，石家庄市是区域内的最强中心，其与其他城市类别的欧式距离平方基本都大于 2.5，甚至高于 3，与第 2 类邯郸市的欧式距离平方也有 1.58，表明石家庄市在冀中南区域内的综合竞争力处于绝对优势领先地位；邯郸市是区域内的另一个重要的极化中心，其与其他城市类别的欧式距离平方基本都大于 1.5，与第 3 类邢台市的欧式距离平方也达到 1.05，表明邯郸市在冀中南区域内的综合竞争力处于较强优势领先地位；其他两个地级市邢台市（第 3 类）、衡水市（第 4 类）与其他城市类别的距离也基本大于 1，可见在冀中南地区中，4 个地级市的发展都处于领先水平，对区域整体具有一定的带动作用。除 4 个地级市以外，结合指标得分对城市归类结果进行分析可知，武安市由于综合实力较强且在部分指标变量中呈现明显的领先态势，故在聚类分析中成为单项样本。另外，由于赵县在人均外商直接投资额（第 1

名)及 GDP 增长率(第 7 名)中具有突出表现,因此它在 N 维空间中也单独成类,显示其成为未来区域特色化增长极的潜力(表 4-4)。对类别内部各城市与类别中心距离(表4-5)的分析可知,第 10 类城市与类别中心的距离基本都在 0.10～0.25 之间,表明类别内各城市发展水平较为相似,类别内各城市特征的差异性远低于第 7、8、9 类城市。

另外,从 GIS 专题图(图 4-6)可以看出,冀中南区域整体上呈现较为明显的东西发展差异格局——西部地区在中心城市的引领下呈现圈层分布态势,不同圈层之间间具有明显的差异化发展趋势,而东部地区则总体趋同,城市发展水平与路径较为均衡,仍处于低水平均衡状态。

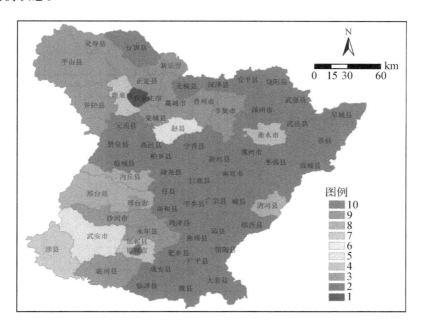

图 4-6 冀中南地区城市聚类结果

表 4-4 不同类别之间的距离矩阵

类别	1	2	3	4	5	6	7	8	9	10
1										
2	0.158									
3	0.257	0.105								
4	0.300	0.166	0.095							
5	0.268	0.130	0.076	0.137						
6	0.341	0.214	0.160	0.172	0.127					
7	0.321	0.176	0.100	0.133	0.068	0.087				
8	0.332	0.187	0.113	0.143	0.086	0.106	0.035			
9	0.347	0.204	0.129	0.150	0.105	0.089	0.045	0.031		
10	0.353	0.208	0.132	0.156	0.109	0.105	0.052	0.030	0.020	

表 4-5　类别内部各城市与类别中心的距离矩阵

市（县）	分类	距离	市（县）	分类	距离
石家庄市	1	0.000	鸡泽县	9	0.012
邯郸市	2	0.000	广平县	9	0.015
邢台市	3	0.000	馆陶县	9	0.015
衡水市	4	0.000	曲周县	9	0.019
武安市	5	0.000	高邑县	10	0.021
赵县	6	0.000	深泽县	10	0.019
正定县	7	0.023	无极县	10	0.022
藁城市	7	0.029	枣强县	10	0.010
鹿泉市	7	0.036	武邑县	10	0.015
邢台县	7	0.032	武强县	10	0.018
内丘县	7	0.044	饶阳县	10	0.042
清河县	7	0.026	安平县	10	0.020
邯郸县	7	0.025	故城县	10	0.016
涉县	7	0.033	景县	10	0.016
井陉县	8	0.032	阜城县	10	0.032
栾城县	8	0.021	冀州市	10	0.026
灵寿县	8	0.030	深州市	10	0.016
平山县	8	0.023	临城县	10	0.025
元氏县	8	0.018	柏乡县	10	0.015
辛集市	8	0.031	任县	10	0.015
晋州市	8	0.019	南和县	10	0.024
新乐市	8	0.025	巨鹿县	10	0.014
沙河市	8	0.022	新河县	10	0.016
磁州县	8	0.025	广宗县	10	0.020
永年县	8	0.026	平乡县	10	0.018
行唐县	9	0.017	威县	10	0.017
赞皇县	9	0.023	临西县	10	0.011
隆尧县	9	0.014	南宫市	10	0.017
宁晋县	9	0.031	临漳县	10	0.022
成安县	9	0.014	大名县	10	0.021
肥乡县	9	0.016	魏县	10	0.023
邱县	9	0.027			

4.3.2 基于主成分分析的冀中南综合竞争力评价

利用 SPSS 中的"Factor(因子分析)"模块进行主成分分析,选择 KMO 检验和巴特利特球形检验(Bartlett's Test of Sphericity)进行变量的相关性检验,判断是否适合进行因子分析,并采用主成分分析(Principle Components Analysis)作为因子提取方法和相关系数矩阵(Correlation Matrix)作为变量提取依据。为了更好地解释提取出来的公共因子,选择正交旋转方法(Varimax)进行因子旋转,采用回归法(Regression)进行因子得分计算,并根据因子贡献率计算因子权重,进而基于加权求和方法得到冀中南每一个评价单元的综合竞争力得分值。最后,为了便于结果的解释,将综合竞争力得分值采用极差标准化方法进行归一化后乘以 100 得到最终的综合竞争力得分。

KMO 值为 0.823,巴特利特球形检验在 1% 水平上显著,说明冀中南综合竞争力指标体系适合进行因子分析。根据 SPSS 分析结果,以累计方差贡献率达到 85% 为判断标准,共提取 7 个公共因子(主成分),7 个公共因子的累积方差贡献率为 86.172%,并根据公共因子成分比重,将 7 个主成分分别命名为"社会发展""要素规模""生活水平""绿化水平""经济活力""产业层次""开放度"等(表 4-6),通过计算获取最终城镇竞争力得分(表 4-7、图 4-7,见书后彩色图版)。

表 4-6 旋转成分矩阵

项 目	成分						
	1	2	3	4	5	6	7
每万人医生数	0.903	0.123	0.016	−0.006	−0.006	0.117	0.140
城镇化率	0.808	0.392	0.088	0.286	0.020	0.125	0.069
人均财政收入	0.753	0.392	0.219	0.329	0.170	−0.098	0.021
交通发展潜力(路网密度)	0.672	0.489	0.224	0.219	0.046	0.071	0.038
在岗职工人均收入	0.614	0.458	0.138	0.331	0.010	−0.002	0.019
每万人拥有公交车辆	0.554	0.057	0.150	0.328	−0.328	−0.090	0.367
人均全社会固定资产投资额	0.516	0.349	0.412	−0.025	0.476	−0.227	−0.068
总人口	0.156	0.910	0.130	0.112	−0.023	0.182	0.152
GDP	0.361	0.846	0.277	0.149	0.056	0.028	0.142
地方一般预算收入	0.485	0.831	0.124	0.119	0.019	0.049	0.108
农民人均纯收入	−0.048	0.115	0.882	0.124	0.200	0.158	0.068
人均社会消费品零售额	0.454	0.431	0.661	0.099	0.068	−0.065	0.108
人均 GDP	0.409	0.304	0.598	0.321	0.340	−0.222	0.032
燃气普及率	0.243	0.123	0.548	0.452	−0.281	−0.189	0.027
人均公园绿地面积	0.256	0.213	0.066	0.835	0.024	−0.268	−0.002
建成区绿化覆盖率	0.165	0.096	0.285	0.793	0.079	0.286	0.181
GDP 增长率	0.012	−0.015	0.149	0.043	0.893	−0.087	0.114
第三产业增加值比重	0.110	0.181	0.003	−0.045	−0.115	0.922	−0.080
人均外商直接投资额	0.146	0.235	0.062	0.089	0.127	−0.071	0.908

提取方法:主成分分析法。旋转法:具有 Kaiser 标准化的正交旋转法。

　　由综合竞争力计算结果(表4-7)及其空间分布(图4-7)可以看出,冀中南区域发展
呈现西高东低的总体分布格局,石家庄市、邯郸市、邢台市与衡水市4个地级市具有明显
相对优势,且对周边区域产生一定的辐射带动作用,其中以石家庄为中心的西北城镇组
团与以邯郸为中心的西南城镇组团已雏形初具,逐步发展成为引领地区发展的重要城镇
集群。

表4-7　城市因子得分与综合得分计算结果(部分)

	石家庄市	邢台市	邯郸市	衡水市	邯郸县	…
1	5.335 1	3.466	2.427 6	1.597 8	0.533 5	…
2	−2.081 9	−0.075 7	2.542 8	6.148 3	−0.680 5	…
3	−0.256 1	−0.482 3	−0.342 1	0.613 4	0.957 9	…
4	−0.911 1	1.241 3	1.257 5	−0.627 8	2.125 1	…
5	−0.245 1	−0.593 7	0.448 5	−0.564 9	0.516	…
6	0.853 8	−0.202 1	0.308 2	0.613 5	−0.322 8	…
7	0.537 7	−0.581 9	−0.548 8	1.532 1	0.452 1	…
总分	2.290 9	1.624	1.488 5	1.454	0.434 6	…
调整总分	100.00	77.00	72.67	71.49	36.77	…

　　注:总分调整方法为将综合得分进行极差标准化处理后乘以100。

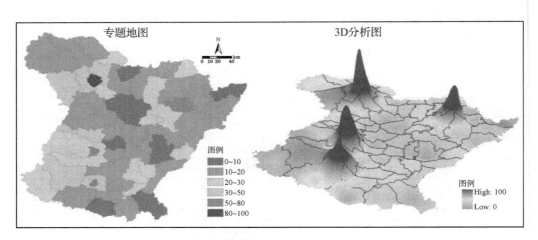

图4-7　标准化处理后的冀中南区域综合竞争力得分(主成分分析法)

　　为进一步全面了解冀中南区域中各城镇的发展特色与比较优势,我们分别进行了单
一因子(主成分)的得分分析(图4-8,见书后彩色图版)。由图4-8可见,西部地区的
"社会发展"(第一主成分)水平明显高于东部,而这本身与地区的总体经济发展水平息息
相关,而在"绿化水平"(第四主成分)方面,西南部显示出明显的领先优势,在城镇生态建
设重要性日益凸显的今天,西南地区具有发展成为兼具经济发展与生态建设示范性地区
的潜力。

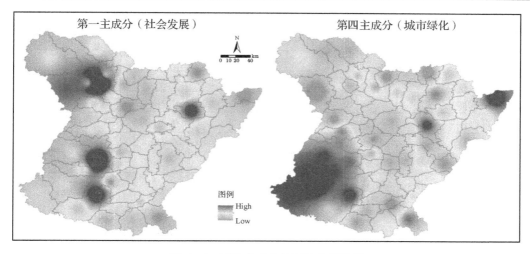

图 4-8　不同主成分的插值分析结果

4.3.3　基于层次分析法的冀中南综合竞争力评价

首先,根据层次分析法相关原理与步骤(尹海伟,2014),对准则层及指标层的变量进行两两打分,并通过一致性检验计算出各指标的层次总排序,即最终权重(表4-8)。然后,根据权重及标准化数据计算出各城市样本的单因子得分及综合得分(表4-9、图4-9)。

表 4-8　各准则层、指标层的权重计算结果

目标层	准则层及其权重	指标层及其权重	总权重
城镇综合竞争力	经济发展 (0.559)	GDP(0.344)	0.192
		人均GDP(0.344)	0.192
		GDP增长率(0.129)	0.072
		第三产业增加值比重(0.129)	0.072
		人均外商直接投资额(0.054)	0.030
	生活水平 (0.271)	总人口(0.420)	0.114
		城镇化率(0.193)	0.052
		人均社会消费品零售额(0.078)	0.021
		农民人均纯收入(0.036)	0.010
		在岗职工人均收入(0.078)	0.021
		每万人医生数(0.193)	0.052
	政府能力 (0.078)	地方一般预算收入(0.429)	0.033
		人均财政收入(0.429)	0.033
		人均全社会固定资产投资额(0.143)	0.011
	城镇建设 (0.092)	燃气普及率(0.054)	0.007
		每万人拥有公交车辆(0.344)	0.032
		人均公园绿地面积(0.129)	0.012
		建成区绿化覆盖率(0.129)	0.012
		路网密度(0.344)	0.032

表4-9　基于层次分析法的城镇竞争力计算结果与排序(部分)

市(县)	经济发展	生活水平	政府能力	城镇建设	总分	调整总分	排序
石家庄市	0.015 660	0.008 409	0.012 048	0.002 738	0.038 855	100.00	1
邯郸市	0.008 715	0.008 409	0.005 167	0.002 058	0.024 349	58.00	2
邢台市	0.004 234	0.008 409	0.002 306	0.001 891	0.016 840	36.26	3
武安市	0.004 825	0.004 088	0.004 192	0.002 990	0.016 096	34.11	4
衡水市	0.001 966	0.008 409	0.001 563	0.001 756	0.013 693	27.15	5
…	…	…	…	…	…	…	…

注:总分调整方法为将综合得分进行极差标准化处理后乘以100。

　　由层次分析法的计算结果可见,冀中南区域发展极不均衡,石家庄市、邯郸市两极凸显。无论是GDP总量、社会消费品零售总额、社会固定资产投资额等经济指标,还是道路密度、公共设施覆盖率等城市基础设施建设水平,石家庄和邯郸都表现出巨大的优势。石家庄作为河北省省会,其省域中心的集聚能力尤为突出;邯郸作为区域副中心城市,是晋冀鲁豫四省交界地区的重要增长核心。与石家庄市和邯郸市相比,邢台、衡水的中心性相对较弱,区域带动能力尚显不足。从区域整体的发展格局上看,背靠太行山的山前城镇群凭借丰富的矿产与旅游资源、便捷的区域交通(京广线)、既有的工业基础和深厚的文化底蕴,经济发展水平明显高于东部广大的农业腹地,人口密度和城镇密度同样高于东部地区,总体上呈现"西高东低"的发展格局。

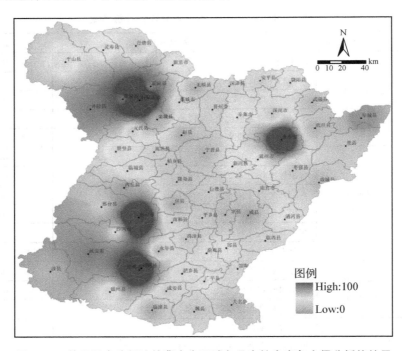

图4-9　基于层次分析法的冀中南区域各县市综合竞争力得分插值结果

　　另外,基于层次分析法的冀中南区域综合竞争力计算结果与基于主成分分析的计算结果具有较高的吻合度。在总体格局上,"西强东弱"的非均衡发展态势均十分明显,其中西北组团与西南组团均呈现出良好的"中心引领、联运发展"的趋势。在单个城镇的得分结果与排序上，4个地级市仍具有显著的领先优势，但与主成分分析结果有所区别的是，武安市在层次分析法的排序中有明显提升，甚至高于衡水市（表4-9），这与权重打分中经济发展因子权重较高具有很大的关系（表4-8）。

4.4 本章小结

自2003年《中国城市竞争力报告》发布以来，城市竞争力日益受到国内学者以及各级政府的关注。城市与区域规划工作迅速融入竞争力分析与评价等内容以回应时代发展需求，促使城市规划逐渐成为城镇提升竞争力的重要政策工具。国内众多学者在城镇竞争力概念内涵、指标体系、评价模型、实证经验等方面做出了大量的探索，为规划师在城市与区域规划中综合使用多种评价方法提供了坚实的研究基础。目前最为成熟的方法有聚类分析、主成分分析、层次分析法等，这些方法在国内众多研究报告及规划方案中都得到了广泛的应用，如倪鹏飞的《中国城市竞争力报告》、北京国际城市发展研究院（IUD）的城市竞争力评价系统等。

尽管目前综合竞争力评价的指标体系与指标权重的确定方法尚未形成共识，且不同的体系与方法都各有优缺点，但是根据研究区实际和数据可获得性来构建竞争力评价指标体系，采用多种较为成熟的分析方法（如聚类分析、主成分分析、层次分析法等）进行综合竞争力评价，并进行评价结果的相互校验，能够帮助规划师全面深入地认识研究区内部不同城镇的相对比较优势与城镇特色，为在该区域科学构建一个分工合理、功能互补、协作紧密的城镇集群提供重要的参考依据。

本章以河北省冀中南区域作为研究区，根据研究区实际和数据可获得性，构建了由4大类19个指标组成的竞争力评价指标体系，基于Excel、SPSS、ArcGIS等软件平台，对冀中南区域各地市的综合竞争力进行了定量分析和评价。研究结果表明，冀中南地区呈现东西分异的总体格局，西部地区的发展水平远高于东部地区。石家庄、邯郸、邢台、衡水等4个地级市的竞争力明显领先于其他县级主体，在区域发展中充当引领辐射作用，其中石家庄、邯郸发展优势最为显著，其所在的西北、西南地区已经分别形成城镇发展组团的雏形。研究结果非常有助于全面、系统地认识冀中南区域内部不同城镇的相对比较优势与城镇特色，为《冀中南区域空间布局规划》中的经济空间合理布局、不同城镇集群与城镇的发展策略制订提供了重要的参考依据和方法支撑。

参考文献

[1] Begg, I. Cities and competitiveness. Urban studies, 1999, 36(5-6): 795-809.

[2] Cheshire, P., Carbonaro, G., & Hay, D., Problems of urban decline and growth in EEC countries: or measuring degrees of elephantness. Urban Studies, 1986, 23(2): 131-149.

[3] Kresl, P. K. The determinants of urban competitiveness: a survey. North American cities and the global economy, 1995, 45-68.

[4] Sotarauta, M., & Linnamaa, R., Urban competitiveness and management of urban policy networks: some reflections from tampere and oulu. Access by internet:

http://personal. inet. fi/tiede/markku. sotarauta/verkkokirjasto/urban _ competi-
tiveness. Pdf,2001.

[5] Webster,D. ,& Muller,L. Urban competitiveness assessment in developing country
urban regions:the road forward. Urban Group,INFUD. The World Bank,Washing-
ton DC,2000,July,17,47.

[6] 陈梦筱. 城市竞争力的国内外研究回顾与展望[J]. 华东经济管理,2006,20(4):
89-91.

[7] 高雅,徐丽杰. 基于目标层次分析法的城市竞争力研究[J].郑州航空工业管理学院学
报:管理科学版,2005,22(4):14-16.

[8] 顾朝林. 城市竞争力研究的城市规划意义[J]. 规划师,2003,19(9):31-33.

[9] 郝寿义,倪鹏飞. 中国城市竞争力研究——以若干城市为案例[J]. 经济科学,1998,3:
50-56.

[10] 李怀建. 基于钻石模型的宿迁城市竞争力研究[J]. 中国集体经济(下半月),2007,
10:021.

[11] 李永强. 城市竞争力评价的结构方程模型研究[M]. 成都:西南财经大学出版
社,2006.

[12] 刘昭黎. 单因素条件下城市竞争力分析[D]. 北京:中国地质大学,2006.

[13] 倪鹏飞. 中国城市竞争力的分析范式和概念框架[J]. 经济学动态,2001,6:14-15.

[14] 马立静. 城市竞争力理论和评价方法研究[D]. 大连:东北财经大学,2005.

[15] 马庆国. 应用统计学:数理统计方法、数据获取与 SPSS 应用[M]. 北京:科学出版
社,2005.

[16] 麻小利. 基于显示性指标和双钻石修正理论模型的城市竞争力比较研究[D]. 上海:
华东师范大学,2009.

[17] 倪鹏飞. 中国城市竞争力报告[J]. 财经政法资讯,2003,19(3):67-68.

[18] 宁越敏,唐礼智. 城市竞争力的概念和指标体系[J]. 现代城市研究,2001,(3):
19-22.

[19] 佘明江,段承章. 城市竞争力理论研究综述[J]. 合肥:安徽工业大学学报:社会科学
版,2010,27(4):14-17.

[20] 唐礼智. 城市竞争力理论浅析[J]. 福建地理,2001,16(2):20-23.

[21] 徐康宁. 论城市竞争与城市竞争力[J]. 南京社会科学,2002,(5):1-6.

[22] 杨善奇. 南京城市核心竞争力分析——基于"钻石模型"的分析框架[J]. 商品与质
量:理论研究,2013,(12),19-20.

[23] 杨彤,王能民,邱长溶. 城市竞争力的评价研究[J]. 经济经纬,2006,(3):65-68.

[24] 于涛方. 国外城市竞争力研究综述[J]. 国外城市规划,2004,(1),28-34.

[25] 张京祥,朱喜钢. 城市竞争力、城市经营与城市规划[J]. 城市规划,2002,26(8):
19-22.

[26] 周振华,陈维,汤静波,等. 国内若干大城市综合竞争力比较研究[J]. 上海经济研究,
2001,1:124.

[27] 尹海伟,孔繁花. 城市与区域规划空间分析实验教程[M]. 南京:东南大学出版社,2014.

5 城市与区域生态环境敏感性分析

5.1 生态环境敏感性分析方法概述

5.1.1 生态环境敏感性分析的意义

生态环境与社会经济发展的矛盾与冲突是目前全世界面临的共同挑战,保护和改善生态环境已经成为当今世界各国和地区日益重视的重大问题。当前,伴随着我国的快速城镇化进程,区域土地利用方式的无序化与粗放性、盲目性日益明显,自然生态系统失衡和区域生态环境恶化在不少地区已经成为阻碍区域可持续发展的主要因子。因此,如何转变经济增长方式,高效合理地利用区域有限的土地资源,充分发挥自然生态系统的服务功能、维持区域生态系统健康、保护区域生物多样性,就成为当前城市与区域规划中必须解决的重大问题。

在 2006 年的《城市规划编制办法》(中华人民共和国建设部令〔第 146 号〕)中,明确提出了城市总体规划的强制性内容和市域内应当控制开发的地域(包括基本农田保护区,风景名胜区,湿地、水源保护区等生态敏感区,地下矿产资源分布地区)。2006 年版《城市规划编制办法》成为城市规划由物质形态规划向社会规划与生态规划转型的重要标志。随后,2010 年的《国家"十一五"规划纲要》提出了主体功能区的概念,并指出应"根据资源环境承载能力、现有开发密度和发展潜力,统筹考虑未来我国人口分布、经济布局、国土利用和城镇化格局,将国土空间划分为优化开发、重点开发、限制开发和禁止开发四类主体功能区",并"按照主体功能定位调整完善区域政策和绩效评价,规范空间开发秩序,形成合理的空间开发结构"。2012 年,党的十八大报告把生态文明建设列入"五位一体"总布局,为建设美丽中国、实现中国社会经济可持续发展明确了方向。

党的十八大以来,优化国土空间开发格局成为生态文明建设的重要内容之一。城市与区域生态环境是城市与区域赖以生存的根本与基础,是影响城市与区域系统健康发展最为关键的因素之一。城市与区域规划应将生态基底作为城市与区域发展的前提和基础。城市与区域生态环境敏感性分析就是通过综合考虑构成城市与区域生态环境的基本要素,包括地形地貌、河流水系、植被覆盖、地质灾害、矿产资源、生态保护区等,辨识对规划研究区总体生态环境起决定作用的生态要素和生态实体,并对这些生态要素和生态实体进行生态分析,进而综合划定生态环境敏感区域,为规划研究区土地利用总体规划、国民经济与社会发展规划、城市与区域规划、生态环境保护规划等规划中的用地空间布局提供重要的科学依据。

5.1.2 生态环境敏感性相关研究简评

生态环境敏感性(Ecological Sensitivity)是指在不损失或不降低生态环境质量情况下,生态环境因子对外界压力或变化的适应能力(杨志峰等,2002)。国内不少学者将生态敏感区/生态敏感地带(Ecological Sensitive Area)定义为对区域总体生态环境起决定性作用的生态要素和生态实体,其保护、生长、发育等程度决定了区域生态环境的状况,一旦受到人为破坏很难在短时间内恢复,主要包括河流水系、滨水地区、野生生物栖息地、山地丘陵、植被、自然保护区、滩涂湿地、水源涵养区等(王效科等,2001;尹海伟等,2006)。

根据生态环境敏感性研究对象的不同,可将目前生态环境敏感性分析大致分为两类。一类是针对某一生态因子的敏感性分析,该类研究多针对生态环境问题的某一方面开展比较深入的研究。例如,关于土壤和生态系统对酸沉降敏感性的分析(陈定茂等,1998;郝吉明等,1999;王晓燕等,1999;谷花云等,2003),水土流失与土地退化的动态敏感性分析(罗先香等,2000;王效科等,2001;钱乐祥等,2002;刘康等,2002),地下水敏感性(孙才志等,2011),以及滑坡等地质灾害敏感性分析(张军等,2012)。另一类则是基于多因子综合评价的生态敏感性综合分析,该类研究通常根据生态系统的特点和研究区实际遴选出一些生态环境因子,并多采用生态因子评分和 GIS 空间叠置方法进行研究区的生态环境敏感性综合分析与评价。例如,杨志峰等(2002)选用了土地利用现状、面积、坡度、当地保护区类型和物种多样性 5 个生态因子,采用生态因子评分和 GIS 空间叠置方法对广州市生态敏感性进行了定量分析,为广州市生态敏感区的划分和分区空间管制措施的制定提供了重要依据。尹海伟等(2006)借助 GIS 技术,选择有区域代表性的植被、海拔、坡度、堤防、耕地地力等因子,采用因子叠加法,对吴江东部地区的生态敏感性进行了定量分析,为研究区城镇建设用地空间布局提供了重要的科学依据。

影响生态敏感性的因子很多,可归纳为自然因素和人为因素两大类。自然因素造成的敏感性主要是指自然环境的变化,导致某一系统的生态平衡遭受破坏,从而使系统朝着不利的方向发展,包括地形(主要包括海拔、坡度、坡向)、植被、土壤、地质、水文、野生动物等影响因子。人为因素造成的敏感性是指造成自然系统敏感的压力来自于人类各种社会、经济活动,其表现形式主要是人类对自然生态资源的不合理开发利用,包括垦殖、灌溉、筑堤、建设用地开发、开采地下水、污染物排放等影响因素。由于影响生态敏感性的因子有很多,且在不同区域影响生态环境敏感性的主要因子亦不同。因而,合理选取生态环境敏感性因子就成为多因子综合评价分析的重要基础。然而,各种生态因子之间并不是孤立的、毫无联系的,而是相互影响、相互联系的,也就是说,人类活动对某生态环境因子不仅产生直接的干扰或破坏,而且还通过此生态因子对其他的生态因子产生间接的干扰或破坏。例如,人类开发活动对植被的采伐和破坏,使得植被因子遭受直接的干扰,但由于植被遭到破坏,使得山地丘陵区的水土流失加剧,土壤变得瘠薄,间接的影响到了土壤和水土流失等生态因子。因此,在选取生态因子的过程中既不可以面面俱到,不分主次,也不可以偏概全,顾此失彼,必须针对不同区域的具体生态环境问题和实际情况选取既可以进行单因子分析,又能做综合分析,既便于获取,又易于操作、量化的生态因子构建生态敏感性分析的因子指标体系(欧阳志云等,2000;杨志峰等,2002;尹海伟等,2006;朱查松等,2008)。通过系统梳理城市与区域生态敏感性分析的相关研究可以发现,虽然不同学者根据不同区域的实际情况选择了不同的生态敏感性因子,但是植被、水域、地形条件、地质、土壤等因子是普遍采用的重要的敏感性因子(表5-1)。

表5-1 国内城市与区域生态敏感性研究中选用的敏感因子

提出者(年份)	选用的敏感性因子
欧阳志云等(2000)	气候、地形、土壤、地表覆盖度等
李贞等(2001)	地形、岩石、植被、水体等
杨志峰等(2002)	土地利用现状、面积、坡度、当地保护区类型、物种多样性
张军等(2003)	水体、植被、道路、建成区
尹海伟等(2006)	植被、海拔、坡度、堤防、耕地地力
朱查松等(2008)	海拔、坡度、水域、生态系统类型、交通、居民点
颜磊等(2009)	水土流失、河流水量水质、土地沙化、泥石流、采矿点、道路、濒危物种生境
高洁宇(2013)	坡度、高程、植被覆盖度、地表水保护范围、重点保护对象
李广娣等(2013)	坡度、植被覆盖度、生物多样性、水体、道路交通、地质灾害
张伟等(2013)	海拔、坡度、植物多样性、地质灾害、河流水库

5.1.3 生态环境敏感性测度方法简介

城市与区域生态环境问题的形成与发展往往是多因子综合作用的结果,也与影响生态环境问题的各个因子的强度、分布状况和多个因子的组合有关。因此,目前城市与区域生态环境敏感性的定量测度通常采用多因子综合评价与GIS空间叠置分析方法,即首先进行各单因子的生态敏感性分析,然后借助GIS的空间叠置技术,通过一定的因子综合方法将各单因子进行综合,得到规划研究区总的生态敏感性区划图(杨志峰等,2002;尹海伟等,2006)。

对于单因子的生态敏感性程度的分析判定,通常采用较为主观的赋值方法,例如专家根据研究区实际和自身经验,将某一因子进行分类并赋值。杨志峰等(2002)、尹海伟等(2006)、朱查松等(2008)很多学者均采用主观分类赋值的方法确定了研究区的生态环境敏感性各单因子的敏感性程度,并进行了主观类型划分与赋值,构建了在GIS中可操作性很强的研究区生态环境敏感性评价赋值体系。由于不同的单因子的值域不同,敏感性的强弱划分的阈值也就各异。这就需要根据不同因子中不同要素对生态敏感度的重要性程度分别赋予不同的等级值。目前相关研究通常将敏感性单因子(或敏感性总结果)划分为5个等级,即极高生态敏感性、高生态敏感性、中生态敏感性、低生态敏感性、非生态敏感性(罗先香等,2000;刘康等,2003;林涓涓,潘文斌,2005;陶星名等,2006;尹海伟等,2006;李志江等,2006)。国内也有不少学者采用4分法(高敏感区、中敏感区、低敏感区、极低敏感区;最敏感区、敏感区、弱敏感区、非敏感区;敏感、较敏感、较不敏感、不敏感),其中高敏感区、最敏感区或敏感区是指生态环境因子将承受永久性、不可恢复的影响;中敏感区、敏感区或较敏感区是指生态环境因子可承受较长时间方可恢复的影响;低敏感区、弱敏感区或较不敏感区是指生态环境因子可承受较短时间方可恢复的影响;极低敏感区、非敏感区或不敏感区是指生态环境因子基本不承受任何影响(杨志峰等,2002;张军等,2003;赵晓慧和严力蛟,2004;林涓涓等,2005)。也有一些学者采用3分法即将敏感性划分为不敏感、较敏感和敏感(朱红云,2005)。美国学者詹姆士·罗伯兹将人类活动对生态环境因子的影响程度划分为6个等级:极端敏感,生态环境因子将承受永久性、不可恢复的影响;相当敏感,生态环境因子将承受10年以上时间方可恢复的影响,其恢复和重建将非常困难并且代价很高;一般敏感,生态环境因子将承受4~10年时间方可恢复的影响,其恢复和重建将比较困难并且代价较高;轻度敏感,生态环境因子将承受4年以内时间方可恢复的影响,其再生、恢复和重建利用天然或人工方法均可以实现;稍微敏感,生态环境因子将承受短时间暂时性的影响,其再生与重建可由人力较容易的实现;毫不敏感,环境因子基本上不受任何影响。

多因子综合评价通常基于GIS的空间叠置分析来实现(杨志峰等,2002;尹海伟等,2006;朱查松等,2008;高洁宇,2013;李广娣等,2013;张伟等,2013)。然而,由于不同研究区的影响因子不同,在GIS空间叠置分析时采用的叠置方法亦不同,主要分为两大类:取最大值法和因子加权叠置法。赋予敏感性因子权重的合理与否很大程度上关系到生态敏感性综合评价结果的正确性和科学性。取最大值方法将所选敏感性因子均视为强限制性因子,然后基于木桶理论来分析研究区的总体生态环境敏感性(例如,尹海伟等,2006);而加权叠置法是基于不同敏感性因子影响作用的强弱来设置因子权重(权重的计算方法亦有多种,如主观赋权、层次分析法、主成分分析法等),然后加权求和得到研究区的总体生态环境敏感性(例如,杨志峰等,2002;高洁宇,2013)。如果所选敏感性因子的约束性较弱,那么取最大值法存在总体生态环境敏感性被高估的风险;而如果所选因子有多个高约束性因子,加权求和法则存在总体生态环境敏感性被低估的可能。因此,建议根据研究区实际情况和所选因子的限制性程度合理选取多因子综合评价分析方法。

5.2 基于RS与GIS的生态环境敏感性分析框架

5.2.1 研究思路与框架

城市与区域生态环境敏感性分析的研究思路与框架可以概括为"自然生态本底特征分析—关键生态资源辨识—敏感性因子选取与分级赋值—单因子生态环境敏感性分析—基于多因子综合评价的生态环境敏感性分区——空间管制措施制定"(图5-1)。其中,最为关键的是敏感性因子择定与分级赋值体系的构建,以及多因子叠置分析中因子权重的确定。

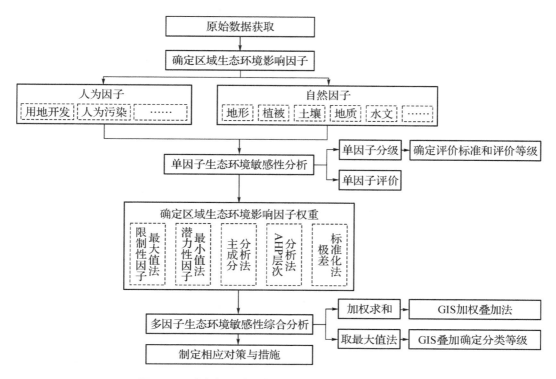

图 5 - 1 城市与区域生态环境敏感性分析的研究框架

5.2.2 方法与技术路线

近年来,随着 GIS 与遥感(RS)技术在城市与区域规划领域的深入推广与广泛应用,遥感图像数据已经成为城市与区域规划空间数据的重要来源。在城市及其以上尺度的生态环境敏感性分析中,遥感数据已经成为必备的数据源。基于遥感分析软件平台(如ERDAS、ENVI 等)的遥感数据处理,已经成为规划研究区植被覆盖度获取、关键生态资源识别的重要分析方法和技术支撑。因而,在总结生态敏感性相关研究成果的基础上,构建了基于 RS 和 GIS 的生态环境敏感性分析技术路线(图 5-2)。

5.3 案例应用解析

以湖南省"3+5"城市群(指长株潭城市群的长沙、株洲、湘潭 3 市,加上周边岳阳、常德、益阳、娄底和衡阳 5 市所共同构成的更大范围城市群,其覆盖行政区域总面积 9.96×10^4 km²,占湖南省国土总面积的 45.74%)作为研究区,根据研究区自然生态本底特征和重要自然生态系统状况(图 5-3,见书后彩色图版)以及基础数据可获得性与可操作性,选用对区域开发建设影响较大的植被、水域、坡度、地形起伏度、耕地、建设用地 6 个因子作为生态敏感性分析的主要影响因子。基于 ERDAS、ArcGIS 等软件平台,分别进行单个因子的生态环境敏感性分析,并采用取最大值方法进行多因子叠置分析,得到规划研究区的总体生态环境敏感性,以期为规划研究区的空间管制策略制订与用地空间合理布局提供科学依据和决策支持。

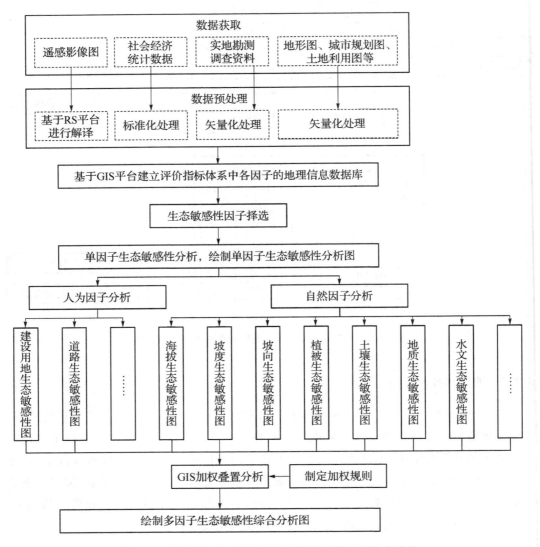

图5-2　基于 RS 和 GIS 的生态环境敏感性分析技术路线

5.3.1　湖南省城市群土地利用现状与自然生态本底分析

在《湖南省"3+5"城市群城镇体系规划》编制过程中,项目组通过中国科学院计算机网络信息中心的国际科学数据镜像网站,共收集了规划研究区 Landsat5 的 TM 影像 21 景(数据成像时间为 2006、2007 年,空间分辨率为 30 m)。基于 ERDAS 软件平台,通过遥感影像的多波段融合、镶嵌、裁剪、空间匹配,得到了规划研究区的遥感数据总图(图5-4,见书后彩色图版)。

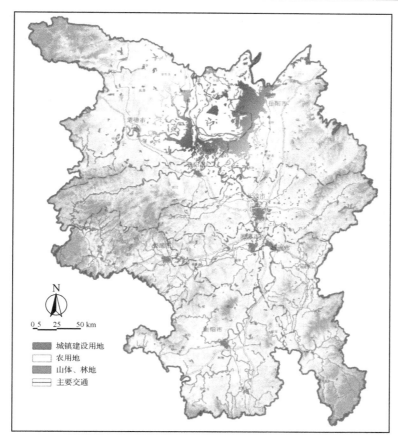

图 5-3 湖南省"3+5"城市群用地概况与自然生态本底特征

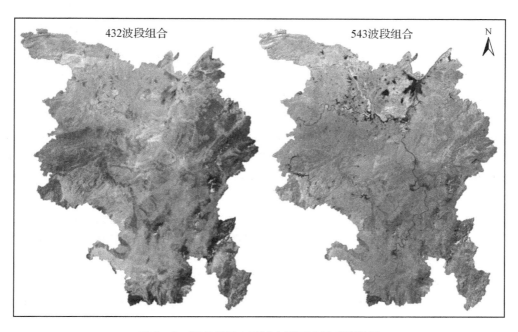

图 5-4 湖南省"3+5"城市群 TM 遥感影像图

资料来源:中国科学院计算机网络信息中心的国际科学数据镜像网站。

　　基于 ERDAS、GIS 软件平台,通过遥感影像的监督分类处理,并结合规划过程中收集的相关部门专题数据(例如国土部门的土地利用现状图、基本农田分布图等),通过数字化解译得到规划研究区的土地利用现状(表 5－2、图 5－5,见书后彩色图版)。

表 5－2　湖南省 3＋5 城市群土地利用分类统计表(2006—2007)

土地利用类型	面积(hm²)	百分比
一般耕地	1 112 955.13	11.49%
基本农田	2 015 633.33	20.81%
园地	81 602.36	0.84%
苗圃	8 882.14	0.09%
城镇建设用地	122 319.62	1.26%
独立工矿用地	4 683.43	0.05%
乡村建设用地	1 246.98	0.01%
道路	464 369.93	4.79%
草地	117 133.88	1.21%
林地	5 068 087.29	52.32%
湿地、苇地	87 420.59	0.90%
水域	499 347.99	5.16%
未利用地	101 504.08	1.05%
特殊用地	1 097.50	0.01%
总面积	9 686 284.26	100.00%

　　由分析结果可见,在湖南省"3＋5"城市群中林地和农田是主要的优势景观类型,分别占规划研究区总面积的 52.32% 和 32.30%。研究区为低山丘陵区,三面环山,林地面积广阔。东西南三面的高山林地资源多为天然林,且自然保护区、森林公园面积大,生态系统相对完善,并很好地起到了涵养水源的作用。低山丘陵区林地资源亦很丰富,但受到人类活动干扰明显,次生林较多,生态功能较为脆弱。研究区是传统的农业生产区,种植业比重大,洞庭湖平原是国家重要的商品粮基地,素有"湖广熟,天下足"的民谚。

　　研究区基本属于长江流域,以湘资沅澧"四水"为主轴,浏阳河、捞刀河、涟水流域、渌水流域、洣水流域、浏阳湖、汨罗江等为主要次轴线,以洞庭湖为汇水口的结构,水系及水面面积 499 347.99 hm²,占总面积的 5.16%。另外,湿地面积广阔,分布较为集中,主要分布在洞庭湖滨湖地区,具有重要的生态保护效益,总面积 87 420.59 hm²,占总面积的 0.9%。

　　城镇建设用地以及独立工矿用地,面积共计 128 250 hm²,占区域总面积的 1.32%。道路交通用地主要识别了主要交通线路,如铁路、高速公路、国道、省道和县道,面积约为 464 369.93 hm²,占总区域的 4.79%。

　　综上所述,湖南省"3＋5"城市群总体上自然生态本底条件优越,森林覆盖率较高(区域森林覆盖率 35.56%,超过全国平均水平 17.34 个百分点,位居全国前列),湿地面积较大(湿地面积 107.7 万 hm²,占"3＋5"地区总面积的 11.11%,高于全国平均水平 7.34 个百分点),水资源丰富(拥有"一湖四水":洞庭湖、湘江、资水、沅水和澧水)。与此同时,随着社会经济的快速发展,湖南省"3+5"城市群亦面临着湿地围垦增多,大气、水质与酸雨污染加重,水土流失和地质灾害频发,矿山开采强度大,土地利用集约度较低等生态环境问题,可持续发展面临巨大压力。

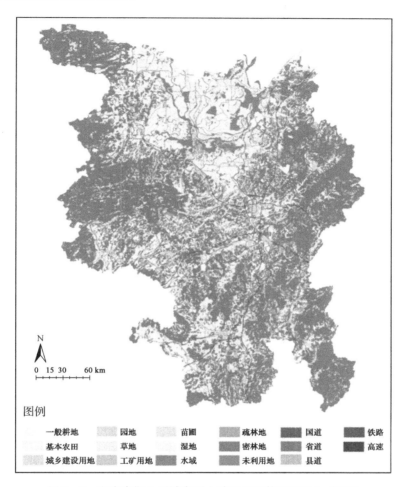

图 5-5 湖南省"3+5"城市群土地利用现状图(2006—2007)

5.3.2 湖南省城市群关键生态资源辨识

关键生态资源是指那些对区域总体生态环境起决定作用的生态要素和生态实体,通常包括河流水系、滨水地区、野生生物栖息地、山地丘陵、植被、自然保护区、森林公园、滩涂湿地、水源涵养区、水质保持区等。根据规划研究区的实际情况,结合国内外相关学者关于生态环境敏感区的分类框架,构建了湖南城市群生态环境敏感区分类体系(表 5-3),并基于 RS 和 GIS 平台对规划研究区的关键生态资源进行识别。

(1)生态关键区:在无控制或不合理的开发下将导致一个或多个重要自然要素或资源退化或消失的区域。所谓重要要素是指那些对维持现有环境的基本特征和完整性都十分必要的要素,它们取决于该要素在生态系统中的质量、稀有程度或者是其地位高低。规划研究区生态关键区主要包括各级自然保护区、森林公园、湿地公园、地质公园、大型湿地、大型林地、主要河流与重要流域。

（2）文化感知关键区：包括一个或多个重要景观、游憩、考古、历史或文化资源的区域。在无控制或不合理的开发下，这些资源将会退化甚至消失。这类关键区是重要的游憩资源，或有重要的历史或考古价值的建筑物。规划研究区文化感知关键区主要包括风景名胜区，历史、考古与文化区。

表5－3　湖南省"3＋5"城市群关键生态资源分类体系

大类	亚类	区域现有资源	简要说明
1 生态关键区	11 自然保护区	国家级自然保护区5个（东洞庭湖自然保护区、桃源洞自然保护区、壶瓶山自然保护区、乌云界自然保护区、南岳衡山自然保护区），省级自然保护区15个，县级自然保护区15个。国家级湿地自然保护区3个（岳阳市东洞庭湖、益阳市南洞庭湖、常德市西洞庭湖等3个国际级重要湿地）	野生动物栖息地，为野生动物提供食物、庇护和繁殖空间的区域。其根本目的是保护稀有与濒危物种。通常应足够大，以满足生物种群的需求
	12 森林公园	桃花源、大围山等17个国家级森林公园、25个省级森林公园、5个县级森林公园	拥有一些典型生态系统单元，或者是维护大区域范围内的生态完整性和环境质量上有着至关重要作用的区域
	13 湿地公园	水府庙、九埠江、千龙湖等3个国家级湿地公园	拥有一些典型生态系统单元，或者是维护大区域范围内的生态完整性和环境质量上有着至关重要作用的区域
	14 地质公园	国家级地质公园1个（酒埠江国家地质公园），省级地质公园3个	拥有重要地质构造与地质遗迹的区域
	15 大型湿地	主要包括"3＋5"地区重要河流湖泊所对应的湿地范围	指未列入自然保护区和湿地公园名录，但面积较大且具有保护之必要的湿地区域
	16 自然山体与大型林地	幕阜山、罗霄山绿核、大义山、六步溪、壶瓶山以及大围山等森林公园的周边区域	该区域山体植被覆盖较好，生态公益林地集中且遭受的破坏性较轻
	17 主要河流与重要流域	长江、洞庭湖以及湘资沅澧四条主要河流，另有浏阳河、捞刀河、涟水、渌水、洣水、水府庙水库、浏阳湖、大通湖、铁山水库、珊珀湖水库、王家厂水库、汨罗江、溇水、周头水库、白马水库、杯溪水库、五强溪水库、黄石水库等水域	"一湖四水"是该区域水资源的主要支撑，支流是主要河流及湖泊的蓄水来源，且为重要的水质更新源泉，应重点保护
2 文化感知关键区	21 风景名胜区	岳麓山、南岳衡山、岳阳楼洞庭湖、韶山4个国家级风景名胜区，9个省级风景名胜区，7个市级风景名胜区	自然要素的观赏价值较高、值得保护的区域。稀缺性及其区位通常是重要的考虑因子
	22 历史、考古与文化区	毛泽东故居、刘少奇故居、炎帝陵、屈子祠、岳麓书院等国宝级文保单位30个	通常是一个区域，甚至是整个国家的重要遗产。此类区域通常有建筑物或人工痕迹，或与重大历史事件相联系

续表

大类	亚类	区域现有资源	简要说明
3 资源生产关键区	31 基本农田保护区	主要沿洞庭湖分布,总面积约 2 万 km²	通常,会按照一定的标准进行农业用地的分级评定,而应优先保护高质量的农业用地
	32 林业生产区	"3＋5"区域主要包括用材林、竹林和经济林的建设区域	指提供木材的林场区域
	33 渔业生产区	洞庭湖区、主要河流及大型水库	指提供水产品的渔业用地区域
	34 重要水源地	一般以大型河流、湖泊以及人工水库为主要水源地	提供城镇饮用水的河流、大型水库、湖泊及其周边临近的区域
	35 水质保持区与水源涵养区	森林覆盖率高的河流(四水)上游的重要小流域,对保证河流水量稳定、水质安全和地下水补给起重要的调节功能	地下水补给区,包括河流上游、河流廊道以及湿地等具有自然过滤地表水功能的地区,这些地区保证了净水资源的延续
	36 矿产采掘区	集中于娄底和衡阳市,常德和岳阳有部分矿产资源	是指拥有大量优质矿藏的地区。此类区域通常需要限制土地开发建设,以保证矿藏的开采,同时也可能因开采产生次生灾害
4 自然灾害关键区	41 洪涝易发区	易发生洪涝灾害的区域	根据洪水发生频率确定的高洪水发生地区
	42 火灾易发区	通常影响林火风险等级的主要因子是天气状况、气候、坡向、海拔、坡度、离居住区远近即人类活动强弱等	根据森林火险等级确定的具有高森林火险等级的区域
	43 地质灾害易发区	大致可以分为四个地质灾害等级,以滑坡、崩塌以及泥石流为主要地质灾害	主要是地震、滑坡、泥石流、断层活动、火山活动、沉陷、严重侵蚀等高发的地区

(3) 资源生产关键区:又称经济关键区,这类区域提供支持地方经济或更大区域范围内经济的基本产品(如农产品、木材或砂石),或生产这些基本产品的必要原料(如土壤、林地、矿藏、水)。这些资源具有重要的经济价值,除此之外,还包括与当地社区联系紧密的游憩价值或文化/生命支持价值。规划研究区资源生产关键区主要包括基本农田保护区、林业生产区、渔业生产区、重要水源地、水质保持区/水源涵养区、矿产采掘区。

(4) 自然灾害关键区:不合理开发可能带来生命与财产损失的区域,包括滑坡、洪水、泥石流、地震或火灾等灾害易发区。规划研究区的自然灾害关键区主要包括地质灾害易发区、洪涝易发区、防洪蓄洪区、火灾易发区。

5.3.3 湖南省城市群生态环境敏感性因子选取与分级赋值

根据湖南省"3＋5"城市群生态环境敏感区的分类、自然生态本底特征和重要自然生态系统状况以及基础数据可获得性与可操作性,选用对区域开发建设影响较大的植被、水域、坡度、地形起伏度、耕地、建设用地 6 个因子作为生态敏感性分析的主要影响因子,并按重要性程度划分为 5 级,分别赋值 9、7、5、3、1(表 5 - 4)。

表 5－4　湖南省城市群生态敏感性因子及其分级赋值体系

生态因子	分类（buffer）		分级赋值	敏感性等级
植被	国家级自然保护区、森林公园、风景名胜区、地质公园、湿地公园（包括大型湿地）		9	极高敏感性
	缓冲区 500 m		7	高敏感性
	省级自然保护区、森林公园、风景名胜区、地质公园、湿地公园（包括大型湿地）		9	极高敏感性
	缓冲区 300 m		7	高敏感性
	密林地（非保护区）	面积<1 000 hm^2	5	中敏感性
		1 000 hm^2<面积<10 000 hm^2	7	高敏感性
		面积>10 000 hm^2	9	极高敏感性
	疏林地		5	中敏感性
	园地		3	低敏感性
	草地		7	高敏感性
	一般性滩涂湿地		7	高敏感性
	一般性滩涂湿地的缓冲区 100 m		5	中敏感性
水域	湖泊水库（>500 hm^2）		9	极高敏感性
	外围 200 m		7	高敏感性
	外围 300 m		5	中敏感性
	湖泊水库（<500 hm^2，>100 hm^2）		9	极高敏感性
	外围 100 m		7	高敏感性
	外围 200 m		5	中敏感性
	湖泊水库（<100 hm^2）		7	高敏感性
	外围 100 m		5	中敏感性
	河流水系（一级河流）		9	极高敏感性
	两侧 200 m		7	高敏感性
	两侧 400 m		5	中敏感性
	河流水体（二级河流）		7	高敏感性
	两侧 100 m		5	中敏感性
	河流水体（三级河流）		5	中敏感性
	两侧 50 m		3	低敏感性
坡度	>35%		9	极高敏感性
	25%～35%		7	高敏感性
	15%～25%		5	中敏感性
	7%～15%		3	低敏感性
	0～7%		1	非敏感性

生态因子	分类(buffer)	分级赋值	敏感性等级
地形起伏度	<30 m	1	非敏感性
	30～50 m	3	低敏感性
	50～100 m	5	中敏感性
	100～150 m	7	高敏感性
	>150 m	9	极高敏感性
耕地	基本农田保护区	9	极高敏感性
	一般农田	5	中敏感性
建设用地	已有建设用地(且未位于其他因子高敏感性区域内)	1	非敏感性

5.3.4　湖南省城市群生态环境敏感性单因子分析

　　基于 GIS 软件平台,根据构建的敏感性因子得分赋值体系,采用不同属性图层提取、缓冲区分析、基于 DEM 的地形分析等方法,得到不同单因子的敏感性分析结果(图 5-6,见书后彩色图版)。具体分析过程可参见尹海伟等编著的《城市与区域规划空间分析实验教程》(尹海伟等,2014)。

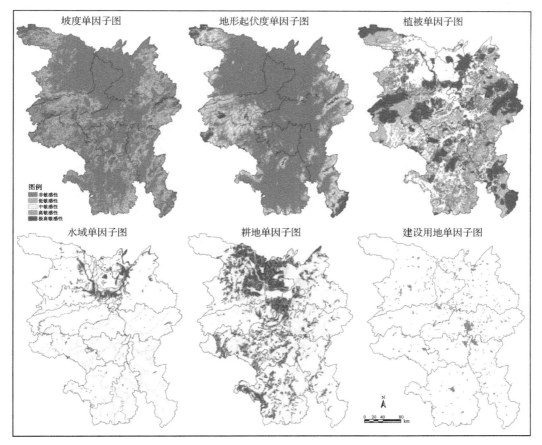

图 5-6　湖南省"3+5"城市群生态敏感性单因子图

　　生态环境敏感性因子中,地形起伏度和坡度因子为地形影响因子,敏感性较高的区域主要是益阳、常德、娄底的西部以及岳阳、长沙、株洲的南部,是规划研究区的外围边缘地区。其他的生态因子中,植被因子对该地区生态敏感性影响很大,区域内自然保护区、森林公园等各类保护性区域众多,林地资源丰富,特别是区域东南西三面的山地区域;水域因子则重点影响一湖四水周边区域;耕地因子的敏感性则是生态因素和社会因素相结合的结果,基本农田为国家明确控制保护地区,敏感性为最高,一般农田则为中等敏感性。建设用地因子属于社会作用后的一个特殊因子,作为对现有生态非敏感区的参照因子。

5.3.5　湖南省城市群生态环境敏感性多因子综合评价

　　在对不同敏感性影响因子进行空间叠置分析时,首先将植被、坡度、地形起伏度、耕地、水域5个因子进行镶嵌叠合,采用"取最大值"原则,然后将叠加结果与建设用地因子进行镶嵌叠合。考虑到城市建设用地(且未位于其他因子高敏感性区域内)为现实已建成区域,生态敏感性低,且基本不可恢复,故采用"取最小值"原则与其他因子进行镶嵌叠合,得到总的生态环境敏感性分区(图5-7,表5-5,见书后彩色图版)。

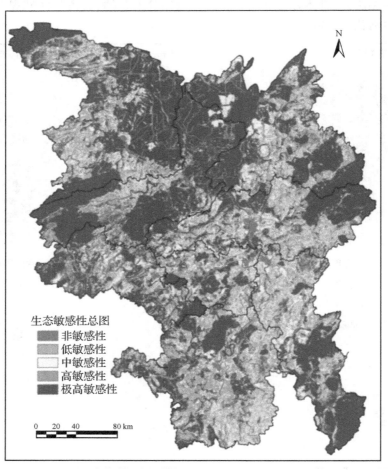

图5-7　湖南省"3+5"城市群生态敏感性总图

表 5 - 5　湖南省"3＋5"城市群生态敏感性统计表

敏感性等级	面积(km²)	百分比
非敏感性	5 013	5.16％
低敏感性	20 257	20.84％
中敏感性	14 832	15.26％
高敏感性	9 321	9.59％
极高敏感性	47 782	49.16％
总计	97 205	100.00％

湖南省"3＋5"城市群生态敏感性等级总体上较高,极高敏感性的面积约 47 782 km²,高敏感性的面积约 9 321 km²,分别占到总面积的 49.16％和 9.59％。非敏感性区域 5 013 km²,占总面积的 5.16％,低敏感性区域 20 257 km²,占总面积的 20.84％。

湖南省"3＋5"城市群整体上的生态敏感性与耕地、地形、林地、水域等因子的关系密切,高生态敏感性区域主要分布在洞庭湖沿岸,以及西部多山地区,中部和西南部分生态敏感性相对较低。

5.3.6　湖南省城市群生态环境敏感性分区管制措施

根据湖南省"3＋5"城市群不同生态敏感性等级分别设定相应的分区控制政策(表 5 - 6)。

(1) 极高敏感区,保全(Preservation),绝对禁止开发或极为有限的开发

极高敏感区通常是绝对不允许开发的区域,一旦破坏,恢复难度极大。主要分布在湘资沅澧四水及其河漫滩、洞庭湖等大型湖泊湿地等及其洪泛区,基本农田保护区,以及国家级省级自然保护区、森林公园、风景名胜区和部分坡度海拔很高的山区。极高敏感区面积 47 782 km²,占规划研究区总面积的 49.16％。极高敏感区是区域珍稀动植物保护区以及基础生态保持区,必须设定严格的生态保护措施,禁止与生态保护无关的任何形式的建设,以免破坏生态系统的稳定。

(2) 高敏感区,保护(Conservation),有限度的开发利用

高敏感区主要为坡度和地形起伏度较大的一般林地以及小型河湖等湿地生态区的缓冲地区。面积 9 321 km²,占规划研究区总面积的 9.59％。高山以及河流等区域生态敏感性高,是生态涵养的重要区域,必须禁止城镇建设用地向该区域拓展,仅可进行有限度的开发利用。

(3) 中敏感区,在保护前提下适度开发

中敏感区主要为一般农田分布区以及坡度在 15％～25％之间,海拔在 400～600 m 之间的地区,主要河湖的外围缓冲区以及次要河流等也都属于中敏感性区域。其总面积为 14 832 km²,占规划研究区总面积的 15.26％。该区域是城市群建设的弹性缓冲区域,需在保护的前提下进行适度开发,有条件的地方可以适当拓展建设,但是要防止城镇建设的无序蔓延。

(4) 低敏感区,可作中高强度与密度的开发

低敏感区主要为坡度较小(＜15％)并且海拔在 200～400 m 之间的地区。该区域敏感程度较低,适于城镇建设的拓展,可作中高强度的开发,其面积 20 257 km²,占规划研

究区总面积的 20.84%。

（5）非敏感区，已建区以及适宜开发的区域

非敏感区主要是指现有城市建设用地（且未位于其他因子高敏感性区域内）、居民点以及城镇道路用地以及这些用地两侧一定的缓冲范围，其面积为 5 013 km²，占总面积的 5.16%。非敏感性区是城镇建设的首选用地，属于适建区范围，设施基础条件好，应引导其向集聚、高效的方向发展；而现有开发强度较高的城镇区域则应因地制宜进行城镇空间优化。

表 5－6　生态敏感性分区发展控制政策指引

敏感性等级	敏感性值	主要地貌或土地利用类型	发展控制导向
非敏感性区	1	主要为现有城市建设用地（且未位于其他因子高敏感性区域内）、居民点以及城镇道路用地等	已建设用地区域基本属于适建区范围，设施基础条件好，应引导其向集聚、高效的方向发展；而现有开发强度较高的城镇区域则应因地制宜进行城镇空间优化
低敏感性区	3	主要为坡度较小（<15%）并且海拔在 200～400 m 之间的地区或者为坡度更小的一般林地、园地等	属于适建区范围，可作为城镇拓展用地区，可进行较高强度与密度的开发
中敏感性区	5	主要为一般农田分布区以及坡度在 15%～25% 之间，海拔在 400～600 m 之间的地区。主要河湖的外围缓冲区以及次要河流等都属于中敏感性区域	是城镇建设的弹性缓冲区域，有条件的地方可以适当拓展建设，但要防止无序蔓延；在保护前提下可适度开发
高敏感性区	7	坡度和地形起伏度较大的林地以及河湖周边等湿地生态区	高山以及河流等区域生态敏感性高，是生态涵养的重要区域，必须禁止城镇建设用地向该区域拓展。保护（Conservation），有限度的开发利用
极高敏感性区	9	重要河湖生态区以及国家级省级自然保护区等	区域珍稀动植物保护区以及基础生态保持区，必须设定严格的生态保护措施，禁止与生态保护无关的任何形式的建设，以免破坏生态系统的稳定。保全（Preservation），绝对禁止开发或极为有限的开发

5.4　本章小结

城市与区域生态环境是城市与区域赖以生存的根本前提与空间基础，是影响城市与区域系统健康发展最为关键的因素之一。在城市与区域土地利用总体规划、国民经济与社会发展规划、城市总体规划、生态环境保护规划等规划中，进行生态环境敏感性分析是科学辨识规划研究区生态底线、划定生态红线、制定综合空间管制策略的重要依据。

本章以湖南省"3＋5"城市群作为研究区，在研究区土地利用现状与自然生态本底特征分析的基础上，根据研究区实际和基础数据可获得性与可操作性，选用对区域开发建设影响较大的植被、水域、坡度、地形起伏度、耕地、建设用地 6 个因子，基于 ERDAS、

ArcGIS 等软件平台,采用多因子综合评价方法得到规划研究区的总体生态环境敏感性分区,为规划研究区的空间管制规划策略制订与用地空间合理布局提供了科学依据、方法支撑和决策支持。根据湖南省"3+5"城市群生态环境敏感性分区结果,结合规划研究区未来的发展策略和发展方向,将规划研究区空间划分为禁止建设区、弹性控制区、重点建设区三大类(图 5-8,见书后彩色图版)。

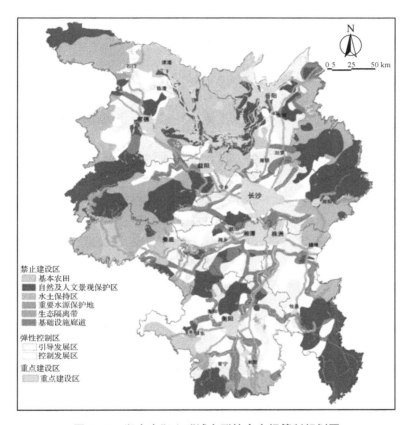

图 5-8　湖南省"3+5"城市群综合空间管制规划图

参考文献

[1] 杨志峰,徐俏. 城市生态敏感性分析[J]. 中国环境科学,2002,22(4):360-364.

[2] 康秀亮,刘艳红. 生态系统敏感性评价方法研究[J]. 安徽农业科学,2008,35(33):10569-10571.

[3] 徐福留,曹军,陶澍,等. 区域生态系统可持续发展敏感因子及敏感区分析[J]. 中国环境科学,2000,(04).

[4] 郝吉明,段雷,谢绍东. 中国土壤对酸沉降的相对敏感性区划[J]. 环境科学,1999,(04).

[5] 陈定茂,谢绍东,胡永涛. 生态系统对酸沉降敏感性评价方法与进展[J]. 环境科学,1998,19(5):92-96.

［6］王晓燕,吴甫成,邹君.湖南土壤酸沉降敏感性研究[J].湖南师范大学自然科学学报,1999,(04).

［7］谷花云,安裕伦.贵州省生态系统对酸沉降的相对敏感性[J].贵州师范大学学报(自然科学版),2003,(04).

［8］罗先香,邓伟.松嫩平原西部土壤盐渍化动态敏感性分析与预测[J].水土保持学报,2000,14(3):36-40.

［9］钱乐祥,秦奋,许叔明.福建土地退化的景观敏感性综合评估与分区特征[J].生态学报,2002,22(1):17-23.

［10］刘康,徐卫华,欧阳志云,等.基于GIS的甘肃省土地沙漠化敏感性评价[J].水土保持通报,2002,22(5):29-32.

［11］王效科,欧阳志云,肖寒,等.中国水土流失敏感性分布规律及其区划研究[J].生态学报,2001,21(1):14-19.

［12］尹海伟,徐建刚,陈昌勇,等.基于GIS的吴江东部地区生态敏感性分析[J].地理科学,2006,(01):64-69.

［13］李贞,何昉,邬俏钧,等.场地开发的景观与生态敏感性分析——以深圳梧桐山南坡废弃石场为例[J].热带地理,2001,21(4):329-333.

［14］张军,徐肇忠.利用ILWIS进行城市生态敏感度分析[J].武汉大学学报(工学版),2003,36(5):101-104.

［15］赵跃龙,张玲娟.脆弱生态环境定量评价方法的研究[J].地理科学,1998,18(1):73-79.

［16］欧阳志云,王效科,苗鸿.中国生态环境敏感性及其区域差异规律研究[J].生态学报,2000,20(1):9-12.

［17］靳英华,赵东升,杨青山,等.吉林省生态环境敏感性分区研究[J].东北师大学报自然科学版,2004,36(2):68-74.

［18］SUNG RYONG HA,DHONG D JU NG,et al..A renovated model for spatial analysis of pollutant runoff loads in agricultural watershed[J].Wat Sci Tech,1998,38(10):207-214.

［19］CASSEL GINTZ M,PET SCGEK HELD G.GIS based assessment of the threat to world forests by patterns of non-sustainable civilization nature interaction[J].Journal of Environmental Management,2000,59:279-298.

［20］宗跃光,王蓉,汪成刚,等.城市建设用地生态适宜性评价的潜力-限制性分析——以大连城市化区为例[J].地理研究,2007,26(6):1117-1126.

［21］张军,刘祖强,张正禄,等.基于神经网络和模糊评判的滑坡敏感性分析[J].测绘科学,2012,37(3):59-63.

［22］张伟,王家卓,任希岩,等.基于GIS的山地城市生态敏感性分析研究[J].水土保持研究,2013,20(3):44-48.

［23］朱查松,罗震东,胡继元.基于生态敏感性分析的城市非建设用地划分研究[J].城市发展研究,2008,15(4):30-35.

［24］朱红云,杨桂山,万荣荣,等.港口布局中的岸线资源评价与生态敏感性分析——以

　　　长江干流南京段为例[J].自然资源学报,2005,20(6):851-857.

[25] 孙才志,杨磊,胡冬玲.基于 GIS 的下辽河平原地下水生态敏感性评价[J].生态学报,2011,31(24):7428-7440.

[26] 颜磊,许学工,谢正磊,等.北京市域生态敏感性综合评价[J].生态学报,2009,29(6):3117-3126.

[27] 高洁宇.基于生态敏感性的城市土地承载力评估[J].城市规划,2013,37(3):39-43.

[28] 李广娣,冯长春,曹敏政.基于土地生态敏感性评价的城市空间增长策略研究——以铜陵市为例[J].城市发展研究,2013,20(11):69-75.

6 城市与区域生态安全格局分析

6.1 生态安全格局分析方法概述

6.1.1 生态安全格局分析的意义

生态环境保护是保障国家和国际安全的重要环节之一,生态退化已经严重威胁到当今国家和国际安全(刘丽梅等,2007)。在这样的宏观背景下,区域生态安全格局概念的提出适应了生态恢复和生物保护的这一发展需求(马克明等,2004)。在我国,生态安全格局(Ecological Security Patterns,ESP)被认为是实现区域或城市生态安全的基本保障和重要途径,是在空间上协调社会经济发展和生态环境保护关系的重要手段,能够保护和恢复生物多样性,维持生态系统结构过程的完整性,从而缓解脆弱的城市生态环境所面临的巨大压力,是实现区域可持续发展、促进生态系统与社会经济系统协调的基础保障(俞孔坚,2009)。因而,在当今新型城镇化与城乡一体化发展背景下,尤其在"五位一体"的宏观发展战略背景下,根据不同城市与区域的发展情况和发展背景构建其生态安全格局,对城市与区域的生态环境保护和生态战略安全具有重要的实践意义(王洁,2012)。

在经济快速发展地区,生态安全格局不仅有利于保护生态系统的稳定性,并且通过水平方向的有机链接,为经济的快速增长提供生态保障与环境支撑(李宗尧等,2007)。在生态脆弱地区,针对其生态环境脆弱性和易变性的特点,通过加强区域景观生态建设和生态安全控制,有利于将景观格局演化导入良性循环(郭明等,2006)。在重大工程建设地区,针对重大工程可能带来的一定生态环境威胁,区域的生态安全格局可以为发展建设和生态保护提供保障。因此,城市与区域生态安全格局研究符合当今生态环境保护和可持续发展的理论与现实需求,为科学解决经济社会发展与自然生态保护的矛盾提供了一个相对明晰的视角,为城市与区域规划中生态环境保护研究提供了新的途径。

6.1.2 生态安全格局相关研究简评

生态安全格局是在 1990 年代末生态学者尝试运用景观生态学原理来分析生态安全的基础上提出的新概念(韩文权等,2005;张虹波等,2006)。Yu(1996)认为生态安全格局是景观特定构型和少数具有重要生态意义的景观要素,这些结构和景观要素对景观内生态过程具有较好的支持作用,一旦这些位置遭受破坏,生态过程将受到极大影响。在生态安全格局的基础上,马克明等(2004)、俞孔坚等(2009)、刘洋等(2010)对衍生出来的城市生态安全格局(Urban Ecological Security Pattern)、区域生态安全格局(Regional Ecological Security Pattern)的相关概念进行了分析解读。通常认为区域生态安全格局指的是针对区域生态环境问题,在排除干扰的基础上,能够保护和恢复生物多样性、维持生态系统结构和过程的完整性、实现对区域生态环境问题有效控制和持续改善的区域性空间格局(马克明等,2004)。城市生态安全格局是指城市自然生命支持系统的关键性格局,是维护城市生态系统结构和过程的健康与完整,维护区域与城市生态安全,实现精明保护与精明增长的刚性格局,也是城市及其居民持续地获得生态系统综合服务的基本保障(俞孔坚等,2009)。1980 年代以来,蓬勃发展的景观生态学为生态安全格局提供了新的理论基础和方法,包括"最优景观格局""景观安全格局(Landscape Security Pattern)"等。

在我国,生态安全格局被认为是实现区域或城市生态安全的基本保障和重要途径。近年来我国学者在生态安全格局的定义、理论基础和构建方法等方面展开了大量研究。根据目前国内生态安全格局构建的相关研究,可将其分为三大类。第一类研究是以多因子生态环境敏感性评价结果为基础,通过综合生态系统服务功能、社会经济发展潜力等评价结果,构建规划研究区的生态安全格局(李宗尧等,2007;王伟霞等,2009;尹海伟等,2013)。该类研究通常将生态系统服务功能、生态敏感性分析作为规划研究区发展的约束因素,而将社会经济发展潜力(基础设施配备水平、交通便捷度等)作为发展的潜力因素,并采用约束-潜力、最小费用阻力(MCR)等模型来构建规划研究区的生态安全格局。第二类研究主要是根据景观生态学的原理(特别是斑块-廊道-基质模式和格局-过程-功能的相互关系),基于 RS 和 GIS 平台,采用最小路径方法、GAP 分析、GIA 分析等定量分析方法来进行规划研究区主要生态斑块和重要生态廊道的辨识,从而构建规划研究区的生态安全格局(王棒等,2006;刘吉平等,2009;巫丽芸,2010;尹海伟等,2011)。该类研究借助于景观生态学相关原理,考虑了景观的地理学信息和生物体的行为特征,能够反映景观格局与水平生态过程,同时针对生态网络构建(Kong et al.,2010;陈剑阳等,2015)、生态源地的确定(许峰等,2015)等问题提出了新的规划理念和技术方法。第三类研究是基于 GIS 多因子空间叠置分析的生态安全格局分析,是目前最常使用的生态安全格局评价方法。该类研究与多因子综合评价的生态环境敏感性分析过程基本一致,首先运用景观生态学相关原理,选取对规划研究区生态安全比较关键的单一生态过程(生态因子),识别对维护区域生态安全具有关键意义的景观要素及其空间位置和空间联系,通过最小路径方法进行单因子的生态网络构建,然后基于 GIS 空间叠置分析方法进行多因子综合评价,得到规划研究区的生态安全总体格局,进而有针对性地提出各级生态安全区的生态保护策略和规划建设指引。该方法强调景观单元内地质-土壤-水文-植被-野生动物与人类活动以及土地利用变化之间的垂直过程与联系,已经在我国不同尺度、不同区域上进行了大量的实证研究(俞孔坚等,2009a;俞孔坚等,2009b),为协调规划研究区的经济发展与生态保护、实现精明增长与精明保护的有机统一提供了新的途径和可操作性框架,也为规划研究区的空间用地布局与空间管制措施制定提供了重要的科学依据。目前,在多因子叠置分析时融合最小路径方法的生态安全格局研究日益增多(俞孔坚等,2009a;俞孔坚等,2009b),使其既能够反映景观格局与水平生态过程,又能反映生态因子之间的垂直过程与联系。

6.1.3 生态安全格局构建方法简介

生态安全格局的构建方法是生态安全格局研究的重点和难点。根据目前生态安全格局的相关研究,特别是最常使用的多因子综合评价方面的研究,主要涉及规划研究区单一生态过程(生态因子)的选取与等级划分、多因子综合评价的方法选择等。这两个方面的方法与第5章生态环境敏感性中采用的分析方法基本一致,在此不再赘述。

需要重点指出的是,生态安全格局分析的关键是基于景观生态学相关原理辨识规划研究区的关键生态过程(生态因子),以及科学判定这些因子对规划研究区生态安全的影响程度与等级。基于生态适宜性和垂直生态过程进行的生态敏感性和生态系统服务的重要性分析,是目前关键生态地段辨识的常用方法,目前较为成熟和系统,被国内学者所广泛采用(俞孔坚等,2009)。此外,由于生态安全格局研究所具有的综合性和复杂性,包括情景分析(Scenario Analysis)、干扰分析、GIA 分析、GAP 分析、DLU(Differentiated Land Use)等在内的多种分析方法也被应用到研究中(刘吉平等,2009;巫丽芸,2010;尹海伟等,2011)。

基于 GIS 多因子空间叠置方法的生态安全格局分析是目前国内普遍采用的分析方法(俞孔坚等,2009a;俞孔坚等,2009b),源自麦克哈格的人类生态规划理论与方法,即适宜性分析与评价(McHarg,1969),强调景观单元内地质-土壤-水文-植被-野生动物与人类活动以及土地利用变化之间的垂直过程与联系,用"千层饼"式的叠加技术可以在 GIS 中很好的实现。然而,空间叠置分析方法需要收集规划研究区的各种自然生态地理信息,数据量要求高,强调的是结构性的生态安全格局为主,对生态过程之间的功能与联系考虑不足。

基于最小路径方法的景观生态安全格局分析方法因根植于景观生态学与保护生态学等相关理论,考虑了景观的地理学信息和生物体的行为特征,能够反映景观格局与水平生态过程,近年来被广泛采用(Kong et al.,2010;尹海伟等,2011)。最小路径方法通过不同土地利用类型和地形等对不同生物物种的生境适宜性大小构建阻力面,再运用GIS 的最小费用模型计算从中心到各枢纽的最小费用路径,最后根据其周边地形和土地覆盖来确定廊道的宽度,能够较为科学地确定生态廊道的位置和格局,但不能科学确定廊道的重要性程度(Kong et al.,2010;尹海伟等,2011)。网络格局中各中心和廊道的相对重要性分析是确定生态安全格局中各枢纽和廊道优先保护顺序的重要依据,目前常用的方法有重力模型、图谱理论(Kong et al.,2010;尹海伟等,2011)和相对生态重要性与相对城镇发展胁迫赋值加权方法(Weber et al.,2006)等。

6.2　基于 RS 与 GIS 的区域生态安全格局分析框架

6.2.1　研究思路与框架

通过国内近年来城市生态安全格局相关研究的梳理,本章研究思路与框架可以概括为"生态问题诊断—关键生态过程(生态因子)辨识与分级赋值—生态安全格局单因子分析—基于多情景分析与多因子综合评价的生态安全总体格局分析——基于生态安全格局的空间管制措施制定"(图6-1)。基于 RS 和 GIS 的城市与区域生态安全格局构建框架中的一、二级生态要素的选择,需针对不同地区的自然生态本底特征以及存在的核心生态问题,因地制宜、因时制宜地选择生态要素,一般包括水文、地质、生物多样性保护、文化遗产、游憩空间等方面。

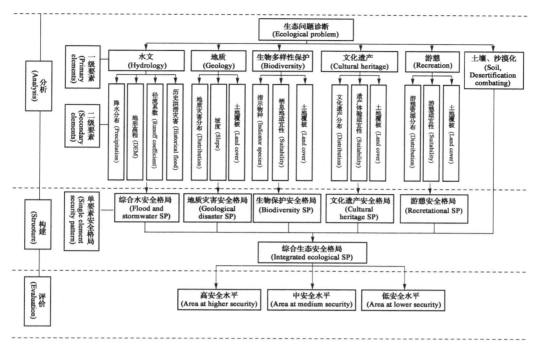

图 6-1　城市与区域生态安全格局研究框架

6.2.2　方法与技术路线

　　本章生态安全格局研究的方法与技术路线详见图 6-2。首先,对规划研究区进行相关资料的收集,包括研究区 DEM 数据、遥感数据以及各类规划数据(多为 CAD 格式)。然后,基于 ArcGIS 软件平台,对收集的各类数据进行相关处理,例如遥感影像的镶嵌、融合、配准,CAD 数据格式的转换(转为 GIS 格式),从而建立研究区的空间信息数据库。其次,基于构建的空间信息数据库,结合对规划研究区生态问题诊断与关键生态过程(生态因子)的辨识与分级赋值,进行生态安全格局的单因子分析。综合水安全格局、地质灾害安全格局是通过分别建立洪水、水源安全格局和坡度、数字高程格局,进行 GIS 空间叠置分析得到;生物保护、文化遗产、游憩安全格局则通过最小路径方法获得,即首先进行指示性物种、文化遗产以及游憩空间的选择(源地选择),并根据不同用地类型的景观阻力大小建立规划研究区的阻力面模型,进而采用最小路径方法得到不同源地之间的最小累积费用廊道。最后,采用 GIS 多因子空间叠置方法构建规划研究区生态安全总体格局,并从城镇扩展趋势以及生态安全维护两方面对高、中、低生态安全格局分别进行评价,为规划研究区的生态保护以及社会经济的可持续发展提供新的途径和战略选择。

　　情景分析作为一种方法论,是对充满复杂性和不确定性的未来进行创造性地思考,其中心思想是考虑系统中重要的不确定性所决定的可能未来,提供一个未来可能发展途径的框架,而不是关注对单一结果的精准预测。在生态安全格局构建中,正是由于生态系统的多稳态机制,可控度低、不确定程度高,导致了它的未来难以准确预测。因此,在生态安全格局研究成果的基础上,非常有必要选取"高、中、低"三种不同的土地利用发展情景,多情景地模拟与展现城市未来发展的用地空间格局。其中,低生态安全格局保证了最低限度的生态基础设施核心网络,避免了城市"摊大饼"式蔓延;中生态安全格局较好地维护了生态基础设施,使城市组团间能够以生态用地相隔;高生态安全格局则是从可持续角度考虑,最大限度地保留了城市与区域生态基础设施,生态网络分隔城市建设用地,区域发展与生态保护协调进行,精明增长与精明保护高度融合。

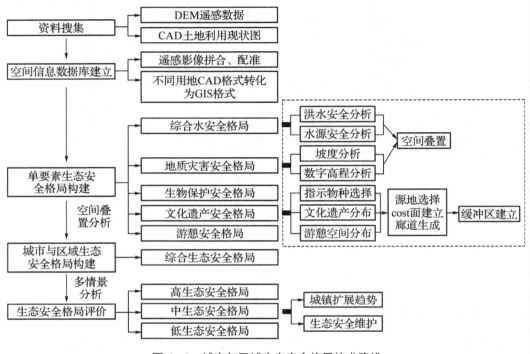

图 6-2 城市与区域生态安全格局技术路线

6.3 案例应用解析

昆山市位于长三角核心地带,东接上海,西依苏州。作为苏南及整个江苏省接轨上海的门户,昆山享有上海技术扩散和人才外溢的优势,同时拥有能级最高、流量最大的沪宁高速公路、京沪高速铁路、沪宁城际铁路等快速通道。鉴于在区位、交通上的明显优势,昆山市形成了以外向带动为特征的独特发展道路,连续多年整体实力位居全国百强县之首。

但与此同时,昆山市现有发展模式下的经济快速增长是以土地、水、能源等资源的大量消耗和局部生态环境牺牲为代价的。目前的土地保有量、地均产出效益、能源消耗水平等,已不足以继续支撑昆山市的持续快速发展。而且,作为苏南地区大型湖泊淀山湖、阳澄湖的近岸城市,昆山在区域生态环境保护方面需承担重大责任,尤其是对作为水源地的阳澄湖系列湖泊的涵养和保护,意义非常深远。

基于此,本研究选取昆山市作为研究区,分析昆山市自然生态本底特征以及存在的核心生态问题,选取水文、生物保护、文化遗产、游憩空间 4 个关键生态过程(生态因子),并采用 GIS 多因子空间叠置方法构建了昆山市生态安全总体格局,为降低昆山市生态保护与社会经济可持续发展之间的冲突水平提供新的途径和战略选择。

6.3.1　综合水安全格局

昆山市全域现状水域总面积约 165.03 km²,有大小河道 3 000 多条,总长度约 3 100 km,其中四级以上河道 94 条,总面积约 20 km²;属于太湖流域,并以沪宁铁路为界,昆山南部属淀泖水系,北部属阳澄水系。由于水体受到污染,大大降低了其固碳能力,部分劣 V 类水体几乎丧失了正常的生态功能。2010 年昆山市 71.4% 的河道水质处于 Ⅳ～Ⅴ 类之间,水环境问题成为昆山市可持续发展面临的重大挑战(图 6-3)。

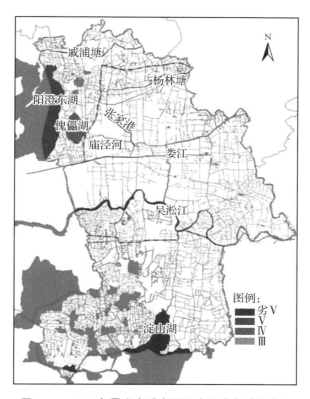

图 6-3　2010 年昆山市域主要河流湖泊水质分类图

基于以上分析,利用 GIS 构建了昆山洪水安全格局和水源保护安全格局。首先,根据昆山市地形高程数据、河网水系的水流方向与流动性,判别现状具有调蓄洪水功能的区域,包括市域内的各级河流、湖泊、水库、鱼塘和低洼地等。同时,根据昆山市基本生态控制线规划,将昆山水系根据其控制宽度分为三个等级,并对不同等级进行不同的生态控制(表 6-1)。然后,根据水文过程模拟,确定径流汇水点作为控制水流的战略点,并根据分流部位和等级,形成多层次的等级体系。其次,根据洪水风险频率确定安全水平。洪水风险频率根据城市的重要程度、所在地域的洪灾类型,以及历史性洪水灾害等因素来确定。昆山市城市防洪标准为中心城区与工业园区 100 年一遇,其他城市片区 50 年一遇,一般城镇 20 年一遇,据此构建了昆山洪水安全格局。再次,水源保护安全格局的构建则以现状河流水系为水源保护核心,且依据对水系的三级分类,建立 100 m、200 m 的缓冲区,分别作为高、中、低生态安全区域,从而建立昆山市水源保护安全格局。最后,基于 GIS 将两个生态安全格局进行空间叠置分析,得到昆山市的综合水安全格局(图 6-4,见书后彩色图版)。

表 6-1　昆山水系分级及生态控制

水系等级	水系名称	生态控制
一级水系	鳗鲤湖	除部分地块允许适度开发,大部分湖周边区域均不允许开发 最小控制宽度约 200 m
	傀儡湖	
	阳澄湖	
	澄湖	
二级水系	淀山湖	湖荡周边除部分地段,均不允许开发 最小控制宽度约 100 m
	雉城湖	
	巴城湖	
	杨林塘	
	庙泾河—北环城河—太仓塘	
	吴淞江	
	张家港—叶荷河—小虞河—大直港—张华港—上田港—陈墓荡	
	金鸡河—青阳港—千灯浦	
	夏驾河—大石浦	
	明镜荡	
	长白荡	
	汪洋荡	
	五保湖	
	天花荡	
	白莲湖	
	杨氏田湖	
	万千湖	
	商鞅湖	
三级水系	其他水系	允许适度开发,控制宽度在 5~50 m

资料来源:《昆山市基本生态控制线规划》。

6.3.2　生物保护安全格局

　　昆山市地处平原水乡,鸟类、鱼类、贝类等动物资源较为丰富,兽类以小型动物为主;农垦历史悠久,长期的农业生产活动,已使原有自然植被为人工植被所取代,尤其是在新中国成立以后,原有为数不多的野生动植物数量和种类均在快速减退。野生动物以鹭科、鸭科为主,主要有喜鹊、麻雀、白鹭、乌鸦、家燕、兔、蝙蝠、龟、鳖、鳗鲡等,且也在不断减少。

　　本研究选取鹭鸟作为昆山市的指示性物种,进行生物保护安全格局的构建。鹭鸟每年 4 月和 11 月进行春秋两季的迁徙活动,主要以各种小型鱼类为食,也吃虾、蟹、蝌蚪和水生昆虫等动物性食物,通常漫步在河边、盐田或水田地中边走边啄食。

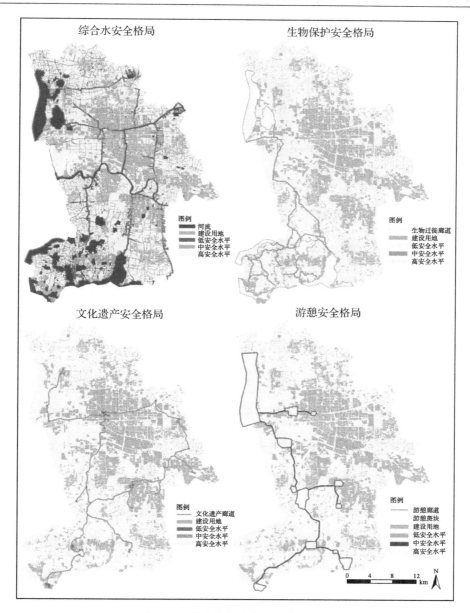

图 6-4　昆山市单要素生态安全格局

　　首先,根据鹭鸟的生活习性,提取研究区鹭鸟的栖息地,主要为大型湖泊、水系及其周边一定范围区域,并根据中国观鸟记录中心的相关统计数据,辨识并确定了研究区 7 个面积较大、生境保护较好的湖泊及其周边区域作为鹭鸟的核心栖息地(源地),即阳澄湖、傀儡湖、淀山湖、白莲湖、长白荡、澄湖、白蚬湖及其周边区域。然后,根据昆山市不同用地类型(包括建设用地、农用地、道路用地、生态用地、水系、预留用地等)对鹭鸟活动的适宜性分别进行景观阻力赋值,构建消费阻力面(Cost Surface),并基于最小路径方法(Least-Cost Path Method)模拟潜在廊道。最后,在研究区核心栖息地、潜在生态廊道外围建立一定宽度的缓冲区,构建不同生物保护安全水平上的生态安全格局(图 6-4,见书后彩色图版)。

6.3.3　文化遗产安全格局

　　昆山市历史悠久,文化遗产丰富,包括大量的物质文化遗产以及非物质文化遗产(表6-2)。现有周庄镇、千灯镇和锦溪镇等3座中国历史文化名镇,以及全国重点文物保护单位1处,省级文物保护单位9处,市级文物保护单位67处,控制保护建筑14处,未定级地下文物28处,名木古树206棵。其中,赵陵山遗址1992年曾被评为当年"全国十大考古成果之一"。同时,昆山积淀了深厚而又独特的地方文化,是"世界人类口述和非物质文化遗产代表作"昆曲的发源地。

表6-2　昆山市各级文物保护单位

编号	名称	编号	名称	编号	名称	编号	名称
1	绰墩遗址	21	迷楼	41	锦溪古内河水道	61	隐庐
2	双桥及沿河建筑	22	戴宅	42	文星阁	62	惟一亭
3	玉燕堂	23	迮厅	43	十眼桥	63	中山堂
4	敬业堂	24	章宅	44	丁宅	64	五丰面粉厂旧址
5	秦峰塔	25	周庄王宅	45	天水桥	65	昆山县委旧址
6	余氏当铺	26	天孝德	46	里和桥	66	日知双楼
7	顾炎武墓	27	冯元堂	47	夏太昌	67	度城遗址
8	祝甸窑址	28	贞固堂	48	陈三才故居	68	善渡桥
9	赵陵山遗址	29	朱宅	49	陈墓区公所旧址	69	稍里桥
10	集善桥	30	梅宅	50	朝阳桥	70	姜里遗址
11	黄泥山遗址	31	少卿山遗址	51	玉峰遗址	71	聚福桥
12	金粟庵遗址	32	千灯石板街	52	庙墩西遗址	72	徐公桥
13	勤丰遗址	33	卫泾墓	53	抱玉洞	73	大年堂
14	巴城老街	34	吴家桥	54	刘过墓	74	胡石予故居
15	景福桥	35	种福桥	55	归有光墓	75	玉龙桥
16	正仪火车站旧址	36	永福桥	56	顾文康公崇功专祠	76	太平桥
17	澄虚道院	37	李宅	57	富春桥	77	振东侨乡
18	富安桥	38	陈妃水冢	58	毕厅		
19	全功桥	39	通神道院	59	文笔峰		
20	叶楚伧故居	40	溥济桥	60	林迹亭		

　　资料来源:《昆山市总体规划》。

　　首先,根据昆山市物质文化遗产的空间分布,建立GIS空间数据库。然后,基于不同用地类型对文化遗产使用活动的适宜性分别进行景观阻力赋值,构建文化遗产的消费阻力面,并以昆山市文化遗产为源,基于最小费用路径方法,模拟潜在的文化景观廊道及其空间可达性。其次,在此基础上进一步分析确定适宜建立文化廊道的区域。根据总体规划要求,不同文化遗产具有不同的保护范围和建设控制地带,保护范围一般在文化遗产周围5~10 m,建设控制地带一般在文化遗产周围10~20 m,形成文化遗产核心保护区和服务管理范围。最后,对文化遗产廊道建立100 m缓冲区,作为廊道核心保护区,并基于廊道适宜性分析,寻求文化遗产点周边阻力较小地区,最终构成昆山市的文化遗产安全格局(图6-4,见书后彩色图版)。

6.3.4　游憩安全格局

昆山市游憩资源较多、类型颇丰,品质较优且富有特色(表6-3),现有5A级景区1个,4A级景区3个,工业旅游示范点4个,农业旅游示范点6个,省级旅游度假区2个(阳澄湖和淀山湖)。但是,昆山市游憩资源空间分布不均衡、各大游憩资源点和线路之间缺乏整体联系,难以满足市民日益增长的户外游憩需求。为此,本研究将绿地景观资源、河湖水系网络等具有不同游憩价值的系统进行叠加,通过空间整合协调,形成昆山市的游憩安全格局(图6-4,见书后彩色图版)。

昆山市游憩安全格局的计算过程与生物保护安全格局、文化遗产安全格局的过程基本一致,均采用最小费用路径方法,但在消费面制作过程中,不同土地利用类型的景观阻力赋值存在差异。

表6-3　昆山市主要旅游区

编号	旅游发展用地	面积(hm²)	编号	旅游发展用地	面积(hm²)
1	亭林园(4A)	45	8	大唐生态示范园	200
2	城市生态森林公园	100	9	淀山湖大自然游艇俱乐部	60
3	阳澄湖旅游度假区	306	10	淀山湖旅游度假区	66
		1 808(水域)			
4	波力牧场	50	11	旭宝高尔夫球场	180
					1 351(水域)
5	丹桂园	85	12	锦溪(4A)	302(古镇及周边旅游用地)
					170(水域)
6	昆山生态农业旅游区	1 700	13	周庄(5A)	258(古镇及周边旅游用地)
					1 048(水域)
7	千灯古镇(4A)	182	14		

资料来源:《昆山市总体规划》。

6.3.5　综合安全格局

根据以上获取的综合水安全格局、生物保护安全格局、文化遗产安全格局和游憩安全格局,将4个生态安全因子赋予相同的权重,通过GIS中的空间叠置分析,最终确立了昆山市域的生态安全格局(图6-5,见书后彩色图版)。综合生态安全格局形成了规划研究区连续而完整的区域绿色基础设施,为区域生态系统服务的安全和健康提供了空间保障。

在昆山市总体生态安全格局研究成果的基础上,构建了研究区"高、中、低"生态安全总体格局三种不同土地利用方式(表6-4、图6-6,见书后彩色图版),并将其作为未来昆山市城镇空间发展的可能情景,为昆山市土地利用空间的合理规划布局提供重要的参考与借鉴。其中,低生态安全格局是低水平的生态安全格局,是保障昆山市生态安全的最基本保障,是城镇发展建设中不可逾越的生态底线,需要重点保护和严格限制,并应在城市规划中纳入城市的禁止和限制建设区。中生态安全格局是中水平的生态安全格局,需要尽量限制与生态服务服务功能改善无关的开发建设活动,实行相应地不同等级的保护措施,保护与恢复生态系统。高生态安全格局是高水平的生态安全格局,是维护区域生态服务的理想景规格局,在这个范围内仍应当以生态系统保护与修复为主,但可以根据规划研究区的具体情况在有条件的区域进行低强度的开发建设活动。

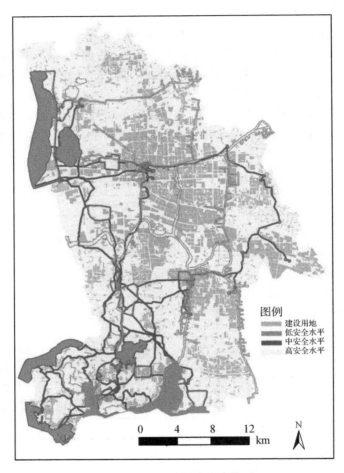

图 6-5　昆山市综合安全格局

表 6-4　昆山市"低、中、高"生态安全格局情景分析

情景	低生态安全格局	中生态安全格局	高生态安全格局
城镇扩张趋势	可以同时满足建设用地、生态用地、基本农田用地要求;建设用地间有少量生态基础设施,有蔓延式发展的趋势	可以同时满足生态用地、建设用地、基本农田用地的要求;建设用地间有一些生态基础设施,组团间由生态基础设施用地相隔,城镇蔓延式扩张有所限制	在生态优先和严格保护基本农田、生态网络的前提下,建设用地需做出让步;建设用地被生态基础设施用地分割,城镇蔓延式扩张得到有效控制,组团发展模式显现
生态安全维护	关键生态过程的完整性得到最低限度的维护,近期的生态系统服务得到最基本保障	关键生态过程的完整性得到较好的维护,生态系统服务可望在较长时间内得到较好保障	关键生态过程的完整性得到较好的维护,生态系统服务可望在长时间内得到较好保障,且持续得到改善

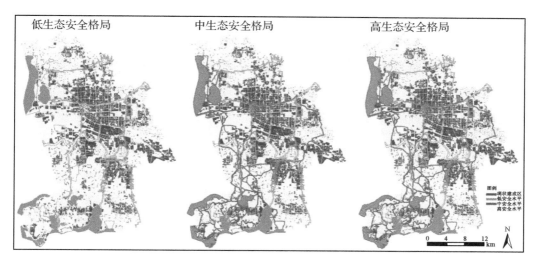

图 6-6 昆山市"低、中、高"生态安全格局

6.4 本章小结

近30年来的快速城镇化进程、高强度的人类开发活动和不恰当的土地利用方式,导致中国面临着生态环境与区域可持续发展的巨大压力,城镇用地与生态用地的空间冲突与日俱增,人地矛盾日益尖锐。区域生态安全格局概念的提出是对景观安全格局研究的发展,适应了生物保护和生态恢复研究的发展需求(马克明等,2004;陈利顶等,2007)。基于 RS 和 GIS 的生态安全格局构建是维护城市生态系统结构和过程的健康与完整,主动协调经济发展与生态环境保护之间的空间冲突,实现区域可持续发展的有效手段和措施,是实现精明保护与精明增长的刚性格局,也是城市及其居民持续地获得生态系统综合服务的基本保障。

区域生态安全格局以维持生态系统结构与功能的完整性和生态过程的稳定性为目的,强调对重要生态功能区的保护,注重充分利用区域生态环境本底的优势,整合各类生态环境要素的服务功能,发挥其空间集聚、协同和连接作用,促进生态保护和经济发展的协调与融合。

本章以快速城镇化的昆山市为例,基于 RS 和 GIS 软件平台,构建了规划研究区的基础地理信息数据库,并通过昆山市生态问题的诊断分析,选取了水文、生物保护、文化遗产、游憩空间四个关键生态过程(生态因子),采用 GIS 多因子空间叠置方法和情景分析方法构建了昆山市不同等级的生态安全总体格局,为降低昆山市生态保护与经济可持续发展之间的冲突水平提供新的途径和战略选择,对昆山市城乡用地空间布局和生态建设具有重要的参考价值和实践指导意义。

参考文献

[1] 刘丽梅,吕君.生态安全的内涵及其研究意义[J].内蒙古师范大学学报,2007,36(3):36-42.

[2] 马克明,傅伯杰,黎晓亚,等.区域生态安全格局:概念与理论基础[J].生态学报,2004,24(4):761-768.

[3] 俞孔坚,王思思,李迪华,等.北京市生态安全格局及城市增长预景[J].生态学报,2009,29(3):1189-1202.

[4] 王洁.城乡一体化生态安全格局构建方法与技术[D].南京师范大学,2012:9.

[5] 李宗尧,杨桂山,董雅文.经济快速发展地区生态安全格局的构建——以安徽沿江地区为例[J].自然资源学报,2007,22(1):106-113.

[6] 郭明,肖驾宁,李新.黑河流域酒泉绿洲景观生态安全格局分析[J].生态学报,2006,26(2):457-466.

[7] 韩文权,常禹,胡远满,等.景观格局优化研究进展[J].生态学杂志,2005.

[8] 张虹波,刘黎明.土地资源生态安全研究进展与展望[J].地理科学进展,2006,25(5):77-85;24(12):1487-1492.

[9] Yu K. Security patterns and surface model in landscape ecological planning[J]. Landscape and Urban Planning,1996,36:1-17.

[10] 刘洋,蒙吉军,朱利凯.区域生态安全格局研究进展[J].地理与地理信息科学,2006,22(5):91-94.

[11] 王伟霞,张磊,董雅文,等.基于沿江开发建设的生态安全格局研究——以九江市为例[J].长江流域资源与环境,2009,18(2):186-191.

[12] 尹海伟,孔繁花,罗震东,等.基于潜力-约束模型的冀中南区域建设用地适宜性评价[J].应用生态学报,2013,24(8):2274-2280.

[13] 刘吉平,吕宪国,杨青,等.三江平原东北部湿地生态安全格局设计[J].生态学报,2009,29(3):1083-1090.

[14] 巫丽芸,吴晓琴.城市景观生态安全格局研究——以福州市为例[J].长春师范学院学报(自然科学版),2010,29(3):88-92.

[15] 尹海伟,孔繁花,祁毅,等.湖南省城市群生态网络构建与优化[J].生态学报,2011,31(10):2863-2874.

[16] 王棒,关文彬,吴建安,等.生物多样性保护的区域生态安全格局评价手段——GAP分析[J].水土保持研究,2006,13(1):192-196.

[17] 陈剑阳,尹海伟,孔繁花,等.环太湖复合型生态网络构建研究[J].生态学报,2015,35(9):1-13.

[18] 许峰,尹海伟,孔繁花,等.基于MSPA与最小路径方法的巴中西部新城生态网络构建[J].生态学报,2015,35(19):1-13.

[19] 俞孔坚,李海龙,李迪华,等.国土尺度生态安全格局[J].生态学报,2009,29(10):

5163-5175.

[20] [美]伊恩·伦诺克斯·麦克哈格. 设计结合自然[M]. 天津：天津大学出版社, 2006.

[21] Kong F H, Yin H W, Nakagoshi N, Zong Y G. Urban green space network development for biodiversity conservation: Identification based on graph theory and gravity modeling. Landscape and Urban Planning, 2010, 95(1-2): 16-27.

[22] Weber T, Sloan A, Wolf J. Maryland's Green Infrastructure Assessment: Development of a comprehensive approach to land conservation. Landscape and Urban Planning, 2006, 77(1-2): 94-110.

[23] 陈利顶, 吕一河, 田惠颖, 等. 重大工程建设中生态安全格局构建基本原则和方法[J]. 应用生态学报, 2007, 18(3): 674-680.

7　城市与区域生态网络构建

7.1　生态网络构建的方法概述

7.1.1　生态网络构建的意义

自现代城市起源与迅速发展以来，人类以前所未有的方式对大地景观进行着改造甚至局部重塑。这一情形在工业化浪潮里愈演愈烈，甚至在相当长的一段时期中，城市几乎被认为是与自然生态系统截然对立的人工景观体系。城市文明被演绎成为排斥自然、崇尚人工建构的"灰色文明"；随着现代城镇化进程的加快，连绵的城市实体区域不断扩张，不仅蚕食了大量外围生态空间，本身城市建成区内部的原生景观也正遭到破坏，自然生态系统的整体功能下降，生态环境急剧恶化。事实证明，人类主导的人工景观体系一旦离开自然生态系统，其生态调蓄功能将难以维系，包括人类自身在内的诸多生物种群的生存发展都将受到严重威胁（马世骏等，1984；钱学森，2005；文宗川等，2009）。

从20世纪中期开始，景观生态学、恢复生态学等交叉学科蓬勃发展，地理学界与生态学界逐步尝试将系统论和生态学相关理论引入城乡规划研究与实践，旨在探究如何保护现有的自然生态系统、综合整治与恢复已退化的生态系统以及重建可持续的人工生态系统（Forman & Gordon，1986；Turner，1987；Risser et al.，1991；Egan et al.，1996；Jackson et al.，1995；肖笃宁等，1997）。另一方面，随着全球范围内日益高涨的可持续发展呼声，城乡规划相关学者、从业人员、城市管理者们在城市的发展与建设过程中，先后提出了许多变革性的理念，从花园城市到生态城市、低碳城市，再到最新的弹性城市（Resilient City）、海绵城市，使得生态空间在城市规划中的地位和重要性不断提升，内涵不断丰富，功能也趋向综合（仇保兴，2003；杨沛儒，2005；潘海啸等，2008；刘志林等，2009；蔡建明等，2012）。在规划理念的演化过程中，生态空间的规划思路也经历了从局部到整体、从单体到网络、从孤立到联系的转型，尤其强调自然生态空间与人工建成空间之间的交互关系，并积极关注城市中的生物（主要是人）与其生境的关系以及自然生态系统对社会经济系统的效应（Turner，1987；欧阳志云等，1995；沈清基，1998；傅博，2002；邵大伟等，2011）。

然而，我国传统的绿地系统规划是在城市总体规划编制完成后进行的专项规划，通常局限于将总体规划确定的绿地规划目标、空间布局、近期建设予以落实，按照"点-线-面"的几何原则规划绿地系统总体结构（陈爽等，2003；马志宇，2007），在结构定位上欠缺科学支撑，也未能从生态系统的空间连通性角度构筑总体布局。因而，运用景观生态学相关原理进行的生态网络规划，为城市总体规划等提出相关控制与指引要求，从更高角度和更大尺度将生态廊道体系纳入城市发展的框架，引导整个城市景观格局的发展，促进自然景观与人工景观的高度协调,同时以生态空间特有的柔性边界控制建成区规模的无序扩张,引导城市土地的开发与再开发、协调城乡发展,促进城市增长管理的实现,能真正做到"规划尊重自然、设计结合自然"(李敏,2002;俞孔坚等,1997、2005;马志宇,2007;温全平,2009)。

生态网络构建的实质是以生态廊道为纽带,将散布在城市与区域中相对孤立的城市公园、街头绿地、庭园、苗圃、自然保护地、农地、河流、滨水地带和山地等景观斑块连接起来,构成一个自然、多样、高效、有一定自我维持能力的动态绿色景观结构体系,在城市与区域基底上镶嵌一个连续而完整的生态网络,形成城市与区域的自然骨架(Little,1990;Hay,1991;Ahern,1995;张庆费,2002;Jongman et al.,2004;Fábos,2004)。目前,遵循自然景观体系的整体性和系统性原则来构建城市生态网络,已成为将自然引入城市、改善城市乃至区域生态环境的有效途径,对于自然生态系统服务、生物多样性保护、景观游憩网络构建、城市空间合理规划布局等方面均具有重要的实践指导意义(单晓菲,2002;王海珍,2005;张晋石,2009;裴丹,2012)。

7.1.2 生态网络规划研究简评

早在 19 世纪,动物栖息地斑块生境大小与生境隔离程度对物种生存能力和生态演化的重要性便被认识到。生态学家与生物保护学家认为,动物栖息地的丧失和破碎化是生物多样性和生态过程与服务的最大威胁。为了减少破碎生境的孤立,生态学家和生物保护学家开始重视生境斑块之间的空间相互作用,并提出"在景观尺度上,通过发展生态廊道来维持和增加生境的连接,保护生物多样性"(MacArthur & Wilson,1967;Opdam,1991;Hehl-lange,2001)。景观水平的生境连接通过基因流动、协助物种的迁移并开拓新的生存环境,对种群的发育起着极其重要的作用,生境的空间组成与分布在很大程度上决定着物种的分布和迁移。因此,在景观尺度上构建和发展景观生态网络被认为是改善区域自然生态系统价值的一种极其有效的方法(李开然,2010)。

生态网络构建的思路在 20 世纪逐渐成熟,但生态网络类似概念的流变却已历经了两个多世纪的漫长演变历程,其中以美国最为典型又分为三个标志鲜明的阶段(王海珍,2005):①19 世纪的城市公园规划时期,以奥姆斯特德的波士顿公园系统为代表(Fábos et al.,1968;Little,1990),主张将生物、地质、美学和文化价值较高的自然、历史、文化与风景资源保护起来,建立国家公园和自然保护区,突破了城市方格网布局的局限,对城市自然空间规划产生了深远影响。②20 世纪的开敞空间规划时期,相对于公园规划时期,将目光更多地转移到区域及更广阔层面的开敞空间,例如 1928 年诞生的第一个综合性跨州尺度的美国马萨诸塞州绿色空间规划以及随着麦克哈格《Design with Nature》(McHarg,1969)一书的流行而兴起的流域规划。③20 世纪 80 年代综合性生态网络规划兴起,美国总统委员会第一次对生态网络做出阐述和展望:"一个充满生机的生态网络……,使居民能自由地进入他们住宅附近的开敞空间,从而在景观上将国家的乡村和城市空间连接起来……,就像一个巨大的循环系统一直延伸至城市和乡村"(President's Commission of American Outdoors,1987)。据此美国大部分地区开展了州级尺度的生态网络规划与实施,致力于更大范围内生态廊道的串接与功能协调。不少学者更倾向于使用绿色基础设施(Green Infrastructure,GI)的概念,以强调连续开放空间对自然系统生态价值发挥、土地与景观格局保护、人类社会经济活动等的多方面效益(Schneekloth,2003;Randolph,2004)。经历上述历程之后,北美的生态网络规划实践开始关注乡野土地、未开垦地、开放空间、自然保护区、历史文化遗产以及国家公园等,且多是以游憩和风景观赏为主要目的,强调综合功能的发挥(Conine et al.,2004;刘滨谊等,2010),其中新英格兰地区绿地生态网络规划和马里兰州绿色基础设施网络规划与实践(Weber et al.,2006)具有一定的开拓意义(图7-1),对应于景观生态学中的"景观-生态区-生态因子",在城市、区域乃至更大的尺度上,尝试制定了连续互通、系统整体的保护战略和多层次格局。

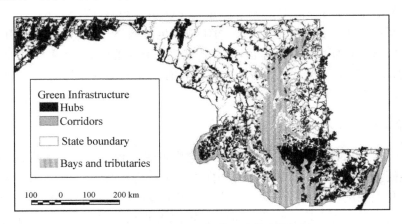

图 7-1　马里兰州绿色基础设施网络规划

资料来源:Weber et al.,2006.

与北美生态网络规划相比,欧洲的生态网络规划实践则更多地将注意力放在如何在高强度开发的土地上减轻人为干扰、进行生态系统和自然环境的保护,尤其是在生物多样性的维持、野生生物栖息地的保护及河流的生境恢复上,关注生物及其生境之间的动态变化关系,多以景观生态学为理论基础,其目标主要为生物栖息、生态平衡和流域保护(Jongman et al.,2004;刘滨谊等,2010)。自1970年代原捷克斯洛伐克在欧洲最早开始生态网络的实践,至1990年代末,生态网络作为一项重要的政策工具在欧洲18个国家被规划设计。鉴于欧洲各国的国土面积多数比较狭小,1995年欧洲国家曾倡议在各国传统生态栖息地保育的基础上,构建泛欧洲生态网络(Jongman,1995;Jongman et al.,2004;Bonnin et al.,2006),以生态廊道连结各自孤立的大型生态斑块,使在空间上成为一个整体,增强生态网络的稳定性(图7-2)。

与北美和欧洲生态网络的构建相比,亚洲的生态网络规划建设总体尚处于起步阶段,大部分实践还在探索建立区域廊道连接的初期。已有一些实践开始尝试建立多目标多尺度的城市绿地生态网络体系,其中新加坡和日本根据自身国土狭小的实际,在地方和场所尺度的规划实践方面卓有成效(刘滨谊等,2010)。

尽管"天人合一""仁而爱物""道法自然"等古代生态伦理思想源远流长(刘志松,2009),但是我国对绿地生态网络的研究起步较晚,历程较短,且多是在借鉴欧洲和北美绿地生态网络理论和成功案例的基础上不断发展起来的。目前生态网络规划研究与规划实践工作尚处在初始阶段,缺乏普遍规范的操作方法与评价体系,难以达到支撑城市与区域规划决策的要求,使得生态空间的保护与营建在城市建设体系中的地位仍显薄弱、功能仍然单一,多数还是停滞在主观定性、模糊定位的景观体系或绿地系统规划阶段(王新伊,2007)。

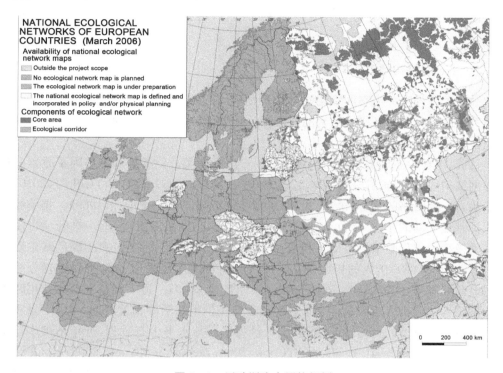

图 7-2 泛欧洲生态网络规划

资料来源:Jongman et al.,2004;Bonnin et al.,2006,并转绘。

近年来,随着城市环境恶化、生物多样性减少、城市特色缺失等一系列问题的凸显,加之城市居民游憩需求的日益增加,城市绿地生态网络规划日益受到重视,相关规划研究日益增多(彭镇华等,1999;千少蓉等,2002;詹志勇等,2003;赵振斌,2003;孟亚凡,2004;李锋等,2005;俞孔坚等,2005;王海珍等,2005;孔繁花等,2008;尹海伟等,2011)。詹志勇等(2003)在南京市绿地生态网络中,将城市周边地区生态价值较高的低山划为自然保护地,按照生态学理论将其与城市中的绿地连接,形成以自然保护为主、兼顾社会文化经济功能的生态网络体系,为未来的城市扩张、绿地建设、游憩开发、野生生物栖息和其他环境用途提供未来发展的弹性空间。李锋等(2005)也从"区域—城市—社区"三个不同尺度上应用生态学原则对北京市的城市绿地进行了综合规划。王海珍等(2005)、孔繁花等(2008)、尹海伟等(2011)采用最小路径方法、重力模型和图谱理论,分别对厦门本岛、济南、湖南省城市群进行了绿地生态网络的多情景规划方案研究,通过廊道结构和网络结构分析对构建的生态网络进行了评价和优选,并将研究结论融入后续规划之中。

尽管国内外城市与区域生态网络规划相应的理论与方法还不统一,不同学科、不同领域学者进行探索的出发点不尽相同,但随着生态理念和城市规划价值观的结合,生态网络构建的目标由从"城市美化与防护功能"向"自然融入城市、生物栖息地保护、塑造城市发展框架"方向演进,已经成为一种共同的趋势。因此,在未来的生态网络构建研究与规划实践中,应以符合国情的、多尺度(时、空)、多功能的原则为导向,既借鉴欧美大尺度跨区域生态网络建设的经验(旨在形成结构合理、协同集约的整体生态骨架),又参考日本、新加坡等地小尺度生态网络建设的做法(旨在完善城市密集地带的自然生态循环体系),积极促进生态网络与其他城乡用地的耦合,推进多功能复合生态网络的规划与建设。

7.1.3　生态网络构建方法简介

纵观国内外有关生态网络构建方法的研究,主要侧重于生态网络功能的评价、潜在生态廊道的模拟和生态网络结构的评价等。其中,潜在生态廊道的模拟是科学构建规划研究区生态网络的关键。

目前,潜在生态廊道模拟与识别的主要方法有两类。一类是基于多因子叠置分析的生态网络构建方法(俞孔坚等,2005、2008;刘海龙等,2005;李博,2009;孔阳,2010)。该方法源自麦克哈格的"千层饼"模式,即适宜性分析与评价(McHarg,1969)。据鲍曼对美国保护基金资助的 44 个绿色基础设施规划案例的归纳总结发现,近一半的项目没有采用其他模型而仅仅是采用 GIS 图层叠加法来分析确定研究区受保护的绿色基础设施网络(Bowman,2008),国内的相关研究与案例分析也大多数采用 GIS 空间叠置分析方法(例如:俞孔坚等,2005、2008;刘海龙等,2005;李博,2009)。另一类基于最小费用距离模型的网络构建分析方法因根植于景观生态学与保护生态学等相关理论,考虑了景观的地理学信息和生物体的行为特征,能够反映景观格局与水平生态过程,近年来被广泛采用(Walker and Craighead,1997,1998;Cook,2002;Zhang and Wang,2006;Kong et al.,2010;尹海伟等,2011;Suk-Hwan Hong et al.,2013)。将最小费用路径(LCP)与重力模型、图谱理论、网络结构指数评价等方法相融合,能够为一个区域与城市的生态网络构建提供科学的解决途径和技术方法支撑。该节将对这些方法做简要解释。

1) 最小费用路径(LCP)方法

最小费用路径法(LCP)是 GIS 软件环境中在 ARC/Info GRID 模块支持下通过 Cost Distance 和 Least Cost Path 命令获取源(Source)和目标(Targets)两点之间消耗最小之路径的一种常用方法(消耗的量度可以是距离、时间或是其他能够量化且具备可比性的指标)。

在生态网络构建的过程中,最小路径法可以用来确定、维持和恢复生境保护区之间的连接(Hoctor,2003)。使用最小费用路径法能够模拟规划研究区潜在的生态廊道,与识别的重要生境斑块(源地)一起可以构建规划研究区的生态网络体系。尽管有研究表明物种在两个生境斑块之间的迁移不一定沿最小路径进行,但是如果物种沿该路径迁移则将会受到最少的外界干扰或者最小的阻力。

2) 重力模型(Gravity Model)

基于最小费用路径方法生成的潜在生态廊道并非全部能够为物种提供迁移通道,因为根据该方法两两生态斑块之间均可以实现廊道的模拟和连接。但是,不同斑块之间的连接的累积费用值差异显著,且不同斑块的生境质量亦有明显差异。因此,潜在生态廊道的相对重要性与连接的有效性就需要进行科学的分析与评价。目前常用的方法有重力模型法(Kong et al.,2010;尹海伟等,2011)、相对生态重要性与相对城镇发展胁迫赋值加权方法等。

基于牛顿的重力法则引申变形的重力模型,被广泛地应用于社会研究尤其是人文地理学现象的研究中,通常用来度量两个同质事物在一定的标准化距离下某种共同特性之间的相互联系作用。在生态网络构建的过程中,亦可以通过重力模型(公式 7-1)来评价研究区内潜在廊道的生态重要性与连接的有效性,从而遴选、确定规划研究区的重要生态廊道(Kong et al.,2010;尹海伟等,2011)。

$$G_{ab} = \frac{(N_a \times N_b)}{(D_{ab})^2} = \frac{(L_{max})^2 \ln(S_b) \times \ln(S_b)}{(L_{ab})^2 P_a \times P_b} \qquad (公式\ 7-1)$$

$$N_i = \frac{1}{P_i} \times \ln(S_i) \qquad (公式\ 7-2)$$

$$D_{ab} = \frac{L_{ab}}{L_{max}} \qquad (公式\ 7-3)$$

式中,G_{ab} 表示斑块 a 和斑块 b 之间的相互作用力;N_a 和 N_b 即斑块 a 和 b 的权重值,N 值可以通过不同绿地景观斑块自身的阻力值(P_i)及标准化的斑块面积获得(S_i)。D_{ab} 是从斑块 a 到斑块 b 潜在廊道的标准化的累积阻力。L_{ab} 是斑块 a 到斑块 b 潜在廊道的累积阻力值,L_{max} 是研究区内各廊道的最大累积阻力值。

3)图谱理论

图谱理论被应用于多种学科中,它以一种简化的模拟模型来描述研究对象之间的相互关系,图谱中的要素包含抽象的点及点间的联系,由有限的点(Nodes)和连线(Linkages)组成,并由一定的规则来定义点线之间的连接(Wilson,1979)。

由美国学者 Forman 和 Gordon 提出的斑块(Patch)-廊道(Corridor)-基质(Matrix)模式是目前分析城市与区域景观结构组成的基本模式(Forman & Gordon,1986)。图谱被引入景观生态学中形成的景观图谱理论可以简化复杂的景观格局及其相互关系,从而便于更好地理解景观空间格局,揭示景观要素之间的相互作用及其间的物质流动(Cantwell and Forman,1993)。因而,斑块、廊道、基质三者的拓扑关系可以简单地概括抽象为"点、线、面"的空间关系,这为简化生态网络格局提供了非常直观的分析方法,同时也为生态网络结构的定量评价提供了基础。

目前常见的网络图谱形式有环状网络(Circuit Networks)和支状网络(Branching Networks)两类(Hellmund,1989)(图 7-3)。各连线之间小交叉,但除了顶点以外不能再有其他共同点。"旅行商"路线、使用者最小费用路线、贝克曼拓扑路线为环状网络,"保罗·列维尔"情报传递路线、等级结构路线、建造者最小费用路线为支状网络。在环状网络中,"旅行商"路线最基本,由单环组成;使用者最小费用路线中的任意两个节点都有直线相连接;贝克曼拓扑路线则是力求在前两者之间找到平衡点的一种网络形式。在支状网络中,"保罗·列维尔"情报传递路线是最基本的;等级结构路线中的所有连线都基于一个中心节点;建造者最小费用路线则使每个节点仅与一条连线相接(李然,2010)。

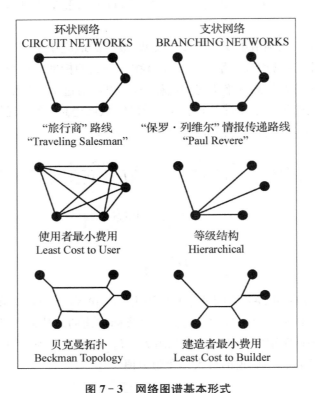

图 7 - 3　网络图谱基本形式

资料来源：Hellmund,1989,并结合其他相关文献重绘。

4）网络结构指数评价

在生态网络图谱多情景构建之后,需要对不同情景下生态网络结构的优劣程度进行评价,这就需要选取一套能够对生态网络图谱进行统一量化的衡量指标。目前常用的网络结构指数有 α 指数、β 指数、γ 指数、成本比(Cook,2002;Zhang and Wang,2006;Kong et al.,2010;尹海伟等,2011)。

（1）α 指数

用来测度网络闭合度（网络中回路出现的程度）,即网络中实际回路数与网络中存在的最大可能回路数之比（公式 7 - 4）。回路是指能为物种提供选择性路线的环线,闭合度好的网络通常具有较大的稳定性和丰富性。

$$\alpha = \frac{l - V + 1}{2V - 5} \qquad\qquad （公式 7 - 4）$$

式中,l 为廊道数,V 为节点数,α 指数的变化范围一般介于 0～1 之间,越大说明越接近最大限度的回路数目,α 指数越高表明物种在穿越生态网络时可供选择的扩散路径越多。

（2）β 指数

也称线点率,指网络中每个节点的平均连线数目（公式 7 - 5）,是关于网络复杂程度的简单度量,数值增大则表示网络复杂性增加。

$$\beta = \frac{l}{V} \qquad\qquad (公式 7-5)$$

当 $\beta=1$ 时网络呈树状结构,极不完善;当 $\beta=2$ 时网络呈方格状结构,比较完善;当 $\beta=3$ 时网络呈十字对角线型,网络布局结构完善。

（3）γ 指数

网络连接度,描述网络中所有节点被连接的程度,即一个网络的廊道数与最大可能的廊道数之比（公式 7-6）。

$$\gamma = \frac{l}{l_{\max}} = \frac{l}{3(V-2)} \qquad\qquad (公式 7-6)$$

指数的变化范围为 0～1,数值越大表明网络的连接度越好,等于 0 时表示没有节点相连,等于 1 时表示每个节点都彼此相连。

（4）成本比（Cost Ratio）

用来量化网络平均消费成本,主要反映网络的有效性（公式 7-7）。

$$Cost\ Ratio = 1 - (l/d) \qquad\qquad (公式 7-7)$$

式中,l 为廊道数,d 为潜在廊道阻力总和。有时也采用更直观的网络变形系数 ξ（各节点间实际廊道长度与直线总长度之比）来表示廊道由于弯曲而产生的额外成本耗费。

7.2　基于 RS 与 GIS 的生态网络构建分析框架

7.2.1　研究思路与框架

在城市与区域规划中,生态网络的构建为城市与区域的生态空间管制与保护、绿色基础设施建设、绿地景观系统空间规划等提供科学依据,同时为城市与区域生态空间规划方法的转型变革提供了理论与方法支撑。根据生态网络相关研究的概括总结与梳理,提出了基于 RS 与 GIS 的生态网络构建分析的总体思路与框架,可概括为自然生态本底特征分析——重要生境斑块提取与源地识别——生境适宜性评价与消费面模型构建——潜在生态廊道模拟与重要廊道提取——生态网络结构评价与生态建设战略确立（图 7-4）。

另外,需要特别指出的是,尺度是决定生态网络规划策略的重要因素。在理想状态下,规划人员要进行从区域尺度到地方尺度不同层次的调查工作。正如 Richard Forman（1995）所倡导的,我们应该"从全球范围思考,从区域范围规划,在地方范围实施"。因此,在研究的框架中,设置了规划研究区尺度与高于该尺度的尺度（为了便于说明,在本章称之为"更大尺度"）,并分别在两种尺度上进行生态网络的构建与分析（图 7-4）。

生态网络规划的尺度涉及空间和时间两方面。在空间上,生态网络的网络性和整体性决定了其对尺度的高度依赖,通常可分为超国家（Supranational）、国家（National）、区域（Regional）、地方（Local）几个层次（刘滨谊等,2010;张佳盈等,2014）,不同层次上生态网络的建构会有不同的侧重点。例如,区域尺度上的生态网络其生态意义更加凸显,而地方尺度尤其是城区尺度上的生态网络其生活意义更加丰富。而构建的生态网络在结构、功能的不断优化与生态过程的不断完善都需要较长的时间,需要有一定的优先度和持久性。优先度是针对其他规划而言,应当使生态网络规划成为城市规划乃至区域规划的重要框架;持久性是针对生态网络规划的实施而言,尤其在高度城镇化地区应当兼顾远近期目标,综合考虑各种用地关系和规划实施的可操作性、经济性、社会影响,长远管控、分步落实。

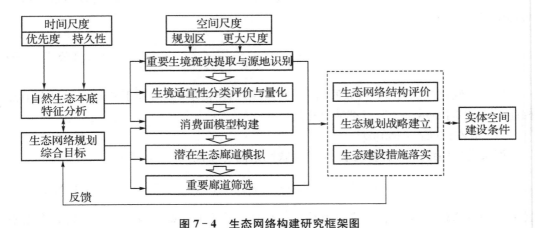

图 7 - 4 　生态网络构建研究框架图

7.2.2 方法与技术路线

　　本章生态网络构建(规划研究区尺度和更大尺度)研究的方法与技术路线详见图 7 - 5。首先,在 RS 与 GIS 的技术支持下,结合规划研究区及更大范围区域的现状调研,对不同尺度上的自然生态本底特征进行详细分析(具体过程参见第 5 章生态环境敏感性分析部分),构建基础地理信息数据库。然后,应该在不同尺度上,最少应该在规划研究区尺度和更大尺度上来进行生态网络的构建与评价。无论在哪一种尺度上,生态网络的构建均可以按照"重要生境斑块提取与源地识别——潜在生态廊道模拟与重要廊道提取——生态网络结构评价与生态建设战略确立"的框架来开展。

7.3　案例应用解析

　　环太湖区域作为长江下游苏浙交界地带资源丰富的生态保育空间,长期以来处在长三角地区尤其是苏锡常都市圈城市建设空间快速拓展的挤压之下,导致土地、水、能源等资源的大量消耗和局部生态环境的恶化,水系淤塞、湿地消失、植物种类单一、绿地系统性不够、生物多样性失衡等生态环境问题日益凸显、备受关注。近年来太湖水环境污染综合治理已取得不错的成效,获得阶段性成果,生态维育、生态修复建设也提上议事日程,沿湖城市开始进一步关注环湖地域的生态优化与多功能统筹开发,相继出台了《太湖风景名胜区规划》《环太湖风景路规划》等,但大多侧重旅游开发而并非从生态目标出发,尺度也通常偏小而不能有效地发挥生态作用。

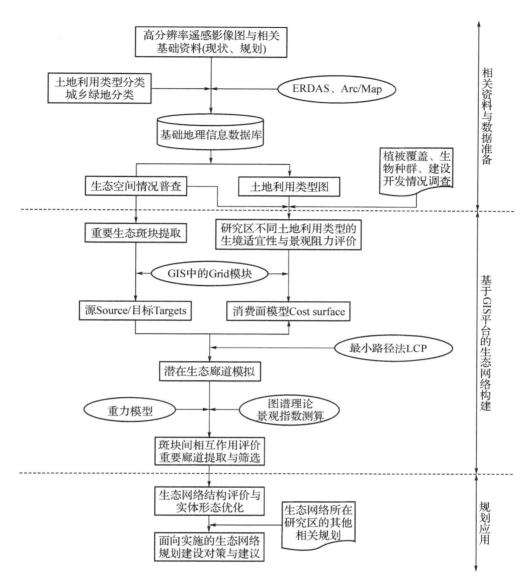

图 7 - 5　生态网络构建的技术路线

环太湖地区地处长三角社会经济发达地区,人民生活水平普遍较高,对生态环境的需求日益迫切。与此同时,太湖及其周边地区坐拥秀美自然山水和丰厚历史人文,资源禀赋优异,发展潜力巨大。因此,环太湖区域有必要打破行政区划限制,建设环湖绿廊(即环湖区域生态网络框架体系)。整合区域内各类景观生态资源,完善、优化区域生态系统,共同承担生态环境维育的任务,这是太湖环湖区域未来生态文明建设、游憩资源共荣共生的内在需求,也是实现区域可持续发展的重要空间保障,也是践行"美丽江苏"建设的具体行动和生态文明建设的客观需求。

本章以环湖区域作为规划研究区,借鉴景观生态学、保护与恢复生态学等相关理论与方法,基于GIS软件平台,采用最小费用路径、重力模型、图谱理论、网络结构指数评价等方法,在规划研究区(面积约为 7 400 km²,图 7-6)和更大尺度(面积约为 10.16 万 km²,图 7-6)上,分别进行两种尺度上的生态网络构建,为环湖区域的自然生态与人文景观资源整合提供依据与参考。环湖生态网络框架体系旨在构建太湖滨湖地带以绿地植物营造为主要构成要素、自然肌理连续而具有贯通性的、参与太湖滨水空间生态修复的绿色生态廊道,维护和强化环湖区域整体山水格局的连续性、完整性,加强区域绿色开敞空间和蓝色空间保护规划的落实与规划控制、管理;同时,与规划中的环湖慢行系统等游憩功能型基础设施相融合,形成定线科学、景观丰富连续、生物多样、特色显著、品质优越的环湖绿色网络。

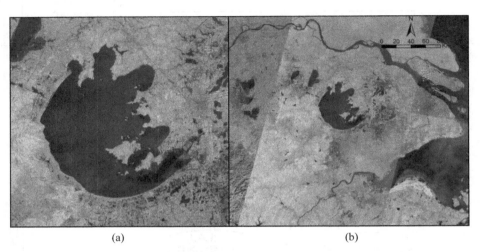

　　　　　　　(a)　　　　　　　　　　　　　　　　　(b)

图 7-6　规划研究区(a)及更大区域(b)尺度 TM 遥感影像数据图(543 波段组合)

7.3.1　更大尺度生态网络分析与研究区生态地位

　　规划研究区更大尺度区域的总面积约为 10.16 万 km²,土地利用类型主要以农田为主,约占规划区总面积的 42%,是规划区的优势景观用地类型;其次为林地和水体,均约占 20%;规划研究区城镇发达,城乡建设用地较大,占规划区总面积的 17.84%。林地分布相对较为集中,主要分布在宜兴南部山地以及太湖南边的丘陵山地地区,另外环太湖也有一些面积相对较小、破碎化程度较高的林地。水体主要以湖泊、水库、河网组成,因规划研究区地处江南,河网水系网络纵横,湖泊水库星罗棋布,为研究区蓝色空间与蓝廊的规划提供了空间基础,但水质较差,已成为制约研究区生态环境质量提升的重要因素。

　　增加生境斑块的连接性已被认为是生态网络设计的关键原则。因此,改善与提高重要生境斑块之间的连接,构建区域景观生态网络,对保护生物多样性、维持与改善区域生态环境具有重要意义。

　　通过更大区域尺度上的生态网络构建与优化研究,识别滨湖地区具有区域生态影响的潜在廊道,探析太湖生境斑块在大区域内的生态功能及其景观连接情况,能够为环湖区域生态环境修复和建设提供重要的科学依据和规划参考。

　　(1)重要生境斑块提取与生态源地识别

　　在景观水平上,生境斑块的面积大小对区域生物物种多样性具有重要的生态意义。相关研究认为生境斑块面积越大,生物物种就越丰富,生态系统也越稳定。首先,根据更大尺度区域的自然生态特点,将该尺度研究区内的自然保护区、森林公园、大型林地等生境斑块作为规划区的重要生境斑块。然后,根据规划区内重要生境斑块的面积大小、物种多样性丰富程度、稀有保护物种的种类与丰度、空间分布格局等,共选取了 10 个大型生境斑块作为规划区生物多样性的重要生态"源地(Sources)",这些斑块是区域生物物种的聚集地,是物种生存繁衍的重要栖息地,具有极为重要的生态意义(表 7 - 1、图 7 - 7,见书后彩色图版)。

表 7 - 1 在更大尺度上选取的生态源地概况

编号	面积(hm²)	景观组成	生境质量
1	24 809	林地 65%,农田 30%,水体 1.5%,建设用地与道路 3.5%	良
2	6 822	林地 74.8%,农田 20.7%,建设用地 3.1%,其他 1.4%	良
3	106 449	林地 76.7%,农田 18.8%,建设用地 4.3%,水体 0.2%	良
4	10 064	林地 59.5%,农田 32%,建设用地 7.6%,其他 0.9%	良
5	25 413	林地 80.9%,农田 16.8%,建设用地 1.4%,水体 0.9%	优
6	14 359	林地 67.7%,农田 29%,水体 1.9%,建设用地 0.5%	良
7	111 400	林地 69.2%,农田 29.3%,其他 1.5%	良
8	124 256	林地 83.1%,农田 7.3%,建设用地 8.3%,水体 1.2%,道路 0.1%	优
9	130 678	林地 87.4%,农田 5.7%,建设用地 6.3%,其他 0.6%	优
10	1 123 210	林地 86.4%,农田 9.5%,建设用地 3.1%,其他 0.1%	优

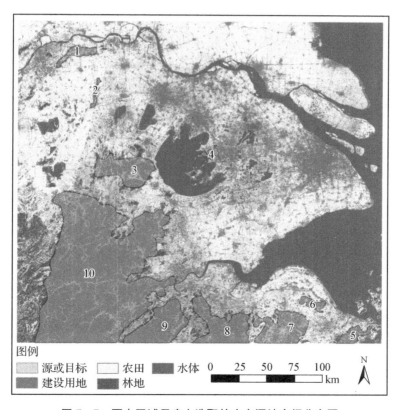

图 7 - 7 更大区域尺度上选取的生态源地空间分布图

（2）生境适宜性评价与消费面模型构建

生境适宜性是指某一生境斑块对物种生存、繁衍、迁移等活动的适宜性程度。景观阻力是指物种在不同景观单元之间进行迁移的难易程度，它与生境适宜性的程度呈反比，斑块生境适宜性越高，物种迁移的景观阻力就越小。

潜在的生态网络是由源（Sources）或目标（Targets）的质量、源与目标之间不同土地利用类型的景观阻力决定的，而植被群落特征如覆盖率、类型、人为干扰强度等对于物种的迁移和生境适宜性起着决定性的作用。

根据规划区的土地利用现状情况，结合数据的可获得性，通过考察研究区不同土地利用类型的植被覆盖情况和受人为干扰的程度，确定了不同生境斑块的景观阻力大小（表 7-2）。在此基础上，基于 GIS 软件平台，分别计算得到每一个景观类型的成本费用栅格数据文件，栅格大小为 30 m×30 m，并按照取最大值的方法进行多因子叠置分析，得到规划研究区的消费面模型。

表 7-2　更大区域尺度上不同土地利用类型的景观阻力赋值

土地利用类型	亚类	景观阻力值	备注
林地	面积＞1 000 km²	1	林地是区域自然生态系统中的核心组成之一。大型林地是野生动物的重要栖息地和繁殖地
	100 km²＜面积＜1 000 km²	5	
	10 km²＜面积＜100 km²	10	
	面积＜10 km²	15	
水系	小水系、小湖泊（面积＜1 km²）	300	对陆生物种而言，小溪、小水塘是其迁徙与扩散的饮用水源，但大水系、运河和大湖泊又是它们迁徙与扩散的重要障碍。对水陆两栖动物，水系、湖泊沿岸的湿地生态系统是其最适宜的生境。水系生态网络将做单独分析
	大水系、中型湖泊（1 km²＜面积＜10 km²）	600	
	大湖泊（面积＞10 km²）	1 000	
	钱塘江、长江	2 000	
	太湖	5 000	
	海洋	10 000	
农田		50	农田是人工半自然生态系统，其与林地和小水系、小水塘等组成的镶嵌结构也是相对稳定的生态系统
交通用地	高速公路、铁路	1 000	线性结构（高等级道路）所导致的生境破碎化与隔离对生物多样性有着巨大的影响
	一级公路	800	
	二级公路	600	
建设用地	大城市	4 000	城市是人类活动最集中的地区，其对生境的隔离作用最大。城市区域越大景观阻力也越大
	中等城市	3 000	
	乡镇	2 000	
	村庄	1 000	

（3）潜在生态廊道模拟与重要廊道提取

基于 GIS 软件平台，采用最小费用路径分析方法，构建了 10 个源地斑块间的 45 条潜在生态廊道，并剔除经过同一生境斑块而造成冗余的廊道，基于重力模型提取出其中重要的生态廊道，最终得到规划区的潜在生态网络（图 7-8）。这些基于 GIS 最小费用路径方法生成的潜在生态廊道是生物物种迁移与扩散的最佳路径，生物在廊道中迁移和扩散可以有效避免外界的各种干扰。

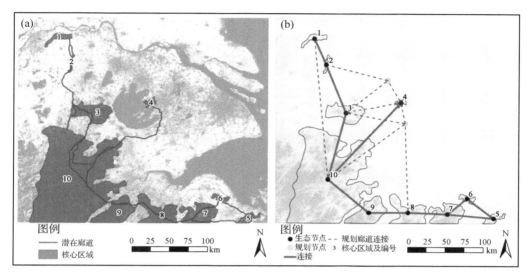

图 7-8　更大区域尺度上的潜在生态廊道（a）与生态网络图谱（b）

（4）生态网络图谱分析与结构评价

基于图谱理论，构建了规划区潜在生态网络的图谱（图 7-8），并采用 α、β、γ 三个景观指数来量化网络的闭合度和连接度水平，为生态网络的结构优化提供参考信息。

规划研究区更大区域尺度上的现状潜在生态网络的 α、β、γ 景观指数分别为 0.13、1.10、0.46，表明规划研究区潜在生态网络连接度水平较为简单，闭合度水平和节点被连接的程度亦不高，基本结构为线性网络，很少有网络回路。

通过网络格局优化，建议规划增加 2 个生态节点、9 条生态廊道，增加生境斑块间的有效连接，规划网络图谱的 α、β、γ 景观指数分别为 0.53、1.58、0.63，较规划前的连接度和闭合度水平有了较大提高（图 7-8）。

（5）规划研究区在更大尺度上的生态地位分析

规划研究区（环湖绿廊规划区域，即环太湖一定范围内的区域）构建的潜在生态网络的连接度水平偏低，网络结构呈简单树枝状，环湖周边区域未能有效融入大区域主要生态廊道与网络中，存在被边缘化与被生态隔离的风险。加之改革开放以来规划研究区的城镇化发展较快，道路网络化程度不断提高，生态网络中的核心区域变得日益破碎化，使得迁移路径景观阻力较大，网络生态连接有效性不高，不利于生物的迁移与扩散，区域生物多样性保护面临巨大挑战。

根据生态网络评价结果，结合研究区土地利用现状、主要水系河网分布等，构建了更大区域尺度上的生态网络规划结构(图7-9,见书后彩色图版),将环湖周边区域纳入更大区域的生态框架中,实现了不同尺度生态网络的有效衔接。

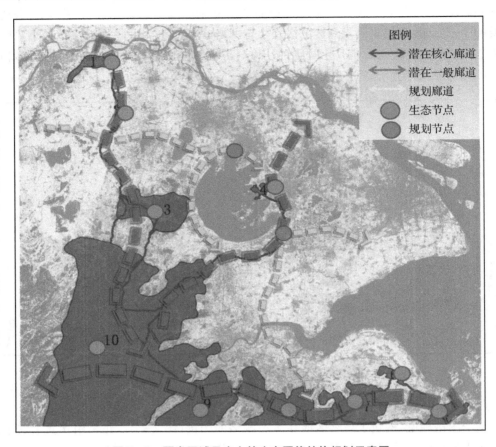

图7-9　更大区域尺度上的生态网络结构规划示意图

另外,需要特别注意的是,虽然道路在生态网络中所占比重很少,但其对生态廊道的隔离作用不容忽视,大量的断裂点将使生态连接的有效性显著降低(图7-10,见书后彩色图版)。因而,需加强主要断裂点的修复,并在未来的道路规划建设中注重区域生态斑块的连接性,从而有效改善区域生态网络的连通性,对于生物的扩散和传播具有重要生态意义。

7.3.2　环太湖区域生态网络分析与生态建设战略

(1)环太湖区域重要生境斑块提取与源地识别

首先,根据环湖周边区域的自然生态特点,将研究区内的自然保护区、森林公园、大型林地等生境斑块作为规划区的重要生境斑块。然后,根据规划区内重要生境斑块的面积大小、物种多样性丰富程度、稀有保护物种的种类与丰度、空间分布格局等,共选取了13个生境斑块作为规划区生物多样性的重要生态源地(Sources)(表7-3)。

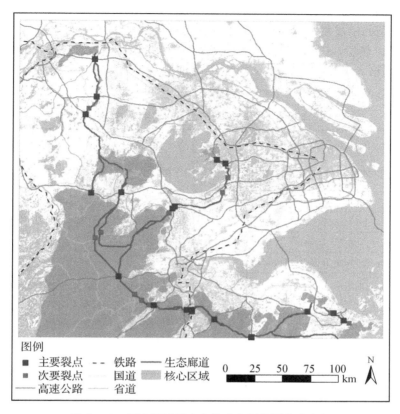

图例

■ 主要裂点　- - 铁路　—— 生态廊道
■ 次要裂点　—— 国道　■ 核心区域
—— 高速公路　—— 省道

图 7 - 10　更大区域尺度上的生态网络裂点分布图

表 7 - 3　选取的环太湖区域内的生态源地概况

编号	斑块名称	面积(hm²)	景观组成	生境质量
1	湖州云峰斑块	2 359.73	林地 90%,农田 7%,建设用地 2%,道路和水体少量	优
2	宜南山区斑块	11 416.89	林地 88%,农田 10%,建设用地 7%,道路和水体少量	优
3	竺山斑块	950.15	林地 75%,农田 21%,水体 2%,建设用地 2%	良
4	秦履峰斑块	945.36	林地 66%,农田 29%,建设用地 4.7%,道路 5%,水体 0.3%	良
5	十二渚斑块	2 370.45	林地 64%,农田 25%,建设用地 9%,水体 0.9%,道路 0.1%	良
6	十八湾-锡惠斑块	2 474.55	林地 61%,农田 23%,建设用地 15%,道路、水体少量	良
7	七子山斑块	1 342.68	林地 71%,农田 26%,建设用地 2.5%,水体 0.5%	良
8	西山斑块	4 117.72	林地 78%,农田 17%,建设用地 4%,水体占 1%	优
9	东山斑块	1 662.91	林地 84%,农田 13%,建设用地 3%,水体少量	优
10	光福景区斑块	1 637.78	林地 80%,农田 16%,建设用地 4%,水体少量	优
11	冠嶂峰斑块	758.87	林地 68%,农田 27%,建设用地 4%,水体少量	良
12	木渎景区斑块	1 142.52	林地 57%,农田 39%,建设用地 3.4%,水体少量	良
13	穹隆山斑块	1 338.4	林地 74%,农田 20%,建设用地 5.6%,水体少量	良

（2）环太湖区域生境适宜性评价与消费面模型构建

首先，根据规划区的土地利用现状情况，结合数据的可获得性，通过考察研究区不同土地利用类型的植被覆盖情况和受人为干扰的程度，确定了不同生境斑块的景观阻力大小（表7-4）。然后，基于GIS软件平台，分别计算得到每一个景观类型的成本费用栅格数据文件，栅格大小为30 m×30 m。最后，按照取最大值的方法进行多因子叠置分析，得到规划研究区的消费面（Cost Surface）模型。

表7-4　环太湖区域尺度上不同土地利用类型的景观阻力赋值

土地利用类型	亚类	景观阻力值	备注
林地	面积＞100 km²	1	林地是区域自然生态系统中的核心组成之一。大型林地是野生动物的重要栖息地和繁殖地
	10 km²＜面积＜100 km²	5	
	1 km²＜面积＜10 km²	10	
	面积＜1 km²	15	
水系	小水系、小湖泊（面积＜1 km²）	300	对陆生物种而言，小溪、小水塘是其迁徙与扩散的饮用水源，但大水系、运河和大湖泊又是它们迁徙与扩散的重要障碍。对水陆两栖动物，水系、湖泊沿岸的湿地生态系统是其最适宜的生境
	大水系、中型湖泊（1 km²＜面积＜10 km²）	600	
	大湖泊（面积＞10 km²）	1 000	
	钱塘江、长江	2 000	
	太湖	10 000	
农田		50	农田是人工半自然生态系统，其与林地和小水系、小水塘等组成的镶嵌结构也是相对稳定的生态系统
交通用地	高速公路、铁路	1 000	线性结构（高等级道路）所导致的生境破碎化与隔离对生物多样性有着巨大的影响
	一级公路	800	
	二级公路	600	
建设用地	大城市	4 000	城市是人类活动最集中的地区，其对生境的隔离作用最大。城市区域越大景观阻力也越大
	中等城市	3 000	
	乡镇	2 000	
	村庄	1 000	

（3）环太湖区域潜在廊道模拟与重要廊道提取

首先，基于GIS软件平台，采用最小费用路径分析方法，构建了13个源地斑块间的78条潜在生态廊道，并剔除经过同一生境斑块而造成冗余的廊道，得到规划区的潜在生态网络（图7-11，见书后彩色图版），并对潜在生态廊道的景观组成进行了统计分析（表7-5）。

由表7-5可见，廊道景观结构组成主要为林地和农田，两者约合占廊道总面积的97%；建设用地、道路和水域所占比重很小，所占比重均不足3%。虽然建设用地和道路所占比重很少，但其对生态廊道的隔离作用不容忽视，因为大量的断裂点将使生态连接的有效性显著降低。

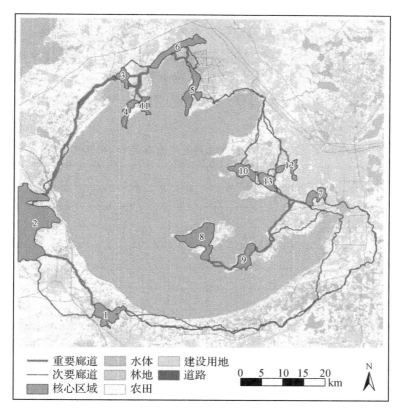

图 7-11　规划研究区潜在生态廊道空间分布图

表 7-5　潜在生态廊道的景观组成统计表

土地类型	栅格数(个)	面积(km²)	百分比
林地	159 299	143.36	73.47%
农田	51 595	46.44	23.08%
建设用地	4 417	3.98	2.04%
水体	689	0.62	0.32%
道路	825	0.74	0.38%
总数	216 825	195.14	100.00%

　　源与目标之间的相互作用强度能够用来表征潜在生态廊道的有效性和连接斑块的重要性。大型斑块和较宽廊道生境质量均较好,会大大减少物种迁移与扩散的景观阻力,增加物种迁移过程中的幸存率。基于重力模型(Gravity Model),构建 13 个生境斑块(源与目标)间的相互作用矩阵(表 7-6),定量评价生境斑块间的相互作用强度,从而判定生态廊道的相对重要性。根据矩阵结果,将相互作用力大于 1 000 的主要廊道提取出来,并剔除经过同一生境斑块而造成冗余的廊道,得到规划研究区的重要生态廊道(图 7-11,见书后彩色图版)。

由图 7-11 可见,规划研究区重要生态廊道(有效廊道连接)集中分布在太湖的东西两侧,而太湖东北部和南部生态廊道连接的有效性较低,尚未形成围绕太湖沿岸区域的生态绿环,网络结构呈简单树枝状。因而,结合太湖环境治理和环湖绿廊建设,构建和优化环湖周边区域的生态网络体系,打造完整的、高连接度的生态绿环,既可以为环湖周边区域的生态安全和区域可持续发展提供空间保障,同时也可为"美丽江苏"建设做出应有的贡献。

表 7-6　基于重力模型的斑块之间的相互作用强度统计表

编号	1	2	3	4	5	6	7	8	9	10	11	12	13
1													
2	15 923												
3	352	1 977											
4	250	1 293	11 391										
5	130	358	307	245									
6	276	1 378	12 416	4 066	508								
7	98	145	50	47	121	63							
8	3	7	2	2	2	2	5						
9	74	108	39	36	82	47	2 389	223					
10	76	151	72	66	212	93	2 924	582	0				
11	244	1 338	14 883	1 460 093	270	5 997	46	1 134	121	66			
12	74	150	72	66	215	93	2 763	473	0	246 670	66		
13	77	148	71	65	208	91	3 257	483	0	2 162 660	65	1 305 967	

(4)环太湖区域生态网络图谱分析与结构评价

基于图谱理论,构建规划区潜在生态网络的图谱(图 7-12),并采用 α、β、γ 三个景观指数来量化网络的闭合度和连接度水平,为生态网络的结构优化提供参考信息。

规划研究区尺度上的现状潜在生态网络的 α、β、γ 景观指数分别为 0.33、1.46、0.57,表明规划研究区潜在生态网络连接度水平较为复杂,闭合度水平和节点被连接的程度较高,存在一些环路。但由图 7-12 可见,太湖东岸、北岸的网络环路相对较多,而西侧和南侧则网络连接较为简单。再结合图 7-11 可见,很多廊道连接的累积费用值很大,连接的有效性较低,廊道的生境质量可能无法满足生物物种的迁移与扩散,有效连接(重要廊道)数量较少,未形成区域环路且分为两段,表明环太湖区域生态网络框架体系的现状情况堪忧,生态维育与生态修复任务非常艰巨,需要制定环湖区域生态环境建设的长远规划,按步骤分步实施和有序推进环湖区域的生态环境建设。

(5)环太湖区域生态建设战略与生态网络优化建议

①完善与提升重要的生境斑块

重要生境斑块往往是区域内的重要生态节点,是区域内生物的重要源地,其自身数量和质量的提升对于区域生态环境和生物多样性保护至关重要。规划区重要景观资源较为丰富、森林覆盖率较高,但分布不太均衡,且面临快速城镇化的强烈干扰,生境斑块岛屿化与破碎化趋势比较明显。因此,对于规划区内的自然保护区、森林公园、湿地公园、风景名胜区,大型林地、滨水湿地等重要生境斑块,应尽量保护其完整性,将其与周围的林地作为一个整体进行统筹考虑与规划,形成连片的生境斑块,从而增加斑块的面积,丰富斑块内的生物种类,提高生境质量,增加生境适宜性。

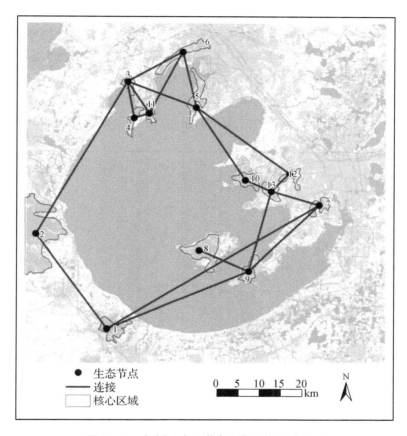

图 7 - 12   规划研究区潜在生态网络图谱结构

②增加斑块之间的连接度水平,提高连接的有效性

建议规划保留并恢复次要生态廊道,提供更多的生物迁移和扩散的可能通道。例如,斑块 5 和斑块 10、斑块 12、斑块 13 之间,斑块 1 和斑块 7 之间,模拟的潜在生态廊道都有多条,虽然现状连接的有效性不高(累积景观阻力值很大),但是建议规划保留和修复这些连接,从而降低生态廊道的景观阻力,进而提高景观连接的有效性。与此同时,农田作为区域景观基质,也是潜在生态廊道的主要景观类型之一,是建立生物保护缓冲区的重要主体,因而需要保护对生物过程具有战略意义的农田,避免城镇扩展造成的过度侵占,例如斑块 2 和斑块 3,斑块 5 和斑块 10 之间的连接。规划与修复的生态廊道的植物配置尽量采用乡土植物,应该具有层次丰富的群落结构,且具有一定的宽度。

　③加强断裂点的修复

　　通过将生态网络与土地利用图进行叠加分析,识别出环太湖周边区域生态网络中存在的断裂点。城镇用地开发对生态斑块切割严重,需要在规划中合理控制引导,留出生态廊道发展空间,尤其是对生态廊道具有显著阻隔作用的用地,如建设用地、交通用地。可以通过通道和桥梁等多种形式修复断裂的生态廊道连接,提高生态网络的连通性。

　④注重暂息地的规划建设

　　不同物种迁移、扩散的距离存在较大差异,对迁移距离比较远的物种来说,暂息地(也称踏脚石)的建设显得非常重要。暂息地的数量、质量和空间配置情况在很大程度上决定了物种迁移的时间、频率和成功率。根据环太湖区域的实际情况,结合潜在重要生态廊道的交汇点、两个源地之间廊道穿越的重要生境斑块,来确定规划区主要的区域性暂息地,共规划建设或修复提升 26 个主要的暂息地(图 7-13)。

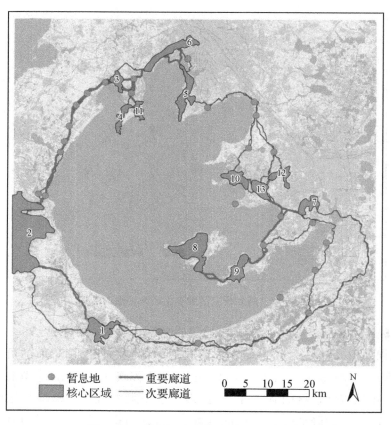

图 7-13　规划研究区暂息地规划示意图

　⑤加强与周边和更大区域范围内重要生境斑块的连接

　　开放的生态系统能够加强区域生态系统与外部生态系统之间的物质交换和能量流动,进而增强生态系统的稳定性。因而,加强规划区与浙江、安徽等毗邻地区重要生境斑块的连接,使环湖生态绿环融入更大区域、更大尺度的生态网络体系中,使环湖绿廊与周边区域融为一体,成为区域绿廊中的重要组成部分,改变目前被割裂和边缘化的趋势,这既有利于本地生物多样性的保护,也有利于大区域生态环境的保护。

7.3.3 环太湖区域生态网络的规划主线线型确定

通过更大尺度上的生态网络构建来辨识规划研究区环太湖区域在大尺度空间中的生态地位,并在环太湖区域尺度上构建了研究区的生态网络框架体系。在此基础上,确定了环太湖区域生态网络的规划建设主线线型(图7-14),并对其景观组成进行了分析(图7-15,见书后彩色图版),为生态网络的构建与保护提供了重要的科学依据。

环太湖区域生态网络(也称环湖绿廊)起到了串联环湖区域主要自然、景观游憩资源,辐射沿湖周边区域的重要作用,对区域生物多样性保护、社会经济可持续发展和区域城乡统筹等具有重要的、无可替代的价值。

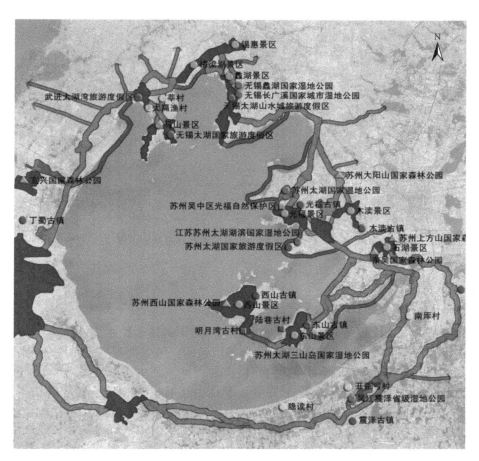

图7-14 环湖绿廊生态网络主线线型规划示意图

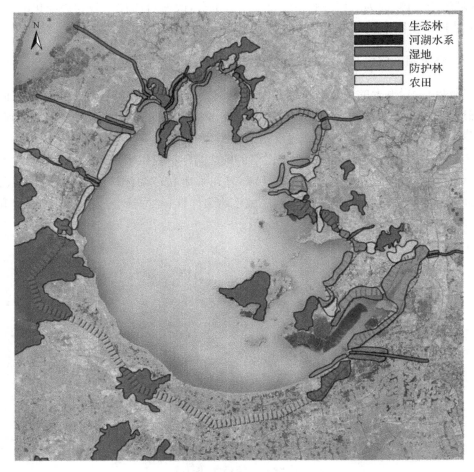

图 7 - 15　环湖绿廊生态网络景观组成分析图

7.4　本章小结

　　城市与区域系统是一个处于不断发展与演变之中的复杂性系统,城市与区域生态网络的构建应当以自然生态系统为基础,强调城市与区域的发展与生态保护之间保持动态平衡,也就是在一个较为长远的周期内使城市建设纳入到生态框架下,让城市空间在自然生态基底上低扰动地生长拓展,避免人为干扰引起的生态破坏乃至灾害,让城乡居民在享受城市文明和生活便利的同时能够接触到一个真正的、连续的、层次丰富的自然。这就要求我们尊重自然过程的生态服务价值,维护自然过程的连续与统一,应用景观生态学的"斑块-廊道-基质"这一独特的模式语言来构建城市与区域生态网络,把有自然保护价值和重要生态学意义的地域作为一个个"斑块",依据"基质"的性质特征寻求最适宜的空间路径,沿着这样的路径通过"廊道"尽可能将分散斑块连接起来,形成一个城市与区域的自然骨架。

　　本章借助 RS 和 GIS 平台,基于景观生态学原理,从维护城市与区域自然景观系统的完整性和保护生物多样性的角度出发,以快速城镇化的环太湖区域为规划研究区,以生态性、保护性、整体性、多样性为原则,在两种尺度上进行了生态网络的构建,为城市建设空间与自然生态空间规划的有机融合搭建了理论与技术的桥梁,为规划研究区的生态保护与空间管制、绿色基础设施建设、绿地景观系统规划等提供了科学依据。

生态网络构建的定量化研究已在规划中发挥重要作用,但复合型生态网络构建却仍旧停留在理论创新阶段。复合型生态网络的构建面临着成长性和稳定性的矛盾,而空间效能成为衡量空间网络的可行性的重要指标。空间效能若要高,则大型斑块应承担更多的生态功能,空间网络连接形态应该更加有效。因此,如何识别斑块廊道的中心度和重要性、检测空间连接效率,就显得尤为重要。目前,长三角区域的快速城镇化建设已导致了区域性"中央公园"——太湖绿地景观的破碎化,而多层次网络(生态网络、景观网络、游憩网络等)的耦合规划是解决复合型生态网络规划的重要手段。因而,在最短路径分析模拟生态廊道的基础上,融合景观需求、游憩需求,应用图谱理论进行无标度网络的构建和检测,构建空间效能好的环太湖区域复合型生态网络,进而提出其复合型网络的结构框架和优化建议,将是未来需要进一步探讨的重要规划研究方向(陈剑阳等,2015)。

参考文献

[1] 马世骏,王如松. 社会-经济-自然复合生态系统[J]. 生态学报,1984,4(1):1-9.

[2] 钱学森. 一个科学新领域——开放的复杂巨系统及其方法论[J]. 城市发展研究,2005,(5):1-8.

[3] 文宗川,崔鑫. 基于开放复杂巨系统的生态城市建设[J]. 大连理工大学学报(社会科学版),2009,3(1):85-88.

[4] 肖笃宁,李秀珍. 当代景观生态学的进展和展望[J]. 地理科学,1997,11(4):356-363.

[5] 仇保兴. 19 世纪以来西方城市规划理论演变的六次转折[J]. 规划师,2003(11):5-10.

[6] 杨沛儒. 国外生态城市的规划历程 1900—1990[J]. 现代城市研究,2005(2-3 合刊):27-37.

[7] 潘海啸,汤諹,吴锦瑜,等. 中国"低碳城市"的空间规划策略[J]. 城市规划学刊,2008(6):57-64.

[8] 刘志林,戴亦欣,董长贵,等. 低碳城市理念与国际经验[J]. 城市发展研究,2009(6):1-7.

[9] 蔡建明,郭华,汪德根. 国外弹性城市研究述评[J]. 地理科学进展,2012(10):1245-1255.

[10] 欧阳志云,王如松. 生态规划的回顾与展望[J]. 自然资源学报,1995(3):203-215.

[11] 沈清基. 城市生态与城市环境[M]. 上海:同济大学出版社,1998.

[12] 傅博. 城市生态规划的研究范围探讨[J]. 城市规划汇刊,2002(1):49-52.

[13] 邵大伟,张小林,吴殿鸣. 国外开放空间研究的进展及启示[J]. 中国园林,2011(1):83-87.

[14] 陈爽,张皓. 国外现代城市规划理论中的绿色思考[J]. 规划师,2003(4):71-74.

[15] 吴人韦,熊国平. 支持城市生态建设——城市绿地系统规划专题研究[J]. 城市规划,2000(4):55-58.

[16] 李敏. 现代城市绿地系统规划[M]. 北京:中国建筑工业出版社,2002.

[17] 俞孔坚,李迪华,刘海龙. "反规划"途径[M]. 北京:中国建筑工业出版社,2005.

[18] 俞孔坚,李迪华. 城乡与区域规划的景观生态模式[J]. 国外城市规划,1997(3):27-31.

[19] 马志宇. 基于景观生态学原理的城市生态网络构建研究——以常州市为例[D]. 苏州:苏州科技学院,2007.

[20] 温全平. 论城市绿色开敞空间规划的范式演变[J]. 中国园林,2009(9):11-14.

[21] 张庆费. 城市绿色网络及其构建框架[J]. 城市规划汇刊,2002(1):75-78.

[22] 单晓菲. 城市生态网络的存在与作用研究[D]. 上海:同济大学,2002.

[23] 王海珍. 城市生态网络研究——以厦门为例[D]. 上海:华东师范大学,2005.

[24] 张晋石. 绿色基础设施——城市空间与环境问题的系统化解决途径[J]. 现代城市研究,2009(11):81-86.

[25] 裴丹. 绿色基础设施构建方法研究述评[J]. 城市规划,2012(5):84-90.

[26] 李开然. 绿道网络的生态廊道功能及其规划原则[J]. 中国园林,2010(3):24-27.

[27] 刘滨谊,王鹏. 绿地生态网络规划的发展历程与中国研究前沿[J]. 中国园林,2010(3):1-5.

[28] 刘志松. 中国古代生态伦理及可持续发展思想探析[J]. 天津大学学报(社会科学版),2009,7(4):341-344.

[29] 王新伊. 特大型城市绿化系统布局模式研究——以上海市为例[D]. 上海:同济大学,2007.

[30] 彭镇华,江泽慧. 中国森林生态网络系统工程[J]. 应用生态学报,1999(1):99-103.

[31] 千少蓉,姚冬梅,曹明红. 宜昌城市森林生态网络建设的现状与对策[J]. 湖北林业科技,2002(2):45-46.

[32] 赵振斌,朱传耿,蒋雪中. 结合城市自然保护的城市绿地体系构建——以南京市为例[J]. 中国园林,2003(9):64-66.

[33] 孟亚凡. 绿色通道及其规划原则[J]. 中国园林,2004(5):14-18.

[34] 王海珍,张利权. 基于GIS、景观格局和网络分析法的厦门本岛生态网络规划[J]. 植物生态学报,2005(1):144-152.

[35] 孔繁花,尹海伟. 济南城市绿地生态网络构建[J]. 生态学报,2008(4):1711-1719.

[36] 尹海伟,孔繁花,祁毅,等. 湖南省城市群生态网络构建与优化[J]. 生态学报,2011(10):2864-2874.

[37] 孔阳. 基于适宜性分析的城市绿地生态网络规划研究[D]. 北京:北京林业大学,2010.

[38] 俞孔坚,李博,李迪华. 自然与文化遗产区域保护的生态基础设施途径——以福建武夷山为例[J]. 城市规划,2008(10):88-91.

[39] 刘海龙,李迪华,韩西丽. 生态基础设施概念及其研究进展综述[J]. 城市规划,2005(9):70-75.

[40] 李博. 绿色基础设施与城市蔓延控制[J]. 城市问题,2009(1):86-90.

[41] 李然. 城市绿地生态网络模式研究[D]. 北京:北京林业大学,2010.

［42］张佳盈,单丽丽. 构建城市生态网络的必要性与可行性分析［J］. 绿色科技,2014(2).

［43］陈剑阳,尹海伟,孔繁花,等. 环太湖复合型生态网络构建研究［J］. 生态学报,2015
(9). 网络优先出版.

［44］Forman,R. T. T. ,Gordon,M. Landscape Ecology. John Wiley,New York. ,1986.

［45］Turner,M. G. Landscape heterogeneity and disturbance. Springer-Verlag,New York. ,
1987.

［46］Little,C. E. Greenway for America. Johns Hopkins University Press,Baltimore. ,
1990.

［47］Hay,K. G. Greenways and Biodiversity. In:Hudson,W. E. (ed)Landscape linkages
and biodiversity. Island Press,Washington D. C. ,1991.

［48］Ahern,J. Greenways as a planning strategy. Landscape and Urban Planning,1995,
33:131-155.

［49］Jongman,R. H. G. ,Külvik,M. ,Kristiansen,I. Europe ecological networks and
greenways［J］. Landscape and Urban Planning,2004,68:305-319.

［50］Fábos,J. G. Greenway planning in the United States:its origins and recent case
studies［J］. Landscape and Urban Planning,2004,68:321-342.

［51］MacArthur,R. H. ,Wilson,E. O. The Theory of Island Biogeography. Princeton
University Press,Princeton,NJ,1967.

［52］Opdam,P. Metapopulation theory and habitat fragmentation:a review of Holarctic
breeding bird studies［J］. Landscape Ecology,1991,5:93-106.

［53］Hehl-lange,S. Structural elements of the visual landscape and their ecological func-
tions［J］. Landscape and Urban Planning,2001,54:105-113.

［54］Conine A. ,Xiang W. ,Young J. ,et al. Planning for multi-purpose greenways in
Concord, North Carolina［J］. Landscape and Urban Planning, 2004, 68 (2-3):
271-287.

［55］Jongman R. H. G. Nature conservation planning in Europe:developing ecological
networks［J］. Landscape and Urban Planning,1995,32(3):169-183.

［56］Fábos,J. G. ,Milde,G. ,Weinmayr,M. Frederick founder of Landscape Architec-
ture in America. University of Massachusetts,Amherst,MA,1968.

［57］McHarg,I. Design with Nature. Natural History Press,New York,1969.

［58］Schneekloth,L. H. Green Infrastructure. Time-Saver Standard for Urban Design,
2003.

［59］Randolph,J. Environmental Land Use Planning and Management. Island Press,
2004.

［60］Jim,C. Y. ,Chen,S. S. Comprehensive green space planning based on landscape
ecology principles in compact Nanjing city,China［J］. Landscape and Urban Plan-
ning,2003,65(3):95-116.

［61］Li Feng,Wang Rusong,Paulussen,J. ,et al. Comprehensive concept planning of ur-
ban greening based on ecological principles:a case study in Beijing,China［J］.

Landscape and Urban Planning,2004,72(4):325-336.

[62] Bowman,J. T. Connecting National Wildlife Refuges with Green Infrastructure:the Sherburne-Crane Meadows Complex[D]. St. Paul:University of Minnesota,2008.

[63] Walker,R. ,Craighead,L. Analyzing wildlife movement corridors in Montana using GIS. Presented at the 1997 ESRI Users Conference and Published in the Proceedings on CD-ROM,also available at:http://www. wildlands. org/corridor/lcpcor. html. 1997.

[64] Cook,E. A. Landscape structure indices for assessing urban ecological networks [J]. Landscape Urban Plan,2002,58:269-280.

[65] Zhang,L. ,Wang,H. Z. Planning an ecological network of Xiamen Island(China)using landscape metrics and network analysis[J]. Landscape Urban Plan,2006,78: 449-456.

[66] Kong,F. H. ,Yin,H. W. ,Nakagoshi N. ,Zong Y. G. Urban green space network development for biodiversity conservation:Identification based on graph theory and gravity modeling[J]. Landscape and Urban Planning,2010,95(1-2):16-27.

[67] Hong,Suk-Hwan,Kim,Mintai,Choi,Jin-Woo. Distribution patterns of avian species in and around urban environments:a case study of Seoul City, Korea[J]. ALAM CIPTA,International Journal of Sustainable Tropical Design Research and Practice,2013(1):83-92.

[68] Hoctor,T. S. Regional landscape analysis and reserve design to conserve Florida's biodiversity[D]. University of Florida,FL,2003.

[69] Wilson,R. J. Introduction to Graph Theory. Academic Press,New York,1979.

[70] Cantwell,M. D. ,Forman,R. T. T. Landscape graphs:ecological modeling with graph theory to detect configurations common to diverse landscapes[J]. Landscape Ecol,1993,8(4):239-255.

[71] Hellmund,P. Quabbin to Wachusett Wildlife Corridor Study. Harvard Graduate School of Design,Cambridge,MA,1989.

[72] Holland,M. M. ,Risser,P. G. ,Naiman,R. T. Ecotones:the role of landscape boundaries in the management and reservation of changing environments. Chapman and Hall, New York,1991.

[73] Weber T SloanA,Wolf J,Maryland's Green Infrastructure Assessment:Development of a comprehensive approach to land conservation,Landscape and Urban Planning, Volume 77,Issues 1-2,15 June 2006,Pages 94-110.

[74] Bonnin M,Richard D,Lethier H,et al. Draft report on the assessment of the setting up of the Pan-European Ecological Network. Council of Europe,Strasbourg, France[J]. 2006.

8 城市与区域土地利用动态变化研究

8.1 土地利用动态变化分析方法概述

8.1.1 土地利用动态变化分析的意义

    土地是人类赖以生存和发展的空间载体,是人类从事一切社会经济活动和休养生息的基础(鲍文东,2007)。土地利用变化是当今经济社会中最活跃和最普遍的现象,是人类利用土地的自然属性和社会属性不断满足自身发展需要的动态变化过程。土地利用变化是 21 世纪重要的科学议题之一,是一个跨学科的研究领域。1995 年,国际地圈——生物圈计划(IGBP)和全球环境变化的人文领域计划(IHDP)联合制定并提出了土地利用与土地覆被变化(LUCC)研究计划。土地利用/土地覆被变化研究能够帮助我们更好地理解与不断地认识不同时间与空间尺度上土地利用、土地覆被的相互作用及其演化过程,包括土地利用与土地覆被变化的过程、机理及其对人类社会经济与环境所产生的一系列影响,为全球、国家或区域的可持续发展战略提供重要的决策依据。一个地区不同时期的土地利用状况及其功能结构很大程度上反映该地区不同时期的自然资源条件以及社会经济发展的状况和结构。因此,研究一个地区不同时期的土地利用结构分异及其动态变化是研究一个地区自然资源和社会经济发展状况的重要途径。

    随着我国城镇化的快速发展,土地利用方式和土地覆盖类型发生着剧烈的变化,城镇化已经成为人类活动改造自然环境的主要方式之一,城镇化过程产生的土地利用/覆被变化业已成为当前众多学科研究领域的前沿课题(李岩,2006)。土地利用动态变化分析研究是优化土地资源合理配置,促进区域、城市、社会、经济和环境可持续发展的重要前提和途径。城市与区域规划是以研究制定规划研究区的未来发展方向、空间合理布局和各项支撑体系具体安排的综合部署,是一定时期内城市与区域的发展蓝图。在城市与区域规划中进行规划研究区的土地利用动态变化分析,辨识土地利用变化的历史过程、主要特征、演化规律、主要问题、驱动机制,有助于规划研究人员深入理解土地利用变化的过程、总体趋势、内在机制,为人地协调发展政策的制定提供重要的参考信息与规划决策支持。

8.1.2 土地利用动态变化相关研究简评

    自 1990 年代以来,土地利用/土地覆被变化已经成为众多学科研究的重点领域。Iverson(1988)利用 GIS 对美国伊里诺斯州土地利用现状和此前 160 年的土地利用进行了比较,分析土地利用的变化类型,成为早期基于 GIS 进行土地利用变化研究的先驱。近年来,随着 RS、GIS 技术的快速发展与日益成熟,基于 RS 和 GIS 的土地利用变化研究日益增多。纵观国内外基于 RS 和 GIS 的土地利用变化研究,可以大致分为两大类。

　　第一类是基于 RS 和 GIS 技术对规划研究区的土地利用动态变化、演化趋势、格局变化和分异规律进行定量分析与评价,进而分析城市空间形态及其扩展特征,已成为目前土地利用演变研究的主要内容(顾朝林,1999;王秀兰,1999;曾辉,2000;蔡运龙,2001;朱会义,2001;Alejandro 等,2003;党安荣,2003;冯建,2004;赵晶等,2005;Boniface 等,2006;Erna 等,2006;彭文甫等,2007;鲍文东,2007;杜自强,2007;刘盛和等,2008;Hadeel 等,2009;Erich 等,2012;张丽等,2014)。这些研究大多采用遥感数据解译方法获取研究区不同时期的土地利用现状图,然后基于 GIS 空间分析方法或分形指数、集约度指数、动态度指数、景观格局指数,分析研究区的土地利用变化格局、演化过程、增长结构与模式,以及驱动机制等,进而提出土地利用调控的相关政策措施。例如,顾朝林(1999)利用多期 SPOT 数据进行了北京土地利用变化研究,认为北京城市扩展的主要方式是外城蔓延、轴向扩展和郊区城市化。李加林等(2007)利用遥感和 GIS 手段,对长江三角洲 1979 年以来 5 个时期的城市用地增长进行了定量分析,结果表明研究区城市用地增长呈明显加快趋势,城市用地总体扩展强度不断提高,城市生长表现出"一核二带""二核三带""四核四带"和"五核五带"的空间轨迹。曾辉(2000)基于多时相遥感影像,采用景观格局分析方法,对深圳市龙华地区城市用地、农业用地和林地等景观类型的结构和空间分布特征进行了定量研究。冯建(2004)使用分形理论研究了新中国成立以来杭州市城市形态和土地利用结构的演化特征,研究结果表明城市化地区的分维值大于各职能类土地空间分布维数值。Alejandro 等(2003)利用 GIS 与 RS 对墨西哥的土地利用/土地覆盖进行监测研究,并与 300 个地面实测站的数据作对比,结果发现地理信息系统能为土地利用变化提供更好、更有针对性的信息,对土地利用总体规划具有十分重要的理论意义。Erich 等(2012)利用 GIS 生成了阿尔卑斯山的土地利用/覆盖场景图,并对该区域的土地利用时空变化进行了评价,为评估阿尔卑斯山未来的景观动态奠定了坚实的基础。张丽等(2014)利用 GIS 和 RS 技术,对抚顺市 1986—2000 年、2000—2012 年两个时期的土地利用动态变化及驱动力进行了研究,发现自然因素是土地利用变化的基础条件,相对自然因素,人类活动对土地利用的时空变化具有决定性的影响,是导致抚顺市土地利用快速集中变化的主因。

　　第二类是对土地利用变化的水文效应与生态环境效应进行定量分析与评价,以揭示不同土地利用变化下水文效应与生态环境效应的特征、关系、互动机制,从而为研究区合理利用土地资源,治理和改善水文环境与生态环境提供理论依据(史培军等,2000;彭建等,2005;Woldeamlak 等,2005;Lee 等,2007;李丽娟等,2007;蔺雪芹等,2008;陈莹等,2009;Hoos,2009;陈朝等,2011;曲福田等,2011;苏泳娴等,2011;陈利顶等,2013;刘纪远等,2014)。土地利用变化的水文效应研究目前多采用分布式水文分析模型来模拟土地利用变化对城市地表总径流量、径流深、径流系数、洪峰流量与洪峰时间等水文特征的影响,从而定量评估土地利用变化引起的城市不透水面增加带来的水文效应变化(李丽娟等,2007;何长高等,2009)。土地利用变化的生态环境效应则主要通过对研究区土地利用变化引起的生态风险、城市热岛效应、大气环境污染、生态服务价值等的定量分析与评价来实现(肖荣波等,2005;岳文泽等,2006;王郁等,2006;谢红霞等,2008;陈忠升等,2010;苏泳娴等,2011;陈利顶等,2013)。

在城市与区域规划中我们通常最关注土地利用/土地覆被是如何变化的,演化的趋势与特征是什么,主要是由哪些因素驱动的。因而,第一类土地利用变化的研究对于城市与区域规划具有重要的借鉴意义和规划指导作用,应成为城市与区域规划中的重要研究内容之一(当然,第二类研究对城市与区域规划亦具有重要的借鉴意义和规划指导作用,作者将在 2016 年出版的《城市生态规划》一书中进行详细分析与说明)。

8.1.3　土地利用动态变化分析方法简介

基于 RS 和 GIS 技术的规划研究区土地利用动态变化分析,其研究方法主要有:GIS空间分析、土地利用变化指数分析、景观指数分析等。

1) 基于 GIS 空间分析方法的土地利用变化分析

GIS 空间叠置分析是土地利用动态变化分析的基本方法。在土地利用动态变化分析的过程中,采用 GIS 软件对已经获取的不同年份的土地利用图进行空间叠置分析,可以揭示土地利用变化的空间特征、演化过程、增长结构与模式(顾朝林,1999;党安荣,2003;Erna 等,2006;张丽等,2014)。通过对研究区域内土地利用动态变化特征的分析,还可以深入探究土地利用变化背后的驱动机制,为未来土地利用规划与管理提供重要的参考信息。

2) 基于土地利用变化指数分析的土地利用变化分析

在 GIS 空间分析的基础上,根据 GIS 获取的研究区土地利用变化数据库,可以采用空间统计分析方法,选取土地利用动态度、集约度、土地利用综合指数、土地利用程度变化量、土地利用程度变化率、土地利用空间变化模型等指数(具体计算方法参见下面的公式)以及转移矩阵,进行土地利用变化特征的定量刻画与表征(刘纪远等,1994;王秀兰等,1999;梁治平等,2006)。

(1) 单一土地利用类型动态度(K_1)

指某一区域一定时间内某一土地利用类型数量的速度变化。

$$K_1 = \frac{U_b - U_a}{U_a} \times \frac{1}{T} \times 100\%\qquad\qquad(公式 8-1)$$

式中:U_a、U_b 分别为研究期初、研究期末某一种土地利用类型的面积;T 为研究时段长,当 T 的时段设定为年时,K 的值就是该研究区某种土地利用类型年变化率。

(2) 综合土地利用类型动态度(K_2)

指某一区域一定时间内所有土地利用类型数量的总体速度变化。K_2 反映了研究时段内从期初到期末土地利用结构类型面积变化的绝对差值情况,掩盖了某一土地利用类型转出和转入的双向变化过程。

$$K_2 = \frac{\sum_{i=1}^{n} \Delta LU_{i-j}}{2\sum_{i=1}^{n} LU_i} \times \frac{1}{T} \times 100\%$$ （公式 8 - 2）

式中：LU_i 为监测起始时间内第 i 类土地利用类型面积；ΔLU_{i-j} 为监测时段内第 i 类土地利用类型转为非 i 类土地利用类型面积的绝对值；T 为监测时段长度。当 T 的时段设定为年时，K_2 的值就是该研究区土地利用年变化率。

（3）土地利用综合指数（L）、土地利用程度变化量（ΔL）、土地利用程度变化率（R）

土地利用程度主要反映土地利用的广度和深度，它不仅反映了土地利用中土地本身的自然属性，同时也反映了人类因素与自然环境因素的综合效应。根据刘纪远等（1994）提出的土地利用程度的综合分析方法，将土地利用程度按照土地自然综合体在社会因素影响下的自然平衡状态分为若干级，并赋予分级指数，从而给出了土地利用程度综合指数及土地利用程度变化模型的定量化表达式。

土地利用综合指数（L）：

$$L = 100 \times \sum_{i=1}^{n} A_i \times C_i$$ （公式 8 - 3）

式中：L 为某区域土地利用综合指数；A_i 为第 i 级的土地利用程度分级指数；C_i 为第 i 级土地利用程度分级面积的百分比；n 为土地利用程度的分级数。

土地利用程度变化量（ΔL）：

$$\Delta L_{b-a} = L_b - L_a = 100 \times \left(\sum_{i=1}^{n} A_i \times C_{ib} - \sum_{i=1}^{n} A_i \times C_{ia} \right)$$ （公式 8 - 4）

土地利用程度变化率（R）：

$$R = \frac{\sum_{i=1}^{n} A_i \times C_{ib} - \sum_{i=1}^{n} A_i \times C_{ia}}{\sum_{i=1}^{n} A_i \times C_{ia}}$$ （公式 8 - 5）

式中：L_b 和 L_a 分别为 b 时间和 a 时间的区域土地利用程度综合指数；A_i 为第 i 级的土地利用程度分级指数；C_{ib} 和 C_{ia} 分别为某区域 b 时间和 a 时间第 i 级土地利用程度面积百分比。如 $\Delta L_{b-a} > 0$，或 $R > 0$，则该区域土地利用处于发展时期，否则处于调整期或衰退期。

（4）土地利用空间变化模型（经纬度 X_t、Y_t）

区域土地利用空间变化的总体特征是类型重心的迁移，这一特征可以用重心坐标的变化来反映。重心坐标的计算方法类似于人口分布重心模型，其模型为：

$$X_t = \frac{\sum_{i=1}^{n} (C_{ti} \times X_i)}{\sum_{i=1}^{n} C_{ti}}$$ （公式 8 - 6）

$$Y_t = \frac{\sum_{i=1}^{n} (C_{ti \times Y_i})}{\sum_{i=1}^{n} C_{ti}}$$ （公式 8 - 7）

式中：X_t、Y_t 分别表示第 t 年某种土地资源分布重心的经纬度坐标；C_{ti} 表示第 i 个小区域该种土地资源的面积；X_i、Y_i 分别表示第 i 个小区域的几何中心的经纬度坐标。通过比较研究期初和研究期末各种土地资源的分布重心，就可以得到研究时段内土地利用的空间变化规律。

（5）转移矩阵

转移矩阵分析是基于俄国数学家马尔科夫提出的马尔科夫链理论的相关分析。马尔科夫链理论是一种用于随机过程系统的预测和优化控制问题的理论，它研究的对象是事物的状态及状态的转移，通过对各种不同状态初始占有率及状态之间转移概率的研究，来确定系统发展的趋势，从而达到预测未来系统状态的目的。由于土地利用类型间的转化满足马尔科夫链预测理论的特点，故可用于土地利用动态过程模拟与预测。

利用转移矩阵来预测土地利用变化的趋势和数量是土地利用动态变化分析研究的重要组成部分，是土地利用规划的重要内容，可以为管理部门制定相应的对策、采取适当的调控手段、协调产业用地矛盾、编制土地利用总体规划提供依据，从而达到土地资源优化配置与合理利用的目的（贾宏俊，2002）。在土地利用动态分析中运用转移矩阵来进行土地利用动态过程的模拟与预测，首先要通过 GIS 获取不同时期的土地利用类型图，然后基于 GIS 空间分析来确定不同土地利用类型之间相互转化的转移概率矩阵，进而通过转移转矩分析预测研究区域内未来各种土地类型的变化情况。

3）基于景观格局指数的土地利用变化分析

城市空间格局的概念源自景观生态学的景观格局，是应用景观生态学理论和方法对城市空间的分析和测度。景观生态学研究中主要应用景观空间指标（Landscape Metrics）来定量表征城市景观格局即城市土地利用变化，从而实现格局与过程的连接，有利于挖掘城市空间格局变化的内在影响因素（宋素青等，2005；邬建国，2007；李蓉等，2009）。快速城市化下的空间格局分析可以监测土地利用和不同尺度下的景观格局动态变化，较详细地展现城市化下景观格局时空变化分异，有助于城市土地的合理优化和有序配置（张琳琳，2010）。

空间格局分析通常包括景观组成单元的类型、数目以及空间分布与配置，其最初是用来研究景观结构特征和空间配置关系的分析方法。在空间格局分析模型中，很多空间指数高度相关，没有一个指数能独立描述复杂的城市空间格局的变化过程。景观指数能够高度浓缩景观格局信息，其特征可以在单一斑块、斑块类型和景观等三个层次上分析。在多数情况下，文献中所提到的景观格局也包括非空间的组分（如斑块类型面积 CA、斑块数 NP、斑块密度 PD、斑块类型面积百分比 PLAND、平均斑块面积 MPS 等）和空间的配置（如景观形状指数 LSI、平均斑块分维数 MPFD、聚集度 AI 与 CONTAG 等）（尹海伟，2008）。

景观指数的选取一般采取某些空间格局指数的组合，在城市与区域规划中通常选用能够反映土地利用结构、城市景观主要特征，且对城市与区域规划具有较大影响意义的指数（表 8-1）。

表 8-1　城市与区域规划中常用的景观指数及其含义

景观指数名称	指数描述	指数的空间意义
斑块类型面积 (CA)	某一斑块类型中所有斑块的面积之和。单位:hm²	CA是空间格局分析的基础,可以表征景观组成情况
斑块密度(PD)	每100 hm²内斑块的个数。范围:PD>0,无上限	PD与平均斑块面积MPS,可以表征景观破碎化程度
斑块类型面积百分比(PLAND)	等于某一斑块类型的总面积占整个景观面积的百分比。单位:百分比,范围:0<PLAND≤100	可以表征每类斑块的优势度。其值趋于0时,说明景观中此斑块类型变得十分稀少;其值等于100时,说明整个景观只由一类斑块组成
最大斑块指数 (LPI)	等于某一斑块类型中的最大斑块占据整个景观面积的比例。单位:百分比,范围:0<LPI≤100	当LPI趋于0时,说明景观内相应斑块类型的最大斑块很小;当LPI等于100时,表明整个景观只有一种斑块类型组成
平均斑块面积 (MPS)	某一类斑块类型的平均斑块大小。单位:hm²	与PD一起,可以表征景观破碎化程度
香农多样性指数(SHDI)	等于各斑块类型的面积比乘以其值的自然对数之后的负值	可以表征景观组成的丰富度。值越大,表示景观多样性程度越高
景观形状指数 (LSI)	景观中所有的斑块边界的总长度除以景观总面积的平方根,再乘以正方形校正常数。取值范围:LSI>1,无上限	可反映整体景观的形状复杂程度。LSI越接近1,整体景观形状越简单;LSI越大,则越复杂

8.2　土地利用动态变化分析框架

8.2.1　研究思路与框架

在城市与区域规划中,进行规划研究区土地利用动态变化分析,可为规划研究人员深入理解土地利用变化的过程、总体趋势、内在机制和制定人地协调发展政策提供重要的参考信息与规划决策支持。根据土地利用变化相关研究的概括总结与梳理,特别是借鉴基于RS与GIS的土地利用变化分析的相关研究,提出本章的总体思路与框架,可概括为数据获取与预处理——基于RS与GIS的不同时期土地利用类型图制作——基于GIS空间叠置分析的土地利用动态变化分析(土地利用变化的总体特征、演化过程、格局变化、增长结构与模式)——土地利用变化的驱动力分析与空间引导策略制定(图8-1)。

8.2.2　方法与技术路线

土地利用动态变化分析研究的方法与技术路线详见图8-2。

首先,对规划研究区进行相关资料的收集,包括研究区DEM数据、所需要的不同时期的遥感数据等。然后,基于RS与GIS软件平台,对收集的各类数据进行相关处理,包括对遥感数据进行镶嵌和裁剪,根据遥感数据源的特征选择不同的方法进行分类,通过聚合和过滤等操作对分类的结果进一步处理,并根据其他辅助参考资料(如地形图数据、现状调研等)修改结果,对分类准确度进行检验等,得到规划研究区不同时期的土地利用类型图。再次,利用GIS技术,对研究区域进行相关土地利用空间动态变化分析,得出不同时期土地利用的转移矩阵。在此基础上,采用不同土地动态变化指数或者景观格局指数分析研究区域的土地动态变化,最终得出相关的土地利用动态变化规律与背后的驱动因素。

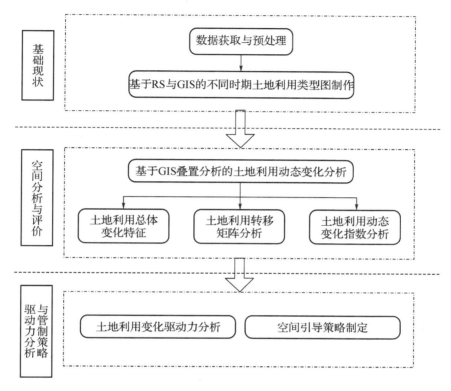

图 8 - 1　土地利用动态变化研究框架图

8.3　案例应用解析

昆山市地处中国经济最发达的长江三角洲,是上海经济圈中一个重要的新兴工商城市。近年来,昆山市通过大胆探索、锐意创新,经济社会发展取得了巨大成就,走出了一条独具特色的"昆山之路"。昆山市作为经济发展水平超前的地区,其土地利用结构随经济发展水平的变动情况非常典型。

本研究以昆山市作为研究区,使用1995年、2000年、2005年、2010年昆山市LAND-SAT TM/ETM遥感图像数据,基于RS和GIS对研究区土地利用变化的总体特征、演化过程、格局变化等进行了系统地定量分析与评价,对昆山市未来的土地利用空间规划与管制具有重要意义,也对其他快速城镇化地区的土地利用变化研究具有重要的参考价值。

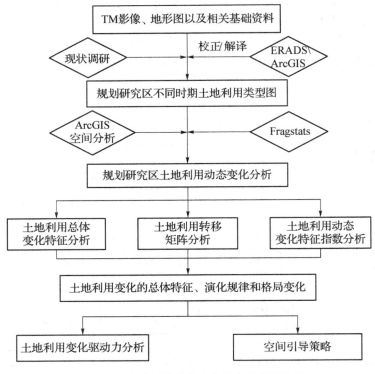

图 8-2　土地利用动态变化研究技术路线图

8.3.1　昆山市相关基础地理信息数据获取与预处理

本次研究的基本数据源为中科院镜像网站下载的 1995 年、2000 年、2005 年、2010 年昆山市 LANDSAT TM/ETM 图像,辅助数据为 2009 年昆山市航拍图、地形图和城市规划相关资料。在遥感图像处理软件 ERDAS 的支持下,以地形图数据为空间参照,对四期遥感影像数据进行校正,并进行波段融合。然后,用行政区边界对融合后的数据进行裁剪,获得昆山市域范围的遥感影像数据。

8.3.2　基于 RS 与 GIS 的多时期土地利用类型获取

根据遥感影像数据的光谱信息与纹理特征,基于 ERDAS 软件平台,采用监督分类方法进行土地利用分类解译(根据研究需要,将规划研究区土地利用类型划分为建设用地、道路、农田、水域四大类),并结合高分辨率航拍图和现状调研对解译结果进行修正,最后得到规划研究区不同时期的土地利用类型图(图 8-3,见书后彩色图版)。在不同时期道路图的制作过程中,为了弥补 TM 遥感数据因分辨率问题造成的道路网络不太连续的问题,首先在 ArcGIS 软件平台中结合航拍图进行 2010 年道路图层的绘制,然后结合 TM 遥感影像数据通过删除当年影像中不存在道路的方式,依次得到 2005 年、2000 年、1995 年三个时期的道路图层,最后再将数字化的道路网络镶嵌到解译的用地分类结果图上,得到最终的每一时期的道路用地。

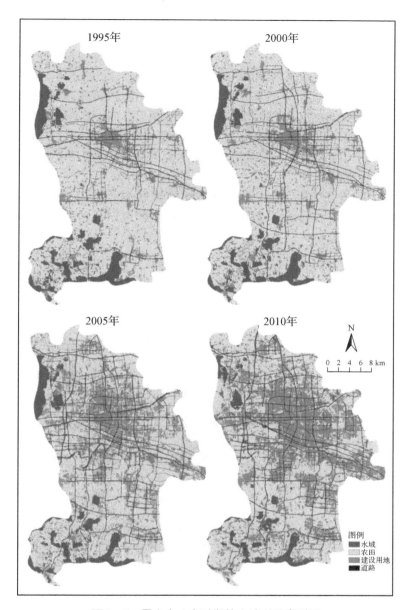

图 8 - 3 昆山市 4 个时期的土地利用类型图

8.3.3 基于 GIS 叠置分析的昆山土地利用动态变化

1) 土地利用变化总体特征

由不同时期的土地利用现状类型图(图 8 - 3)和不同用地类型的面积变化图表(图 8 - 4,表 8 - 2)可以看出:①昆山市建设用地大幅增加,由 1995 年的 119.04 km² 增长为 2010 年的 295.87 km²,15 年期间共增加了 176.83 km²,是研究区增长最快的景观类型,且增长幅度越来越大,表明昆山市的城市建设用地仍处于快速增长时期,且增长主要围绕中心城区(中心市区)呈圈层式向外蔓延,增长的中心性强,土地开发强度(31.2%)已经达到增长的极限(按照国际惯例,一个地区国土开发强度30%为警戒线,超过该强度后生存环境就会受到影响,资源环境压力加剧)。②道路用地亦增长了近一倍,由1995年的32.86 km² 增长为2010年的62.28 km²,道路网络不断完善,特别是中心城区路网结构有了大幅提升。③农田则是研究区面积减少最多的景观类型,15年期间共减少了211.65 km²,造成研究区自然空间大量向城镇建设空间剧烈转换,对研究区自然生态环境造成了重要冲击和影响。④虽然水域的面积变化幅度较小,基本维持在85 km² 左右,但是由于中心城区的圈层式扩展致使以江南水乡著称的昆山市区河网水系大幅缩减或遭破坏、填埋,致使河网水系的水质持续恶化,自然水系河网的防洪排涝能力大幅降低,增加了城市内涝的风险。

综上所述,昆山市土地利用变化的总体特征主要为:城镇建设用地圈层式蔓延,自然生态空间(农田)大幅向城镇空间转化,土地开发强度接近增长的极限,致使自然生态环境面临巨大压力。

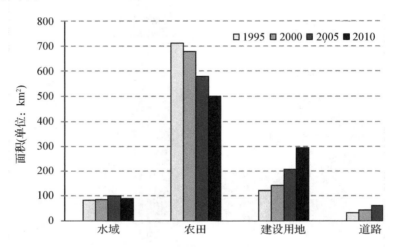

图 8-4 昆山市不同时期不同用地类型面积变化图

表 8-2 1995—2010 年昆山市土地利用变化统计表(单位:km²)

年份 \ 类型	建设用地	农田	水域	道路
1995	119.04	711.82	83.22	32.86
2000	140.44	678.33	85.54	42.63
2005	206.32	579.67	99.58	61.37
2010	295.87	500.17	88.62	62.28
1995—2000	21.40	−33.49	2.32	9.77
2000—2005	65.88	−98.66	14.04	18.74
2005—2010	89.55	−79.50	−10.96	0.91
1995—2010	176.83	−211.65	5.40	29.42

2)土地利用转移矩阵分析

基于昆山市四个时期的土地利用类型图,通过GIS空间叠置分析,可以得出1995—

2010 年不同阶段的昆山市土地利用转移矩阵(表 8-3～表 8-6、图 8-5,见书后彩色图版),从而表征研究区不同阶段的土地利用变化情况。

表 8-3　1995—2000 年土地利用转移矩阵(单位:km²)

1995＼2000	水域	农田	建设用地	道路
水域	73.34	8.96	0.86	0.06
农田	11.35	623.16	68.85	8.46
建设用地	0.85	46.21	70.73	1.25
道路	0	0	0	32.86

表 8-4　2000—2005 年土地利用转移矩阵(单位:km²)

2000＼2005	水域	农田	建设用地	道路
水域	70.69	11.94	2.65	0.26
农田	26.78	507.95	126.08	17.52
建设用地	2.06	58.89	77.01	2.48
道路	0.05	0.89	0.58	41.11

表 8-5　2005—2010 年土地利用转移矩阵(单位:km²)

2005＼2010	水域	农田	建设用地	道路
水域	54.66	39.7	5.21	0.01
农田	28.18	411.77	138.93	0.79
建设用地	5.78	48.7	151.73	0.11
道路	0	0	0	61.37

表 8-6　1995—2010 年土地利用转移矩阵(单位:km²)

1995＼2010	水域	农田	建设用地	道路
水域	51.13	30.09	1.75	0.25
农田	31.88	427.86	224.98	27.10
建设用地	5.57	41.82	68.52	3.13
道路	0.04	0.40	0.62	31.80

由转移矩阵分析结果可见:①无论哪一个时期,土地利用转移变化最为活跃的是农田向建设用地的转换,农田是昆山市建设用地的主要转移来源,且主要位于城市边缘区(图 8-5);与此同时,随着城镇化的快速发展,农村建设用地向农田的转换也较为活跃,主要与农村建设用地的整合有关。②在 1995—2010 年的三个时期中,农田向建设用地的转换不断增多,转换速度逐渐提高,表明昆山市建设用地的快速增长是以对农田的大量侵占为代价的,但不同时期建设用地转换的空间格局差异较为明显(图 8-5)。③其他

用地类型向道路的转换也比较明显,而道路向其他用地的转换则非常小。

综上所述,昆山市的土地利用转换主要为农田向建设用地、其他用地向道路用地的转换,转换空间主要位于中心城区周边和经济开发区。

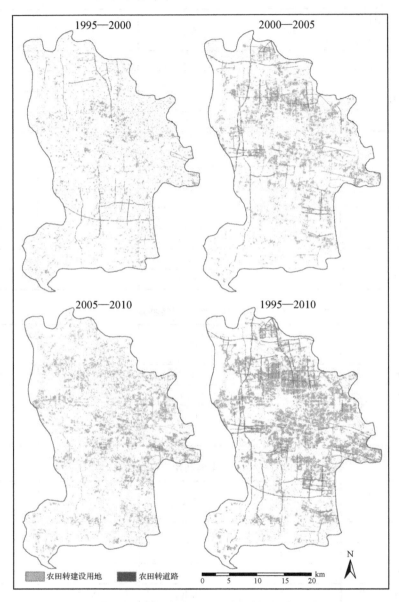

图 8－5　昆山市不同时期主要用地类型转换空间格局分布图

3)土地利用动态变化指数分析

(1)土地利用动态度指数

根据土地利用转移矩阵,结合单一土地利用类型动态度公式(公式 8－1),并考虑转入和转出,分别计算出规划研究区的不同土地利用类型的转入、转出动态度(表 8－7～表8－9),为了能够定量刻画转入与转出动态度的空间分异格局,本章基于 GIS 软件平台,得到了1995—2010年的农田转出与建设用地转入动态度空间格局分布图(图8-6,见书后彩色图版)。

由分析结果可见:①在不同时期,建设用地的转入动态度(三个时期分别为11.71,18.41和13.97)均最高,转入的主要来源是位于城市边缘区的农田(图8-6)。②在1995—2010年的三个时期中,建设用地的转入动态度水平呈现先增后减,表明转入建设用地的速度在2005—2010年时段达到峰值后有所下降,增长热点区位于昆山市中心城区周边及其经济技术开发区,而西北和南部区域则为增长相对缓慢区域,主要是生态约束与空间区位多重因子相互作用(图8-6)。

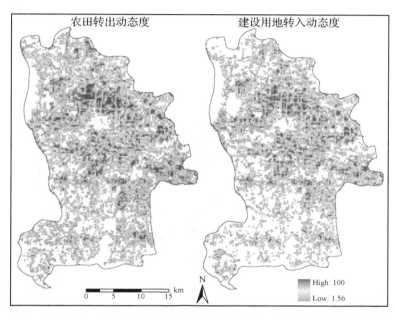

图8-6 1995—2010年农田转出与建设用地转入动态度空间格局分布图

表8-7 1995—2000年土地利用动态度

项目	转出面积(km²)	转入面积(km²)	转出动态度	转入动态度
水域	9.88	12.20	2.37	2.93
农田	88.66	55.17	2.49	1.55
建设用地	48.31	69.71	8.12	11.71
道路	0	9.77	0	5.95

表8-8 2000—2005年土地利用动态度

项目	转出面积(km²)	转入面积(km²)	转出动态度	转入动态度
水域	14.85	28.89	3.47	6.75
农田	170.38	71.72	5.02	2.11
建设用地	63.43	129.31	9.03	18.41
道路	1.52	20.26	0.71	9.51

表 8 - 9　2005—2010 年土地利用动态度

项目	转出面积(km²)	转入面积(km²)	转出动态度	转入动态度
水域	44.92	33.96	9.02	6.82
农田	167.90	88.40	5.79	3.05
建设用地	54.59	144.14	5.29	13.97
道路	0	0.91	0	0.29

（2）景观指数分析

基于 Fragstats 软件平台，分别计算了 1995 年和 2010 年的昆山市景观水平与类型水平上的景观指标（表 8 - 10），并采用移动窗口方法，选用类型水平上的斑块密度（PD）、斑块类型面积百分比（PLAND）、斑块形状指数（LSI）三个景观指数来表征主要土地利用类型的空间格局变化特征（图 8 - 7～图 8 - 9）。

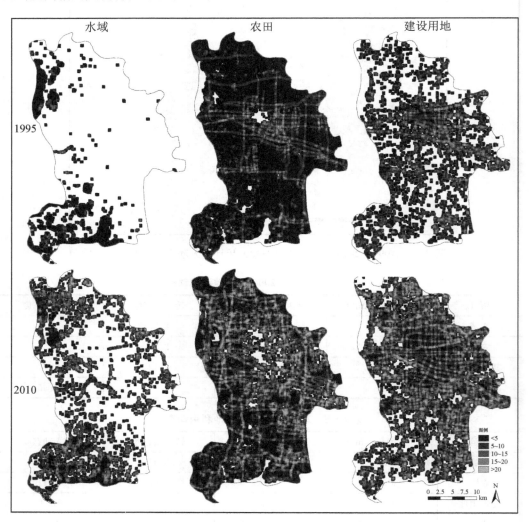

图 8 - 7　主要用地类型的斑块密度（PD）空间格局分布图

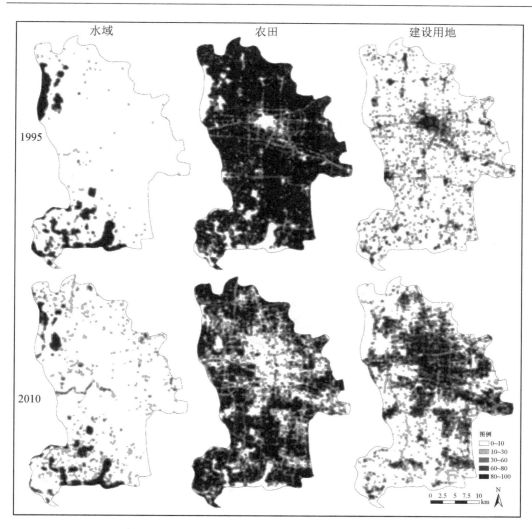

图 8-8 主要用地类型的斑块类型面积百分比（PLAND）空间格局分布图

表 8-10 景观水平与类型水平上主要景观指数计算结果

时间	项目	CA	PLAND	PD	LPI	LSI	MPS
	总体	94 824	100	2.39	16.94	64.54	41.90
	水域	8 322	8.78	0.21	1.91	55.29	42.03
1995	农田	71 309	75.20	0.40	16.94	68.32	190.16
	建设用地	11 904	12.55	1.78	0.37	77.23	7.06
	道路	3 286	3.47	0.01	3.31	68.53	657.16
	总体	94 824	100	6.76	6.55	31.59	14.79
	水域	8 862	9.35	1.84	1.44	13.89	5.08
2010	农田	50 116	52.85	2.24	5.02	31.96	23.64
	建设用地	29 633	31.25	2.69	0.66	57.36	11.64
	道路	6 212	6.55	0.01	6.55	49.74	821.20

　　由分析结果可见：①1995—2010 年规划研究区在景观水平上的 PD 指数明显增加，而 LPI、LSI、MPS 指数则大幅降低，表明昆山市的破碎化程度明显提高（表 8-10）。②在类型水平上，水域和农田两类景观由于建设用地和道路用地的侵占和切割变得日益破碎化，农田与建设用地的 PLAND 指数变化表明两者之间的转换十分明显（表 8-10）。③从主要用地类型的斑块密度（PD）、斑块类型面积百分比（PLAND）和斑块形状指数（LSI）空间分布格局来看，农田受到建设用地的侵蚀和道路用地的切割最为明显，中心城区与经济开发区及其周边建设用地增长最为明显（图 8-7～图 8-9）。

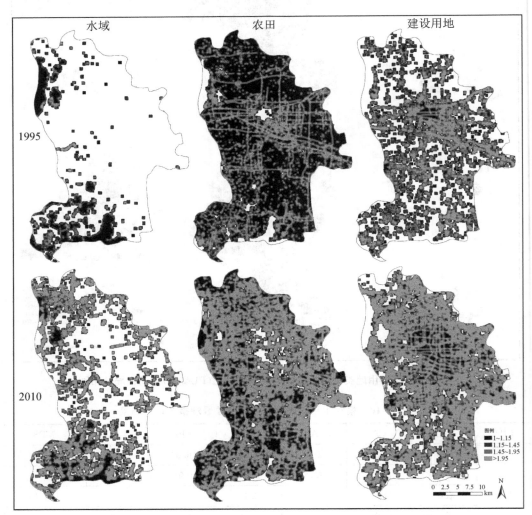

图 8-9　主要用地类型的斑块形状指数（LSI）空间格局分布图

8.3.4　土地利用变化的驱动力分析与建设空间引导

1）土地利用变化的驱动力分析

（1）自然因素

昆山市地处长江中下游平原，地形平坦起伏度小，在城镇化过程中，地形对土地利用演化的限制作用较小,但规划研究区地处河网密集的江南水乡地区,湖荡密布,对其土地利用动态变化具有较为明显的限制作用。1995—2010 年,水域面积虽然总体上稍有增长,但中心城区周边的河流水系破坏仍然较为严重,破碎化程度明显增加,表明规划研究区建设用地增长对周边的河网水系侵占较为严重,对河网水系的生态服务功能未能给予足够的重视。

（2）人文因素

如果说自然因素对土地利用变化的影响主要是通过自然生态要素的限制作用来体现的,那么规划研究区人文因素对土地利用变化的影响则是通过发展潜力来体现的。昆山市地处中国经济最发达的长江三角洲。改革开放以来,城市社会经济快速发展,对建设用地的需求也进入日益增长的时期,致使城镇建设用地快速增加,对农田的侵占日益严重。因此,可以说 1995—2010 年社会经济的快速增长是建设用地快速增长的主要动力因子。随着国家土地利用政策的不断变化,昆山市城镇建设用地的增长经历了先增后减的变化过程。未来随着国家土地使用政策的日益趋紧、土地可开发空间的日益缩小,昆山市必将进入新的发展时期,盘活建设用地存量,优化土地利用格局,构建生态安全格局,加强生态环境维育,将成为昆山市转变经济增长方式,建设美丽昆山、幸福昆山的必然选择。

2）城镇建设空间引导策略制定

（1）盘活建设用地存量,减少增量,提高现有土地利用的集约度

坚持严格的项目用地管理,按照"盘活存量,减少增量,节约集约"的原则,积极引导各类建设用地的开发,能用存量的不用增量,引导用地单位盘活存量建设用地。通过提高产业用地投资门槛、引导产业集中、加大资本技术等要素投入等手段,提高土地的集约利用水平。划定相关的土地利用门槛,对于不达标的土地利用项目采取相应的经济激励政策,引导其合理地利用土地。

（2）严格控制建设用地供给的总量,合理调整建设用地结构和布局

从昆山市长远发展的角度来考虑,必须制定并实施最严格的建设用地总量供给控制制度,包括对不同类型建设用地的严格控制。做到总量控制甚至是总量锁定,实现建设用地的少增长、零增长乃至负增长。与此同时,根据不同区域的功能特征,合理分配建设用地,逐步调整和优化现有建设用地的结构。

（3）划定生态控制线,加强对农田、水域、林地等自然生态空间的保护

改变传统的规划思路,实现从"发展建设规划"到"禁止建设规划"的转变,科学划定生态控制线,加强对农田、水域、林地等自然生态空间的保护。通过刚性管控线的划定,引导城镇建设用地拓展方向,保护重要生态节点、基本农田等土地利用类型,为昆山市生态安全格局的构建提供空间和政策保障。

8.4　本章小结

土地利用变化是人类活动对自然环境施加影响的显著表现之一,一直是人们研究的热点问题。城市与区域规划是对规划研究区的未来发展方向、空间合理布局和各项支撑体系具体安排的综合部署,是一定时期内城市与区域的发展蓝图。因而,在城市与区域

规划中进行规划研究区土地利用动态变化分析,辨识规划研究区土地利用变化的历史过程、主要特征、演化规律、驱动机制,有助于规划研究人员深入理解土地利用变化的过程和内在机制,为相关规划提供重要的参考信息与决策支持。

本章以昆山市作为研究区,基于 RS、GIS 和 Fragstats 软件平台,对昆山市土地利用变化的总体特征、演化过程、格局变化等进行了系统的定量分析与评价,有助于昆山市未来的土地利用规划与管制政策的制定,对其他快速城镇化地区的土地利用变化研究具有重要的参考价值。

参考文献

[1] 刘纪远,匡文慧,张增祥,等. 20 世纪 80 年代末以来中国土地利用变化的基本特征与空间格局[J]. 地理学报,2014,69(1):3-14.

[2] 张丽,杨国范,刘吉平. 1986—2012 年抚顺市土地利用动态变化及热点分析[J]. 地理科学,2014,24(2):185-191.

[3] 陈莹,许有鹏,尹义星. 基于土地利用/覆被情景分析的长期水文效应研究——以西苕溪流域为例[J]. 自然资源学报,2009,24(2):351-359.

[4] 陈朝,吕昌河,范兰等. 土地利用变化对土壤有机碳的影响研究进展[J]. 生态学报,2011,31(18):5358-5371.

[5] 曲福田,卢娜,冯淑怡. 土地利用变化对碳排放的影响[J]. 中国人口.资源与环境,2011,21(10):76-83.

[6] 杜自强,王建,陈正华,等. 基于 RS 和 GIS 的区域土地利用动态变化及演变趋势分析[J]. 干旱区资源与环境,2007,21(1):115-119.

[7] 李丽娟,姜德娟,李九一,等. 土地利用/覆被变化的水文效应研究进展[J]. 自然资源学报,2007,22(2):211-224.

[8] 陈忠升,陈亚宁,李卫红,等. 基于生态服务价值的伊犁河谷土地利用变化环境影响评价[J]. 中国沙漠,2010,30(4):870-877.

[9] 张琳琳,孔繁花,尹海伟,等. 基于景观空间指标与移动窗口的济南城镇空间格局变化[J]. 生态学杂志,2010,29(8):1591-1598.

[10] 陈利顶,孙然好,刘海莲. 城市景观格局演变的生态环境效应研究进展[J]. 生态学报,2013,33(4):1042-1050.

[11] Hadeel, A., Jabbar, M., Chen, X.. Application of remote sensing and GIS to the study of land use/cover change and urbanization expansion in Basrah province, southern Iraq[J]. Geo-spatial Information Science,2009,12(2):135-141.

[12] Velázquez, A., Durán, E., Ramírez, I., Mas, J. F., Bocco, G., Ramírez, G., Palacioa, J. L. Land use-cover change processes in highly biodiverse areas: the case of Oaxaca, Mexico[J]. Global Environmental Change,2003,13(3):175-184.

[13] Kashaigili, J. J., Mbilinyi, B. P., Mccartney, M., Mwanuzic, F. L.. Dynamics of Usangu plains wetlands: Use of remote sensing and GIS as management decision tools[J]. Physics and Chemistry of the Earth, Parts A/B/C,2006,31(15):967-975.

[14] Lee, K. S., Chung, E. S.. Hydrological effects of climate change, groundwater withdrawal, and land use in a small Korean watershed[J]. Hydrological Processes, 2007, 21(22):3046-3056.

[15] Bewket, W., Sterk, G.. Dynamics in land cover and its effect on stream flow in the Chemoga watershed, Blue Nile basin, Ethiopia[J]. Hydrological Processes, 2005, 19(2):445-458.

[16] 蔺雪芹, 方创琳. 城市群地区产业集聚的生态环境效应研究进展[J]. 地理科学进展, 2008, 27(3):110-118.

[17] 彭建, 王仰麟, 叶敏婷, 等. 区域产业结构变化及其生态环境效应——以云南省丽江市为例[J]. 地理学报, 2005, 60(5):798-806.

[18] 王郁, 胡非. 近10年来北京夏季城市热岛的变化及环境效应的分析研究[J]. 地球物理学报, 2006, 49(1):61-68.

[19] 岳文泽, 徐建华, 徐丽华. 基于遥感影像的城市土地利用生态环境效应研究——以城市热环境和植被指数为例[J]. 生态学报, 2006, 26(5):1450-1460.

[20] 王秀兰, 包玉海. 土地利用动态变化研究方法探讨[J]. 地理科学进展, 1999, 18(1):83-89.

[21] 邬建国. 景观生态学——概念与理论[J]. 生态学杂志, 2000, 19(1):42-52.

[22] 朱会义, 何书金, 张明. 土地利用变化研究中的GIS空间分析方法及其应用[J]. 地理科学进展, 2001, 20(2):104-110.

[23] 党安荣, 史慧珍, 何新东. 基于3S技术的土地利用动态变化研究[J]. 清华大学学报(自然科学版), 2003, 43(10):1408-1411.

[24] 鲍文东. 基于GIS的土地利用动态变化研究[D]. 青岛:山东科技大学, 2007.

[25] 李岩. 城镇化进程中土地利用动态变化分析研究[D]. 青岛:中国海洋大学, 2006.

[26] Iverson, L. R.. Land-use changes in Illinois, ASA: The influence of landscape attributes on current and historic land use[J]. Landscape Ecology, 1988, 2(1):45-61.

[27] 顾朝林. 北京土地利用/覆盖变化机制研究[J]. 自然资源学报, 1999, 14(4):307-312.

[28] 曾辉, 喻红, 郭庆华. 深圳市龙华地区城市用地动态模型建设及模拟研究[J]. 生态学报, 2000, 20(4):545-551.

[29] 蔡运龙. 土地利用/土地覆被变化研究:寻求新的综合途径[J]. 地理研究, 2001, 20(6):645-652.

[30] 赵晶, 徐建华, 梅安新. 城市土地利用结构与形态的分形研究——以上海市中心城区为例[J]. 华东师范大学学报:自然科学版, 2005(1):78-84.

[31] 彭文甫, 何政伟, 周介铭, 等. 1996—2002年成都市土地利用变化分析[J]. 四川师范大学学报:自然科学版, 2007, 30(1):106-111.

[32] 刘盛和, 张擎. 杭州市半城市化地区空间分布变化[J]. 地理研究, 2008, 27(5):982-992.

[33] 李加林, 许继琴, 李伟芳, 等. 长江三角洲地区城市用地增长的时空特征分析[J]. 地理学报, 2007, 62(4):437-447.

[34] 史培军,陈晋,潘耀忠. 深圳市土地利用变化机制分析[J]. 地理学报,2000,55(2)：151-160.

[35] 苏泳娴,黄光庆,陈修治,等. 城市绿地的生态环境效应研究进展[J]. 生态学报，2011,31(23)：7287-7300.

[36] 何长高,董增川,石景元,等. 水土保持的水文效应分布式模拟[J]. 水科学进展，2009,20(4)：584-589.

[37] 肖荣波,欧阳志云,李伟峰,等. 城市热岛的生态环境效应[J]. 生态学报,2005,25(8)：2055-2060.

[38] 贾宏俊. 3S 支持下的锡山市土地利用时空演变研究[D]. 芜湖:安徽师范大学,2002.

[39] 宋素青,王卫,袁晓芳. 张家口坝上地区景观格局分析[J]. 中国农业资源与区划，2005,26(3)：36-39.

[40] 李蓉,李俊祥,李铖等. 快速城镇化阶段上海海岸带景观格局的时空动态[J]. 生态学杂志,2009,28(11)：2353-2359.

[41] 尹海伟,孔繁花,宗跃光. 城市绿地可达性与公平性评价[J]. 生态学报,2008,28(7)：3375-3383.

[42] 梁治平,周兴. 土地利用动态变化模型的研究综述[J]. 广西师范学院学报:自然科学版,2006(S1).

[43] Lopez,E.,Bocco,G.,Mendoza,M.,Velázquez,A.,Aguirre-Rivera,J. R.. Peasant emigration and land-use change at the watershed level:A GIS-based approach in Central Mexico[J]. Agricultural systems,2006,90(1):62-78.

9 城市建设用地适宜性评价

9.1 城市建设用地适宜性方法概述

9.1.1 城市建设用地适宜性分析的意义

土地资源由地球陆地表面一定立体空间的自然要素组成,同时又时刻受到社会经济条件的影响,是自然—经济—社会复合的综合系统(温华特,2006)。近年来,随着经济社会的快速发展,我国的城镇化进程不断加快,大量人口从农村进入城市,城市规模日益扩大,城市用地需求不断增长,建设用地供需矛盾越发严峻。与此同时,在城市规模扩张的过程中,因为发展理念、政策、规划等原因,城市建设用地无序扩张现象较为普遍,建设用地侵占自然生态用地等情况在全国范围内屡见不鲜。不仅造成土地资源的大量浪费,也导致区域生态环境日益恶化。合理、高效地利用土地资源已经成为城市与区域规划不可回避的重要问题,而建设用地适宜性评价成为回答这一问题的关键。

空间布局是城市与区域规划的核心内容,通过建设用地适宜性评价可以明确规划区域内适宜作为建设用地的空间范围以及适宜程度,为城市建设用地的发展规模和用地布局提供科学依据,提升规划方案的客观性和科学性(樊杰,2007;叶玉瑶等,2008;展安等,2008)。无论是总体规划,还是主体功能区划中的四区划分,城市与区域建设用地适宜性评价均已成为规划过程中的一项重要基础性工作,对合理确定适宜发展用地和城市空间整体格局具有重要指导意义(宗跃光等,2007;姚士谋等,2009;尹海伟等,2013)。

9.1.2 城市建设用地适宜性相关研究简评

建设用地适宜性评价起源于土地生态适宜性评价,由美国的麦克哈格(McHarg)教授于1960年提出,目前已广泛应用于农、林、牧等多个研究领域(王海鹰等,2009)。1967年,麦克哈格与其同事在纽约斯塔腾岛(Staten Island)的土地利用规划中,用地图叠加法对斯塔腾岛的自然保护、消极游憩、积极游憩、住宅开发、商业及工业开发等5种等级的土地利用适宜情况进行了分析(杨敏,2004)。这种叠加(即千层饼模式)采取人工作图的方式,代表了最初的适宜性评价方法(Malczewski,2004)。虽然等权的要素相加存在短板,但为用地适宜性评价研究的发展奠定了基础。

建设用地适宜性评价涉及地形地貌、工程地质、人为影响、水文气象、区位条件等众多方面,影响因子的复杂多样和技术革新的支持促使建设用地适宜性评价走向定量化、多元化和系统化。大量学者综合运用可持续发展理论、生态经济学理论、现代土地经济学理论、系统决策理论等专业方法,在不断完善土地调查的基础上进行多方面尝试,推动城市建设用地适宜性评价研究的不断发展(颜明,2011)。近年来,伴随着大容量计算机技术的发展,国土资源的立体信息化体系日臻成熟,基于地理信息系统(GIS)的方法探讨逐渐增多,从简单的直接叠加到多因子加权法(钮心毅等,2007;王海鹰等,2009;张东明等,2010)的广泛采用再到模糊评价法(梁艳平等,2001;杨敏,2004;王全等,2005;刘瑜,2008;孙永亮等,2013)、移动窗口法(尹海伟等,2013)、神经网络算法(焦利民等,2004)、遗传算法等多元方法与GIS结合的尝试,适宜性评价的应用和发展得到显著推动,成为城市规划、区域规划、旅游规划、资源保护和景观规划等领域中极为重要的分析手段(宗跃光等,2007)。

评价方法的演进体现出综合化和精细化的发展趋势。目前,国内外学者对城市建设用地适宜性评价的研究一方面着力通过指标的完善和数学模型的改进达到评价方法的优化,比如引入移动窗口法以增加对景观指标的考量(尹海伟等,2013),将土地开发政策作为政策因素模拟和评价其对土地使用的影响(钮心毅等,2007);另一方面加强针对不同功能用地的应用探讨,考虑到不同用途的土地对区位条件、建设用地质量、规模要求不尽相同,评价因素和方法也会有所区别(刘贵利,2000;于声,2007;黄宇等,2008;丁庆等,2011)。

综上所述,城市建设用地适宜性评价的相关研究成果比较丰富,且在不断优化的过程中形成了较为成熟的技术方法,在规划实践中得到了广泛应用。但是,既有研究仍有一些不足:一是偏重地形、地质、水文、气象等自然和工程因素的影响,对社会层面反映不足;二是多从限制性角度出发,对增长潜力因子的考虑不够充分,忽视了建设用地成长的社会经济动力机制,因而未能很好地表征区域社会经济发展对建设用地适宜性的影响。

9.1.3　城市建设用地适宜性测度方法简介

通过对国内外基于GIS的土地利用适宜性分析相关研究的概况和总结,可将其分为三大类:多因素加权叠置方法,潜力-阻力评价模型和模糊综合评价方法。

(1) 多因素加权叠置方法

多因素加权评价模型的基础是出现于20世纪70年代的多因素评价法(即 Multiple Criteria Evaluation,MCE),通过运用参与评价的标准(Criteria)及其权重(Criterion Priorities)来辅助决策者从大量可选方案中选取最合适的一个(Jankowski and Richard,1994;严亮,2004)。1990年代引入用地适宜性评价后使原有基于GIS的用地适宜性评价得到显著改进(Carver,1991;Malczewski,1999;Thill,1999;钮心毅等,2007)。多因素加权评价的原理是将研究地块的单因子得分进行标准化处理,然后与各自权重相乘,进而加权后累加得出结果。

(2) 潜力-阻力评价模型

潜力-阻力模型是由宗跃光等(2007)针对单纯权重叠加法的不足率先提出的,其原理是借鉴损益分析法(Cost-benefit Analysis),在多因素加权模型的基础上进行修正,综合考虑了自然生态因子和社会经济因子,并将影响变量分为建设阻力和建设潜力两大类,把用地适宜性看做潜力扣除阻力的剩余,通过阻力和潜力等级成对比较的评价矩阵分析得出评价结果。然而,基于行政区划单元的发展潜力评价无法与基于像元尺度的发展约束评价在 GIS 中进行很好的镶嵌。鉴于此,尹海伟等(2013)改进了潜力-约束模型,较为科学地实现了区域综合发展潜力的空间栅格化,重新构建了一套区域用地发展适宜性的评判原则与方法。

(3) 模糊综合评价方法

模糊综合评价模型的基础是诞生于 1965 年的模糊数学,其应用范围遍布农业、林业、气象、环境等多个领域,在研究对象无法用经典数学予以精确数量描述的情况下显示出优越性,是解决多因素、多指标综合问题的一种行之有效的决策方法。模糊综合评价的原理是在确定评价指标和评价等级标准的基础上,建立评价因素权重、构造隶属函数进行单因素评价,运用模糊集合变换原理,以隶属度描述因子的模糊界限、构造模糊评判矩阵,通过复合运算最终确定评价地域单元所属等级,做出综合评判(徐慧玲等,1992)。

另外,采用 GIS 与人工智能相结合的方法在土地适宜性评价中的运用也不断增多,例如 GIS 与模糊逻辑技术相结合(Burrough and McDonnell,1998)、GIS 与人工神经网络技术结合(Zhou and Civco,1996)、GIS 与元胞自动机(CA)技术相结合(Batty and Xie,1994)及 GIS 与遗传算法相结合(Krzanowski and Raper,2001)等。

9.2 城市建设用地适宜性分析框架

9.2.1 研究思路与框架

根据基于 RS 与 GIS 的建设用地适宜性评价相关研究的总结与梳理,从城市与区域规划实践中的应用流程出发,提出了本章的总体思路与框架,可概括为规划研究区数据获取与数据库构建——建设用地适宜性评价因子选取——建设用地适宜性评价方法选取——建设用地适宜性评价与适宜性等级划分——研究区空间发展与引导策略制定。

由于城市建设用地适宜性评价涉及自然、社会、经济的诸多方面,因此在数据获取与数据库构建时要根据研究区实际情况综合分析影响城市建设用地增长的可能因素,并结合数据可获取性,尽可能全面地收集各项相关资料。建设用地适宜性评价方法选取是核心部分,根据研究区数据收集情况,可以选取目前常用的多因素加权叠置方法,潜力-阻力评价模型和模糊综合评价方法三类方法中的一种即可。而因子的合理选取与分级赋值、不同因子权重的评价等需要根据规划研究区实际加以综合评定,具体方法可参见生态环境敏感性分析(第 5 章)和生态安全格局分析(第 6 章)中的相关论述。

9.2.2 方法与技术路线

根据国内外相关研究,构建建设用地适宜性评价的方法与技术路线(图 9-1)。

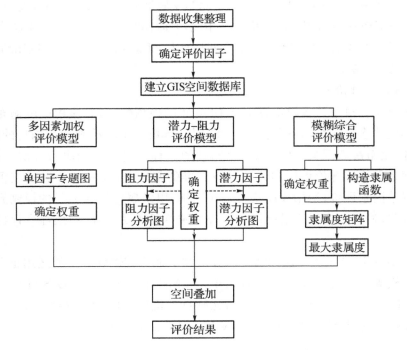

图 9 - 1　城市建设用地适宜性评价技术路线图

9.3　案例应用解析

本研究以河北省冀中南区域为研究对象,构建了由发展潜力和生态约束构成的潜力—阻力模型,基于 GIS 软件平台,分别采用区域综合实力与空间可达性分析方法和生态环境敏感性方法对研究区发展潜力和阻力进行空间定量分析与评价,并融入情景分析的方法构建不同发展理念下的相互作用判别矩阵,最终得到三种情景下的建设用地适宜性结果,从而为河北省冀中南区域规划中的用地空间布局和空间引导策略制定提供科学依据和决策支持(图 9 - 2)。

9.3.1　冀中南区域数据获取与数据库构建

在《冀中南区域城镇化发展战略规划》中,收集到的空间数据主要包括:2009 年 TM 遥感数据(空间分辨率 30 m,资料来源于中国科学院计算机网络信息中心的国际科学数据镜像网站)、地形图、研究区土地利用现状图(2010 年)、风景名胜区用地规划图、地质灾害分布图等专题图件。另外,通过实地调研还收集了不同地市相关年份的统计年鉴和能够反映各地市社会经济发展情况的统计资料。

首先,基于地形图将 TM 遥感数据和各专题地图配准、数字化,生成研究区的土地利用类型图和各类用地专题图。然后,将相关统计信息输入 Excel,并将统计属性数据与研究区的 GIS 行政区划图进行空间关联,从而将输入的属性信息导入 GIS 区划图中,并通过整合研究区的各类数据,构建研究区的基础地理信息数据库,从而为研究区建设用地适宜性评价因子的提取提供数据基础。

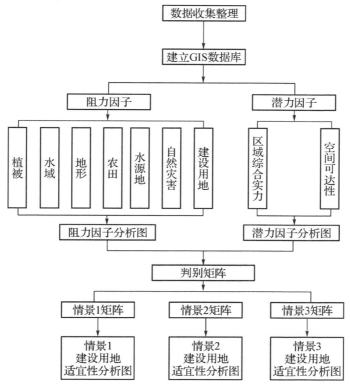

图 9-2　案例研究的技术路线

9.3.2　冀中南区域建设用地发展潜力评价

　　建设用地发展潜力分析是宏观上识别城市用地发展方向与规模的重要依据。通常，影响空间中某一区域发展潜力的主要因子有可达性、距离最近的增长极的强弱。也就是说，建设用地发展潜力的主要指针有两个：一是，增长极的强弱；二是，距离增长极的远近。增长极的强弱可以用其综合发展实力加以相对衡量与评价。本文将区域综合实力评价作为主要动力源选取与评定的核心标准，并同时考量 2000—2009 年建设用地的增长变化情况，将其作为辅助参考指标，并充分考虑区域发展政策方面的重要影响。距离增长极的远近则是利用 GIS 通过基于路网的可达性分析来获取的时间距离作为核心评判标准。

　　（1）区域综合实力评价

　　基于科学性、全面性、可操作性和数据可获得性等原则，从经济发展、基础设施和人民生活三个方面，选取 19 个指标因子构建了综合实力评价指标体系（表 9-1），并采用主成分分析法，加权求和得到冀中南各县市区的综合实力（图 9-3、图 9-4，见书后彩色图版）。

表 9 - 1　研究区区域综合实力评价指标体系

指标分类	指标
经济发展	城镇化率、GDP、人均 GDP、GDP 增长率、第三产业增加值比重、地方一般预算收入、人均财政收入、人均社会消费品零售额、人均外商直接投资额、人均社会固定资产投资额
基础设施	每万人医生数、燃气普及率、每万人拥有公交车数量、人均公园绿地面积、建成区绿化覆盖率、交通发展潜力
人民生活	农民人均纯收入、在岗职工人均收入

图 9 - 3　研究区各县市综合实力 3D 分析图

　　研究区综合实力与空间发展潜力均呈首位分布,石家庄、邯郸、邢台、衡水等地级市综合发展实力远超其他一般县城,县域综合实力整体较弱,基本处于低水平均衡状态;位于重要交通走廊沿线的县综合实力与空间发展潜力较强,点轴发展模式明显,最重要的发展轴线为石邯发展轴线,由石家庄、邯郸、邢台 3 个重要的发展动力中心带动,其次为石衡发展轴线,由石家庄和衡水两个发展中心带动。另外,石济(石家庄-济南)发展轴线也已初步显现,但石家庄目前在这一轴线的带动作用尚显不足,与石邯、石衡轴线相比较弱。综上所述,冀中南经济空间格局仍呈现高首位度、高集聚度的总体发展态势,未来的发展过程中,集聚发展、壮大核心城市仍然是区域发展的核心主题。

　　(2)区域经济增长极核择定

　　根据综合实力评价结果,结合近年来建设用地的增长情况,并充分考虑区域发展政策方面的重要影响,选取石家庄主城,正定、鹿泉、藁城、栾城建成区,邯郸建成区,冀南新区,邢台建成区,衡水建成区,各县城建成区作为未来区域经济增长的极核。由于增长极的强弱会直接影响到周边用地的发展潜力,因此根据综合实力评价结果和未来区域发展政策,综合确定了每一个增长极的"功率"大小。一级增长极:石家庄主城区(100)、邯郸主城区(80),为未来区域发展的核心动力源;二级增长极:邢台建成区(60),衡水建成区

（60），正定、鹿泉、藁城、栾城建成区（60），冀南新区（60），为区域未来的战略性新兴动力源；三级增长极：综合实力值高于30的县城（30），为县域经济发展的动力源；四级增长极：其他县城（10），为县域经济社会发展的生活服务中心。

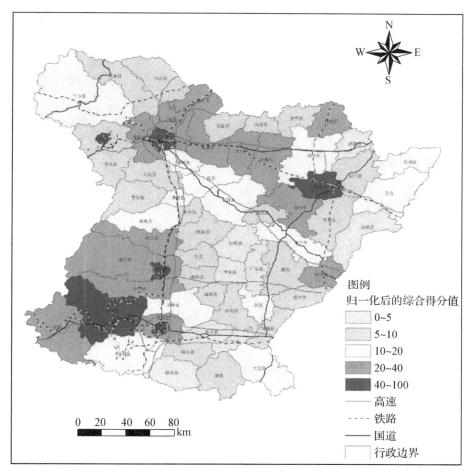

图例

归一化后的综合得分值

0~5
5~10
10~20
20~40
40~100
高速
铁路
国道
行政边界

0　20　40　60　80 km

图9-4　研究区各县市发展潜力

（3）区域交通可达性分析

距离发展核心的空间可达性水平是衡量区域空间发展潜力的重要标准，研究采用 ArcGIS 空间分析中的费用加权距离方法（Cost Distance），综合考虑了规划区内铁路、高速、国道、省道、河流以及地形坡度等因子，进行不同等级增长极的空间可达性计算（图9-5，见书后彩色图版）。

规划区内主要城市交通可达性多数在两小时左右，交通较为便捷。石家庄、邯郸、邢台、衡水四市的综合交通可达性均在2 h以内，交通可达性水平总体上较优；邯邢两城市之间可达性更为便捷，交通可达性约在30 min左右；石家庄主城与正定、鹿泉、藁城、栾城之间，邯郸主城与冀南新区之间，邢台主城与南和、任县、沙河、内丘、皇寺等县城之间，衡水主城与冀州之间均在30 min可达范围内。

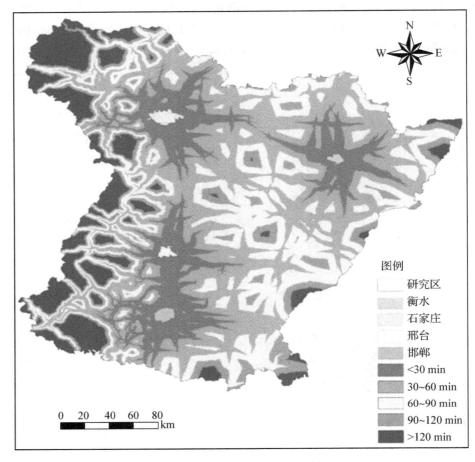

图9-5　研究区四市交通可达性图

（4）用地发展潜力评价

基于以上分析,构建空间某一栅格单元发展潜力的计算公式:$P_i = I_i / \ln(A_i^2)$。其中,P_i为空间中某县市的发展潜力;I_i为某县市的社会经济综合实力标准化值;A_i为某县市的空间可达性水平。将各县市获取的发展潜力图按照取最大值的原则进行空间栅格叠加,得到规划区总体的发展潜力分析结果,并根据自然断裂点方法将其分为5类(图9-6,见书后彩色图版)。

9.3.3　冀中南区域用地发展阻力综合评价

生态环境敏感性分析是对一个地区发展主要限制性条件的基本判断和空间分布的定量评价。通过对规划研究区关键生态资源的识别,结合数据可获得性与可操作性,选用植被、水域、水源地、地形、农田、自然灾害、建设用地7大要素作为用地阻力分析的主要影响因子,并在此基础上按敏感性程度划分为5个等级,相应的分别赋值为9、7、5、3、1(表9-2)。

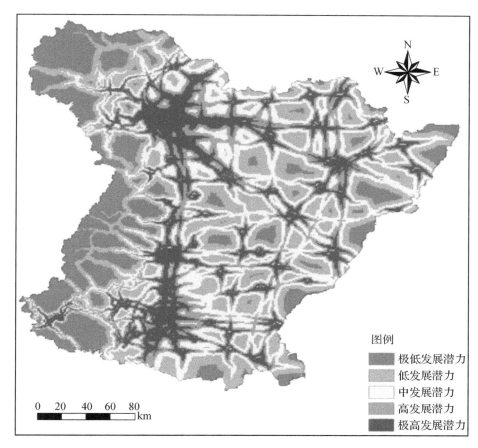

图 9-6 研究区总体发展潜力分析图

表 9-2 阻力因子及其影响范围所赋属性值

阻力因子	分类	分级赋值
植被	自然保护区、森林公园、风景名胜区	9
	缓冲区 200 m	7
	林地(NVDI>0.49)	9
	林地(NVDI<0.49)	7
水域	大中型水库 缓冲区 300 m	9 7
	其他(小型)水库、水面 缓冲区 200 m	7 5
	主要河流水系 缓冲区 100 m	9 7
	引水干渠及 100 m 缓冲区	9
	引水支渠及 50 m 缓冲区	7

续表

阻力因子		分类	分级赋值
地形	坡度	＞25%	9
		15%～25%	7
		10%～15%	5
		5%～10%	3
		0～5%	1
	地形起伏度	＜15 m	1
		15～30 m	3
		30～60 m	5
		60～100 m	7
		＞100 m	9
农田			5
水源地		重要水源保护区	9
		水源涵养区	7
		水土保持区	7
自然灾害		矿产资源采空区、塌陷区	7
		滑坡、泥石流等各类高易发区	7
		滑坡、泥石流等各类中易发区	5
		断裂带、沉降点 1 000 m 缓冲区	7
		滞洪区、泄洪区等	7
建设用地			1

首先,基于 GIS 空间分析对各个因子进行单因子生态环境敏感性分析。然后,通过 GIS 空间叠置分析,把植被、地形、农田、水域、水源地、自然灾害 6 个因子按照"取大"原则进行镶嵌叠合。最后,采用"取小"原则将叠合结果与建设用地因子进行镶嵌叠合,得到总的生态环境敏感性分析结果(图 9-7,见书后彩色图版),并将其作为规划研究区的总体发展阻力。

由分析结果可见,规划研究区的生态约束总体上呈西高东低的分布格局,极高敏感性和高敏感性区域主要分布在西部山地丘陵地区,中敏感性主要分布在东部平原地区,而低敏感性和非敏感性区域主要分布在现有建设用地及其周边,空间分布相对较为分散,发展阻力较大的用地类型为林地、农田与水域。

9.3.4　研究区建设用地适宜性多情景评价

运用情景分析方法,根据发展理念的差异,确定了三种不同的发展情景(高、中、低生态安全格局),并据此构建不同情景下的相互作用判别矩阵,通过 GIS 空间分析得到三种情景下的用地适宜性方案,为规划研究区用地空间布局提供重要的规划参考。

空间上某一地块未来发展成为建设用地的关键因素取决于该地块发展的潜力(拉力、社会经济收益)与发展约束条件(阻力、生态环境损失)的综合影响。融入区域发展理念与价值取向的判别矩阵为评判潜力、约束综合影响、进行多情景方案分析提供了非常简单有效的途径。该方法不同于普遍采用的适宜性因子权重叠加法,而是从更加科学、全面的角度,将社会经济、生态环境因素有机地融合,较科学地揭示了用地空间增长的动力机制和空间特征。

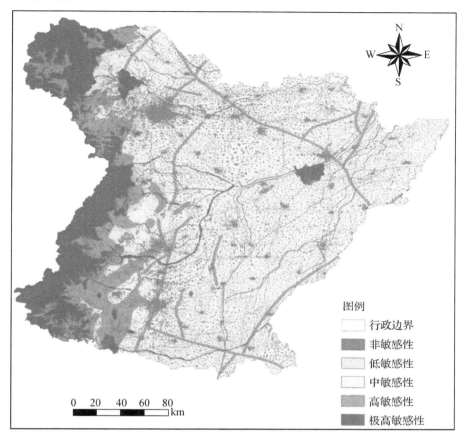

图 9-7　研究区总体生态环境敏感性(发展阻力)分析图

（1）情景 1：生态优先,兼顾发展——高生态安全格局

高生态安全格局以生态优先、兼顾发展的理念为指导,认为生态敏感性等级对规划区未来用地适宜性具有重要影响。规划区高适宜性成长空间主要为极高和高发展潜力与极低和低生态敏感性叠合的区域,而中适宜性主要为高发展潜力而中生态敏感性的区域,以及中发展潜力而极低和低生态敏感性的区域;而用地适宜性低的区域主要为高敏感性的区域和低敏感低发展潜力的区域。

表 9-3　高生态安全格局下的规划区用地适宜性分析判别矩阵

高生态安全格局	极低生态敏感性	低生态敏感性	中生态敏感性	高生态敏感性	极高生态敏感性
极低发展潜力	3	1	1	1	1
低发展潜力	3	3	1	1	1
中发展潜力	5	3	3	3	1
高发展潜力	7	7	3	3	1
极高发展潜力	9	9	5	3	1

注:9、7、5、3、1 分别代表极高适宜性、高适宜性、中适宜性、低适宜性和极低适宜性。下表同。

　　该情景下的判别矩阵凸显生态敏感性的地位和作用,充分考虑了生态环境的约束,属于高生态安全格局下的城市用地适宜性方案。分析结果显示,适宜性低的用地空间(极低适宜性和低适宜性)相对较大(超过80%),适宜性高的用地空间(极高发展潜力区与高发展潜力区)相对较小(不足9%),总面积约为4 200 km²,基本能够满足未来发展的用地需求,且用地空间相对紧凑、集约,利于生态保护(表9-4、图9-8,见书后彩色图版)。

表9-4　研究区高生态安全格局下用地适宜性分类统计表

适宜性等级	面积(km²)	百分比(%)
极低适宜性	20 535.09	43.31
低适宜性	17 911.02	37.78
中适宜性	4 765.47	10.05
高适宜性	1 457.55	3.07
极高适宜性	2 740.03	5.78

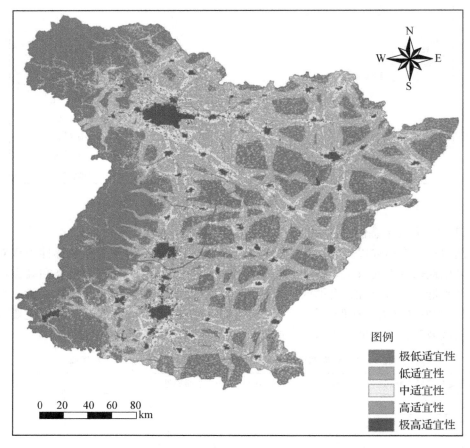

图9-8　研究区高生态安全格局下用地适宜性分析图

　　(2) 情景2:发展为主、生态底线——低生态安全格局

　　低生态安全格局以发展为主、生态底线的理念为指导,认为发展潜力等级对规划区

未来用地适宜性具有重要影响,而生态往往是作为发展的底线加以控制与保护。规划区高适宜性成长空间主要为中发展潜力以上的区域与敏感性等级中以下的区域;而用地适宜性低的区域主要为高敏感性的区域。

表9-5　低生态安全格局下的规划区用地适宜性分析判别矩阵

低生态安全格局	极低生态敏感性	低生态敏感性	中生态敏感性	高生态敏感性	极高生态敏感性
极低发展潜力	3	3	1	1	1
低发展潜力	3	3	3	1	1
中发展潜力	7	7	5	3	1
高发展潜力	9	9	7	3	1
极高发展潜力	9	9	9	5	1

该情景下判别矩阵凸显发展潜力的地位和作用,生态敏感性仅作为限制性因子,起划清生态底线的作用,属于低生态安全格局下的城市用地适宜性方案。分析结果显示,适宜性低的用地空间相对较小(约为50%),适宜性高的用地空间相对较大(接近30%),总面积约14 000 km²,城镇未来发展空间较大,用地很不集约,蔓延式、粘连式发展明显(表9-6、图9-9,见书后彩色图版)。

表9-6　研究区低生态安全格局下用地适宜性分类统计表

适宜性等级	面积(km²)	百分比(%)
极低适宜性	13 270.26	27.99
低适宜性	11 274.83	23.78
中适宜性	8 664.10	18.28
高适宜性	5 235.37	11.04
极高适宜性	8 964.58	18.91

(3) 情景3:生态与经济发展并重——中生态安全格局

中生态安全格局以社会经济发展与生态环境并重的发展理念为指导,认为发展潜力等级与生态敏感性等级均对规划区未来用地适宜性具有重要影响。规划区高适宜性成长空间主要为中发展潜力以上的区域且敏感性等级中以下的区域;用地适宜性低的区域主要为低发展潜力和高敏感性的区域。

表9-7　中生态安全格局下的规划区用地适宜性分析判别矩阵

中生态安全格局	极低生态敏感性	低生态敏感性	中生态敏感性	高生态敏感性	极高生态敏感性
极低发展潜力	3	3	1	1	1
低发展潜力	3	3	3	1	1
中发展潜力	5	5	3	3	1
高发展潜力	9	7	5	3	1
极高发展潜力	9	9	7	3	1

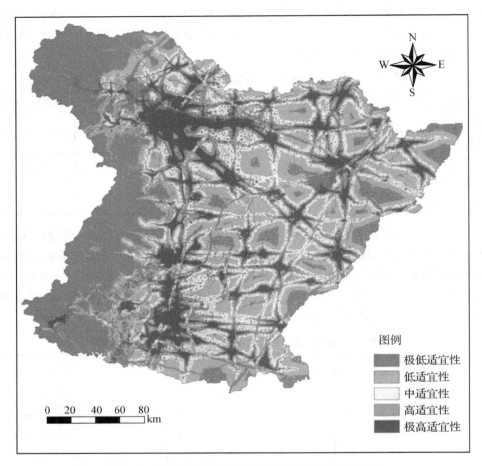

图 9-9　研究区低生态安全格局下用地适宜性分析图

　　该情景下判别矩阵凸显发展潜力与生态敏感性的高水平融合,属于中生态安全格局下的城市用地适宜性方案,为推荐作为用地规划依据的方案。分析结果显示,适宜性低的用地空间相对较小(约为 70%),适宜性高的用地空间相对较大(约为 18%),能够满足未来城镇发展的空间需求,建设用地相对集聚集约,符合紧凑城市建设要求,且利于生态保护(表 9-8、图 9-10,见书后彩色图版)。

表 9-8　冀中南区域中生态安全格局下用地适宜性分类统计表

适宜性等级	面积(km²)	百分比(%)
极低适宜性	13 314.99	28.09
低适宜性	20 136.83	42.47
中适宜性	5 264.70	11.10
高适宜性	5 148.69	10.86
极高适宜性	3 543.93	7.48

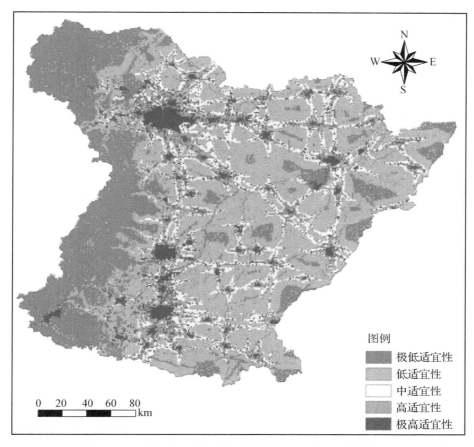

图 9 - 10　冀中南区域中生态安全格局下用地适宜性分析图

9.4　本章小结

　　城市建设用地适宜性评价是城市和区域规划中确定用地布局、制定空间发展和管制政策的重要基础和依据。本章简要分析了城市建设用地适宜性评价走向综合化、精细化、定量化的研究发展趋势,总结出以多因素加权评价分析、潜力—阻力评价模型和模糊综合评价分析三种模型与方法为核心的技术流程,并对其中的主要方法进行了介绍。

　　本章以冀中南区域为研究区,基于潜力—阻力评价模型并与多情景分析方法相结合,采用区域综合实力与空间可达性分析方法和生态环境敏感性方法对研究区发展潜力和阻力分别进行了分析与评价,最终得到不同发展理念下的建设用地适宜性评价结果。研究结果表明,研究区综合实力与发展潜力很不均衡,极化现象明显;生态环境敏感性总体上呈西高东低的分布格局;适宜性分析结果表明,研究区重要的战略性成长空间主要分布在石家庄及其外围 4 县组成的石家庄都市圈区域,并有可能向东连接晋州、辛集,甚至延伸到衡水(石衡发展轴)、邯邢城市集聚发展区等;情景分析结果表明,区域经济发展理念对区域生态安全格局和城市建设用地增长空间规模具有重要影响。基于潜力-约束模型的城市用地适宜性多情景评价方法能够较科学地刻画研究区未来用地的发展趋势和空间布局,为城市与区域规划提供科学依据,是实现区域"精明增长"与"精明保护"的有效途径。

参考文献

[1] 温华特. 城市建设用地适宜性评价研究[D]. 浙江大学,2006.

[2] 樊杰. 我国主体功能区划的科学基础[J]. 地理学报,2007(4):339-350.

[3] 叶玉瑶,张虹鸥,李斌. 生态导向下的主体功能区划方法初探[J]. 地理科学进展,2008(1):39-45.

[4] 展安,宗跃光,徐建刚. 基于多因素评价 GIS 技术的建设适宜性分析——以长汀县中心城区为例[J]. 华中建筑,2008(3):84-88.

[5] 宗跃光,王蓉,汪成刚,等. 城市建设用地生态适宜性评价的潜力—限制性分析——以大连城市化区为例[J]. 地理研究,2007(6):1117-1126.

[6] 尹海伟,张琳琳,孔繁花,等. 基于层次分析和移动窗口方法的济南市建设用地适宜性评价[J]. 资源科学,2013(3):530-535.

[7] 王海鹰,张新长,康停军. 基于 GIS 的城市建设用地适宜性评价理论与应用[J]. 地理与地理信息科学,2009(1):14-17.

[8] 杨敏. 基于 GIS 和模糊评价法的土地生态适宜性分析[D]. 成都:西南交通大学,2004.

[9] Malczewski,J.,GIS-based land-use suitability analysis:A critical overview[J]. Progress in Planning,2004,62(1):3-65.

[10] 颜明. 城市规划中产业用地适宜性评价研究[D]. 成都:西南财经大学,2011.

[11] 钮心毅,宋小冬. 基于土地开发政策的城市用地适宜性评价[J]. 城市规划学刊,2007(2):57-61.

[12] 张东明,吕翠华. GIS 支持下的城市建设用地适宜性评价[J]. 测绘通报,2010(08):62-77.

[13] 王全,徐建刚,徐闻闻. 基于 GIS 的城市用地适宜性评价——以南京高淳新区为例[J]. 地球物理学进展,2005(3):877-880.

[14] 刘传明,李伯华,曾菊新. 湖北省主体功能区划方法探讨[J]. 地理与地理信息科学,2007(3):64-68.

[15] 刘瑜. 基于模糊综合评价法的城市土地集约利用评价研究[D]. 南京:南京师范大学,2008.

[16] 孙永亮,黄小琴. 基于模糊综合评判法的城市建设用地适宜性评价[J]. 工程与建设,2013(5):583-586.

[17] 梁艳平,刘兴权,刘越,等. 基于 GIS 的城市总体规划用地适宜性评价探讨[J]. 地质与勘探,2001(3):64-67.

[18] 焦利民,刘耀林. 土地适宜性评价的模糊神经网络模型[J]. 武汉大学学报(信息科学版),2004(6).

[19] 刘贵利. 城乡结合部建设用地适宜性评价初探[J]. 地理研究,2000(1):80-85.

［20］于声. 模糊评价法在区域工业用地适宜性评价中应用［D］. 北京：中国农业科学院，2007.

［21］丁庆，张杨，刘艳芳. 基于 RS 和 GIS 的武汉市工业用地生态适宜性评价［J］. 国土与自然资源研究，2011（5）：56-58.

［22］黄宇，罗智勇，杨武年. 基于 GIS 的城市居住适宜性评价研究［J］. 测绘科学，2008（1）：126-129，250.

［23］严亮. 基于 GIS 技术的城市用地适宜性评价［D］. 重庆：重庆大学，2004.

［24］Jankowski, P., Richard, L. Integration Of GIS-based Suitability Analysis and Multi-criteria Evaluation in a Spatial Decision Support System for Route Selection. Environment and Planning B［J］. 1994, 21(3), 326-339.

［25］Carver, S. J., Integrating multi-criteria evaluation with geo-graphical information systems. International Journal of Geographical Information System［J］. 1991, 5(3), 321-339.

［26］Malczewski, J. GIS and Multi-criteria Decision Analysis［M］. Wiley, New York, 1999.

［27］Thill, J. C., Multi-criteria Decision-making and Analysis: A Geographic Information Sciences Approach［M］. Ashgate, New York, 1999.

［28］尹海伟，孔繁花，罗震东，等. 基于潜力-约束模型的冀中南区域建设用地适宜性评价［J］. 应用生态学报，2013（8）：2274-2280.

［29］徐慧玲，高尚德. 模糊数学方法在乡镇企业用地评价中的应用［J］. 经济地理，1992（3）：54-58.

［30］Burrough, P. A., McDonnell, R. A. Principles of Geographical Information Systems, Oxford University Press［M］. Oxford, 1998.

［31］Batty, M., Xie, Y., Sun, Z. Modeling urban dynamics through GIS-based cellular automata. Computers, Environment and Urban Systems［J］. 1999, 23, 205-233.

［32］Zhou, J., Civco, D. L. Using genetic learning neural networks for spatial decision making in GIS. Photogrammetric Engineering and Remote Sensing［J］. 1996, 11, 1287-1295.

［33］Krzanowski, R., Raper, J. Spatial evolutionary modeling Oxford University Press［M］. Oxford, 2001.

10 城市建设用地空间扩展模拟

10.1 城市建设用地空间扩展分析方法概述

10.1.1 城市建设用地空间扩展分析的意义

据联合国 2011 年《世界城市化前景(World Urbanization Prospects)》研究报告,2011 年全球已有 51.43% 的人口居住在城市,到 2050 年将达到 67.74%,城市人口将新增 26 亿人,且绝大多数增长来自发展中国家(United Nations,2011)。中国作为世界上最大的发展中国家,自 1978 年改革开放以来,经历了快速的城镇化进程,城镇化率由 1978 年的 17.92% 上升为 2012 年的 52.6%,城市建设用地面积也由 1978 年的 6 720 km² 增长为 2010 年的 39 758 km²(中国城市年鉴,2012)。快速城镇化带来的城市建设用地空间快速扩展以及自然空间大幅缩减已经成为现在乃至将来一段时期中国土地利用变化的主要特征,必将导致自然生态空间向城市空间的快速转换,造成城市建设用地的盲目扩展、耕地资源被大量占用以及景观生态系统的日益破碎化,给中国的资源与环境带来前所未有的巨大压力与挑战,对区域生态安全与可持续发展必将产生深远影响。

在未来很长一段时间内,城镇化仍将是我国提升空间品质、实现经济稳健发展的重要推动力。然而,不同于计划经济时代不切合于特定地域空间实际的指派式思维与改革开放初期城市建设空间对生态及农业空间无序而粗暴的倾轧,注重社会、空间、经济各因素合理共生的新型城镇化成为了城乡空间转换与重塑的必由之路。在新型城镇化进程中,空间资源的合理调配对区域生态安全与可持续发展起着至关重要的作用。因而,在我国城镇化的关键时期,科学预测快速城镇化背景下的土地利用时空演变过程,动态揭示不同情景条件下的土地利用变化趋势,对制定合理的土地利用优化决策,引导城市与区域空间合理布局和人与环境关系和谐发展具有重要意义。

10.1.2 城市建设用地空间扩展相关研究简评

20 世纪 80 年代以来,土地利用/覆被变化(LUCC)成为全球关注的热点问题,其中城市建设用地增长是 LUCC 研究的重要内容。进入 21 世纪城市建设用地增长及其土地利用变化依然是学术界关注的焦点和全球变化研究的热点问题之一。土地利用动态变化模型能够分析预测土地利用动态变化过程,更好地理解和解释土地利用动态变化的原因,帮助城市土地管理者分析不同情景下土地利用的变化特征及其影响,为制定切实有效的土地开发利用政策提供科学支撑(Xiang et al.,2003;Barredo et al.,2003;He et al.,2008)。

为了更好地理解和模拟城市空间增长,曾出现过大量的城市增长模拟模型,早期的研究多基于重力模型(相互作用模型)和数学微分方程构成的动态模型(如城市系统动力学模型 Urban Dynamics),但这些模型很快就被基于复杂适应理论的微观系统动力学模型例如元胞自动机模型(Cellular Automaton,CA)所取代(Berling-Wolff and Wu,2004)。CA 模型具有开放性、灵活性、并行性、非线性、自适应性和简化复杂地理过程等多重特征和功能,因而在该领域具备更为广阔的应用空间和发展优势。近些年来,基于 CA 的城市增长模型已经成为城市过程模拟最流行的方法(José et al.,2003)。

CA 最早是由 S. Ulan 和 J. von Neumann 于 20 世纪 40 年代提出的。1979 年,Tobler 以美国底特律市为例,首次将元胞自动机原理应用于地理建模,验证了 CA 在城市演变研究中的可行性,认为类似元胞自动机地理模型的采用是分析模拟地理动态现象的一次方法革命(Tobler,1979)。1984 年,Wolfram 首次将复杂的自然现象用元胞自动机进行概念表达,为元胞自动机的理论研究奠定了扎实的基础(Wolfram,1984)。随着元胞自动机理论研究的不断深入以及计算机性能的不断发展,1990 年代以来,将元胞自动机与实际地面观测的栅格数据相结合,以模拟真实城市发展变化的研究相继出现。Batty 和 Xie 从生物学的 CA 中得到启发,将城市划分为若干大小相同并具有生命体征的元胞,通过定义元胞的繁殖、成熟以及死亡等行为,构建了 DUEM 模型,并以 Buffalo 市为例,对土地利用变化进行了动态模拟,使其成为首个模拟城市扩展的城市 CA 模型(Batty and Xie,1994)。

随着城市元胞自动机理论研究的不断深入,利用元胞自动机理论来模拟城市扩张过程的研究大量涌现(Santé et al.,2010)。按照 CA 的核心即转换规则,可以大致将城市元胞模型分为 4 大类。第一类是严格基于转换规则的城市 CA,在这类模型中,元胞的演化规则是严格按照规范的转换规则(orthodox transition rules)进行(例如:Ward et al.,2000;Jenerette and Wu,2001)。第二类是利用土地利用转换概率作为元胞演化规则的城市 CA,该模型由 White 和 Engelen 于 1997 年首次提出,在该类模型中,需要依据土地利用/覆盖变化驱动因素计算出元胞转换为特定土地利用类型的可能性,并考虑周边邻居元胞对其影响,即元胞状态不仅与自身以及周边元胞状态密切相关,还与影响元胞状态的其他驱动力因素有关,增加了模型的可信度(例如:White andEngelen,1997;Barredo et al.,2003;He,2008)。然而,土地利用/覆盖变化是多因素共同作用的结果,不仅受到土壤、环境等自然因素的影响,在很大程度上,还与人类活动、经济发展以及政府决策密切相关,因素间复杂的相互作用是简单线性或回归等统计方法所不能表征的。在此背景下,基于人工智能算法建立元胞演化规则的第三类城市 CA 应运而生,例如人工神经网络、遗传算法等,能够表达复杂的非线性系统,可以确定影响城市扩展的自然、社会、经济、生态环境等因子之间的权重关系,进而制定元胞演化规则(例如:黎夏和叶嘉安,1999,2002;Liu et al.,2008)。第四类是基于模糊理论建立元胞演化规则的城市 CA(例如:Wu,1996;Al-kheder et al.,2008),可以对现实城市系统发展变化过程中的一些不确定现象或行为进行表述。例如,在农田转换为建设用地的过程中,往往出现土地闲置阶段。严格意义上讲,闲置阶段的土地利用方式,既不属于农田,也很难将其划分为工业用地。而模糊理论,可以对这类问题进行表述。

　　近年来,将 CA 模型与其他模型相结合成为新的研究趋势。例如,Clarke 等将 CA 与土地利用变化模型结合,建立了与 GIS 松散集成的 SLEUTH 模型,模拟和预测了美国加利福尼亚州旧金山湾地区和美国东部华盛顿、巴尔的摩等城市的增长(Clarke et al.,1997,1998)。该模型现已成为最经典的城市 CA 模型之一,已被广泛应用于北美(Clarke et al.,1997;Herold et al.,2003;Claire et al.,2010)和欧洲(Silva and Clarke,2002)的城市增长模拟,近年来在中国许多城市的增长模拟中也被广泛采用(例如,刘勇等,2008;李明杰等,2010;吴巍等,2011;何丹等,2011;崔福全等,2012)。大量研究结果表明,通过利用历史数据进行反复校正,该模型模拟结果与实际城市发展基本吻合;更为重要的是,该模型连续十年来一直在不断地扩展与完善,在模拟城市增长方面显示了强大的生命力。

10.1.3　城市建设用地空间扩展测度方法简介

　　1) 元胞自动机(CA)模型简介

　　元胞自动机(Cellular Automaton,CA)模型是基于城市用地空间微观主体作用的自下而上空间扩展模型。它将用地定义为一个由具有离散、有限状态的元胞组成的元胞空间,在一定空间作用规则的基础上,依据元胞自身的演变及相互之间的作用规则自下而上地模拟城市建设空间的扩展过程。通过对模型参数的调整,可以将宏观的社会、经济环境与空间扩展过程进行动态耦合,从而在时间和空间维度上都能较为合理地实现对城市空间扩展规律的归纳和扩展过程的重演,进而实现对城市空间未来发展状态的模拟。CA 模型因具有灵活性、开放性、非线性、自适应性等多重特征和功能,能够通过简单的局部转换规则来模拟复杂的城市空间格局变化,且与遥感数据与 GIS 联系紧密,成为最具影响力的城市增长模型(Clarke et al.,1997,1998;Silva et al.,2002;José et al.,2003;Berling-Wolff et al.,2004;黎夏等,2007)。自 1980 年代以来,CA 模型已被广泛用来模拟城市增长过程和土地利用变化过程(Clarke et al.,1997,1998;Liu et al.,2008;Al-shalabi et al.,2012;Akın et al.,2014)。

　　通常一个 CA 系统包括 4 个要素:单元、状态、邻近范围和转换规则,而 CA 模型主要是依据邻近范围的状态来决定中心单元状态的转换,最普通的 CA 模型可以简单地表达如下:

$$S^{t+1} = f(S^t, N)$$

式中:S 是状态,N 是邻近范围,f 是转换函数,t 是时间(黎夏、叶嘉安,1999)。

　　在 CA 模型中,一个元胞在某一特定的时刻只会具有取自特定有限状态集合的一种状态,其可以代表某一个体的性质以及行为等特征,例如在对城市空间进行模拟时,某一元胞在特定时刻会具有已城镇化、未城镇化中的一种特性。正是由于这一设定,在模型的实际运用中,其既可表征社会中不同个体的状态、行为倾向,也可代表不同用地空间的性质,便于在社会学、地理学以及城市规划等相关领域进行运用。由具有不同状态的元胞共同组成完整的元胞空间,在对城市空间演化进行模拟时,元胞空间代表了研究对象的整体空间范围。

在空间上与某一元胞相邻的像元为其邻元,所有的邻元组成该元胞的领域。对于某一元胞而言,主要有两种邻域形式,其一,von Neumann 型,限定每个元胞仅和与其最邻近的 4 个元胞发生相互作用,即其领域由上、下、左、右 4 个邻元构成;其二,Moore 型,除包含距离元胞最近的 4 个邻元外,还包括另外 4 个对角的邻元,即某一元胞的邻域包括 8 个邻元。在这两种领域形式的基础上,结合实际研究需求,逐渐出现了扩展的 Moore 型邻域等延伸邻域形式。

元胞在某一时刻具有的特定状态决定了这一时刻研究对象的整体状态,而其在下一时刻的状态则决定了研究对象的转变趋势,其状态的转换由一系列的转换规则所控制。在模型的运行过程中,每一个元胞及其邻域会被纳入特定的函数进行运算,其运算结果一方面与元胞当时所处状态相关,另一方面也会受其邻域的特性所影响,通过对这一过程的模拟,元胞空间将发生整体状态的变化。例如,在运用 CA 模型对城市空间拓展进行模拟时,不同元胞会因自身是否已城镇化、周边区域被城镇化的概率、交通线路的影响、地形的阻碍而在下一时刻发生变化。由一系列函数所构成的邻域转换规则决定了 CA 模型对研究对象的模拟效果,也是相关研究是否能够达到要求的关键所在。

2) SLEUTH 模型简介

在 CA 模型中最经典的当数 Clarke 等(1997)开发的 SLEUTH 模型,该模型融合了城市增长模型与土地覆盖模型两种模型,能够成功模拟真实城市的空间扩展过程(Clarke et al.,1997,1998;Silva et al.,2002)。SLEUTH 是 6 个输入数据图层的首字母缩写(坡度 Slope,土地利用 Land use,排除图层 Exclusion layer,城市范围 Urban extent,交通 Transportation,山体阴影 Hillshade)。在该模型中,地理元胞对邻域没有任何约束条件,通过基于交通、地形和城市化的约束条件计算每个元胞单元的发展可能性,把已城市化的元胞作为种子点,通过其扩散带动整个区域的发展,来模拟城市发展轨迹(Jantz et al.,2004;黎夏等,2007;Claire et al.,2010;Onsted et al.,2014)。该模型可以结合大型空间数据库和各种分辨率的遥感数据,在十年到百年、中观到宏观的时空尺度上模拟预测城市土地利用的变化,已被广泛应用于城市增长模拟及长期预测研究(Clarke et al.,1997;Silva et al.,2002;Herold et al.,2003;Claire et al.,2010;Vermeiren et al.,2012)。

SLEUTH 模型假设历史增长趋势是连续的,并且未来的城市扩展过程可以由过去的演化趋势来模拟与预测。在 SLEUTH 模型中,每个元胞只有转变为城镇和非城镇两种可能,元胞状态的变化由相邻元胞状态来决定,主要受扩散系数(Dispersion Coefficient,用于自发增长,控制被随机选择并被城镇化的像元数,用于道路影响增长,控制沿着道路随机移动的像元数)、繁殖系数(Breed Coefficient,用于自发增长,决定一个自发增长形成的新城镇化像元变成新的扩展中心的可能性,用于道路影响增长,决定一个元胞在道路上移动的次数)、传播系数(Spread Coefficient,用于边界增长,决定一个扩散中心周围任一像元变成另外一个城镇像元的可能性)、坡度系数(Slope Coefficient,在坡度层面决定像元被城镇化的可能性)、道路引力系数(Road Gravity Coefficient,在道路影响增长过程中,决定一定图像位数的比例,进而决定一个被选像元的最大搜索距离)5个增长系数之间的相互作用来进行控制,能够产生城市土地利用4种增长类型:自发式增长(Spontaneous Growth,决定了栅格中每一个非城镇元胞变为城镇元胞的概率与规则)、边缘增长(Edge Growth,城镇化由城市增长中心向外增长的规则)、道路引力增长(Road-Influenced Growth,控制路边产生的城市扩展中心沿着交通线模拟新增长的趋势)和新中心增长(New Spreading Center Growth,决定了城镇元胞成为新的城市扩展中心的概率)(Clarke et al.,1998;Claire et al.,2010)。另外,城市增长还受到模型排除图层的影响,排除图层由用户根据需要定义,给出指定区域是否全部或部分可用于城镇化的概率。排除图层非城镇化概率与5种增长系数共同作用,决定了任何给定地点被城镇化的可能概率(Clarke et al.,1997;Jantz et al.,2004)。

　　SLEUTH模型由3个功能各异而相互联系的模块构成(图10-1)。①测试模块(Test),主要功能在于测试相关数据在模型中能否正常进行运算。②校核模块(Calibrate),包括粗校准、精校准、最终校准三个步骤,主要功能在于经过一系列的蒙特卡洛(Monte Carlo)迭代运算,确定代表研究区城市空间扩展的规律与特征的一组参数,并由这些参数构建符合研究区历史演化规律以及不同情景所设定具体情况的各个城市空间扩展模型。这在整个模型运行过程中是步骤最为复杂的一个模块,其解决的是CA的核心问题,即如何定义转换规则和寻找模型的最佳参数,使模拟结果更接近真实城市状况(杨青生,2009),其迭代运算结果的准确度直接决定了模型模拟成功与否。③预测模块(Predict),主要通过排除图层中不同用地空间城镇化阻力值的调整,结合经过校核模块所形成的预测模型,代入基年数据以预测在不同情景下城市用地空间的扩展状况,从而为规划提供参考。

10.2　城市建设用地空间扩展分析框架

10.2.1　研究思路与框架

　　通过对基于元胞自动机模型的城市建设用地空间扩展模拟相关研究的总结与梳理,从城市与区域规划实践中的应用流程出发,提出了本章的总体思路与框架,可概括为:规划研究区模型输入图层数据准备—模型参数校准与精度评价—模型情景设置与模型模拟—模拟结果分析与评价—规划研究区未来空间发展政策制定(图10-2)。

　　在规划研究区模型输入图层数据准备过程中,通常需要收集规划研究区的遥感影像(例如TM/ETM)、数字高程模型(DEM)、城市规划资料等数据,并基于RS和GIS软件平台进行数据处理、数据库构建与模型数据图层制作。在模型情景设置与模型模拟过程中,需要结合研究区实际和未来发展政策,通过修改排除图层和调整模型参数,设置不同的预测情景,进而通过模型模拟不同情景下城市建设用地空间的扩展状况。

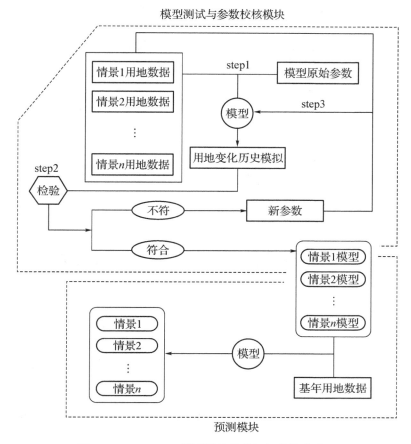

图 10－1　SLEUTH 模型模块及其运行的技术流程

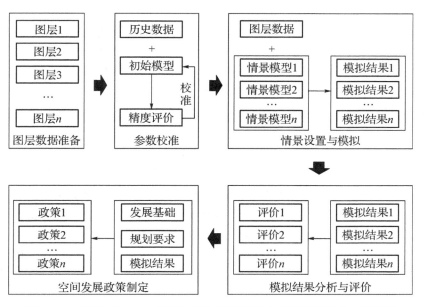

图 10－2　基于 SLEUTH 模型的城市建设用地空间扩展模拟研究框架图

10.2.2 方法与技术路线

基于 SLEUTH 模型的城市建设用地空间扩展模拟研究技术路线图见图 10-3。

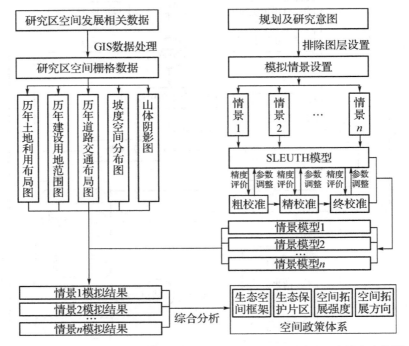

图 10-3　基于 SLEUTH 模型的城市建设用地空间扩展模拟研究技术路线图

10.3　案例应用解析

位于长江三角洲核心地带的昆山市,居于上海与苏州主城之间的区位使其既能作为上海外围第一圈层的重要组成部分接受来自这一中国产业与经济中心的辐射,又能作为区域性节点在整合自身及周边发展要素的同时与国际市场实现对接。其次,昆山作为苏南城市的典型代表,平坦的地形、丰沛的水资源以及便捷的交通使其无论在农耕社会还是工业时代都具有优良的本底资源,在历史发展过程中积蓄了较为深厚的基础并在近几十年内实现了较快速度的发展。

然而,在产业与经济发展的同时,城市空间的大规模扩张对生态空间产生了较为严重的侵占与挤压。作为以环境优美、景色宜人著称的江南城市,昆山面临着重新审视自身发展路径与合理保护不可复制的生态资源的迫切需求。《昆山市绿色生态空间规划与行动计划》便是在这一背景下的主动应对,其编制的目的在于对昆山市以生态用地为主体的绿色开敞空间进行系统分析,进而为市域未来空间发展模式提供指引。在进行规划成果编制的过程中,由于涉及城市建设空间与生态空间之间的相互冲突、转化以及在用地构成上数量与比例的增减,SLEUTH 模型作为一种重要的分析工具得以应用,很好地达到了规划研究的预期要求。

以昆山市域作为研究区,基于 1995 年、2000 年、2005 年、2010 年昆山市 LANDSAT

TM/ETM 遥感图像、DEM、城市规划收集的相关数据,利用 RS 和 GIS 进行模型输入图层的数据准备,并结合研究区未来发展情况设定了 3 种未来城市用地增长情景,分别对不同情景进行模型参数校准与模型精度评价,以获得每一种情景下的最优参数组合,然后进行规划研究区城市用地增长模拟,揭示不同发展情景下的城市空间扩展变化趋势。不仅为《昆山市绿色生态空间规划与行动计划》合理确定生态空间与城市增长边界提供重要的参考,同时对昆山市未来城市用地空间增长管理、城市规划和土地利用规划提供决策支持,对其他快速城镇化地区的土地利用变化研究也具有一定的参考价值。

10.3.1　模型输入图层数据准备

1) 数据获取与预处理

本研究中使用的数据主要为昆山市 1995 年、2000 年、2005 年、2010 年的 TM 数据(1~5,7 波段,分辨率 30 m,数据来源:中国科学院计算机网络信息中心的国际科学数据镜像网站),2012 年航空正射影像,数字高程模型(DEM),《昆山市城市总体规划(2009—2030)》等规划数据资料(CAD 格式)等。

首先,基于 ERDAS 软件平台,以航空正射影像为基准,对 TM 遥感影像进行几何校正(RMS 小于 1 个像元),校正函数选择二次多项式模型,地面控制点(GCP)均匀分布于图像,每个 GCP 的自检误差值小于 1,并将坐标系统一转换成 WGS_1984 坐标体系,投影均设定为 UTM。然后,分别进行 TM 遥感影像的融合,并根据研究区边界对影像进行裁剪。最后,以航拍图及土地利用现状图等为参照,采用监督分类(Supervised Classification)方法对其进行用地识别及影像解译,得到规划研究区不同时期的土地利用类型图(参见图 8-3,见书后彩色图版)。

基于 GIS 软件平台,将 DEM 数据进行镶嵌、裁剪得到研究区的 DEM 数据;通过数据格式的转换将规划过程中收集的规划数据(CAD 格式,主要为土地利用类型图、道路交通图等)转换为 Shapefile 数据格式,以便遥感数据解译、道路交通图层数据制作时方便提取与使用。基于 GIS 软件平台,以昆山现状交通图作为基础,结合配准的 TM 遥感影像,手动数字化得到了 1995 年、2000 年、2005 年、2010 年的道路交通矢量图。

2) 输入图层数据准备

根据本研究需要,SLEUTH 模型需要输入 5 个 GIF 格式的灰度栅格数据图层(城市范围 Urban、交通 Transportation、坡度 Slope、山体阴影 Hillshade 与排除图层 Exclusion layer),土地利用(Land use)图层用于土地利用类型转换,用以驱动土地覆盖模型,本研究只关注城市用地扩展,因而未输入 SLEUTH 模型。城市范围、交通、排除图层分别由 4 个时期的土地利用类型数据在 GIS 中生成。城市范围图是城镇与非城镇土地利用的二值图(图 10-4);交通图层不分道路等级(图 10-4);而排除图层则根据后面设置的不同发展情景分别进行定义。坡度与山体阴影图层由研究区 DEM 数据生成(图 10-4)。坡度采用百分比坡度,由于研究区地处平原地区,地形平缓,地形因素对城市用地扩展的影响作用不大,故将坡度图层均赋值为 1%。最后,所有数据均转换为模型需要的 GIF 格式栅格数据,栅格大小 30 m×30 m,且所有数据图层的范围保持一致。

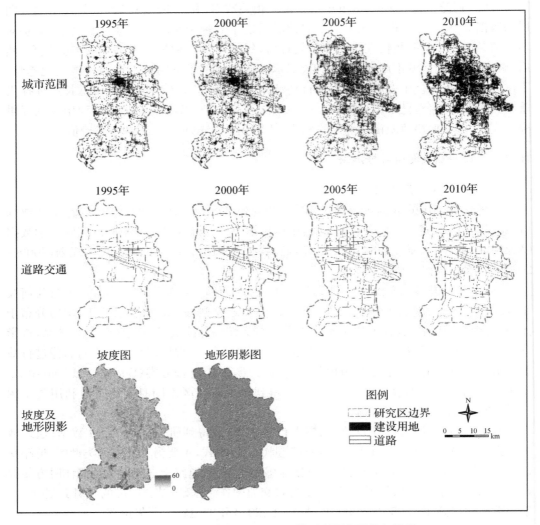

图 10 - 4　规划研究区 SLEUTH 模型所需主要输入数据

10.3.2　模型情景设置与模型校准

1）模型情景设置

SLEUTH 模型为政策制定者提供了探索不同政策下土地利用变化结果的预测环境，该模型主要通过修改校准过程中产生的最佳系数和调整排除图层两种途径来预设城市未来发展的不同情景（Jantz et al.，2004）。排除图层被认为是产生不同政策情景的有效工具，能够体现 SLEUTH 模型与 GIS、RS 整合的优势（Jantz et al.，2004；Rafiee et al.，2009）。本研究根据研究区实际，主要通过调整排除图层，并结合调整模型参数，预设了三种发展情景：现有发展趋势情景，生态敏感区保护情景和城市规划情景。

情景一：现有发展趋势情景。

按照昆山 1995—2010 年的历史发展模式进行趋势推演，只将研究区较大面积的水体、湿地定义为排除图层（图 10 - 5）。在该方案情景下农田和城市周边的林地可能会被继续侵占。

情景二：生态敏感区保护情景。

将研究区的生态环境高敏感性区域融入模型的排除图层中，从而对昆山市的水体、农田在内的重要生态空间进行识别与保护。在排除图层的设置过程中，将主要水体（面积较大的水域）不被城镇化的概率赋值为100%，将其200 m缓冲区赋值为80%，并将主要农田（成片且面积较大）赋值为60%，其他零散的水体和农田分别赋值为40%、20%（图10-5）。

情景三：城市规划情景。

以《昆山市城市总体规划2009—2030》中对2030年昆山市域空间的谋划为依据，对不同用地空间不被城镇化的概率进行分别赋值。在排除图层的设置过程中，以规划用地为数据源，其中，水体不被城镇化的概率赋值为100%，农田赋值为60%，绿地赋值为40%，建设用地赋值为0%（图10-5）。

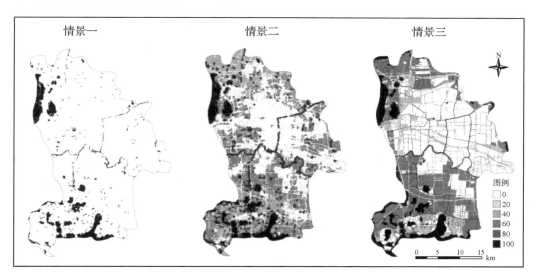

图10-5　不同情景下的排除图层

2）模型参数校准

模型校准的目的是获取一套增长的参数集（即5个模拟系数的值），从而对研究区的城市增长进行有效模拟。模型采用强制蒙特卡洛迭代计算法（Brute-force Monte Carlo method）进行参数的校准，参数校准分为粗校准（Coarse Calibration）、精校准（Fine Calibration）和终校准（Final Calibration）三个阶段进行，每个步骤得到的一套增长的参数集都用于下一个步骤的参数校准，并不断缩小各系数的取值范围。每次校准都包括多次蒙特卡洛实验，利用实验结果与真实数据进行对比，可以生成一系列统计量，用以评估模拟结果的精度，而最常使用的是Compare值（最后一年的模拟城镇像元数与实际像元数的比值）、r^2 population（模拟的城镇化像元数与校准年份实际城镇化像元数比值的最小二乘法回归相关系数值）和Lee-Sallee值（模拟的城镇面积与实际城镇面积两者的交集与并集的比值，再除以模拟的时间跨度，用于衡量模拟结果与实际情况的空间匹配程度）（Clarke et al.，1998；Silva et al.，2002；Jantz et al.，2004；Dietzel et al.，2007）。

　　本研究将研究区 1995 年的数据图层作为模型校准的初始图层,2000、2005、2010 年 3 个时期的数据图层作为校准图层,导入模型中进行参数校准。其中,排除图层根据设置的 3 种情景分别进行模型的校准。模型校准的粗校准阶段,5 个参数取值范围均设为 0~100,每步步长设为 25,数据重采样为 120 m×120 m,采用 5 次蒙特卡洛迭代;模型校准的精校准阶段,从粗校准的输出文件中利用 Compare、Lee-Sallee 两个指数来进行最佳参数组合选取,缩小 5 个系数的取值范围,产生 5 个新的系数区段,根据区段大小设置不同的每步步长,数据重采样为 60 m×60 m,采用 7 次蒙特卡洛迭代;模型校准的终校准阶段,利用精校准产生的系数范围,每步步长设为 2~4,采用 9 次蒙特卡洛迭代;模型校正最后阶段(Derive 阶段),根据两指数的组合值选取 5 个增长系数的最优组合,取步长为 1,采用 100 次蒙特卡洛迭代,并经模型自修改规则调整后生成 5 个系数的最终值(表 10-1)。

表 10-1　不同情景下的模型校准参数及其指数值

项目	散布系数	繁殖系数	扩展系数	道路重力系数	坡度系数	Compare 指数	Lee-Sallee 指数
情景一	8	100	28	70	1	0.989 3	0.367 5
情景二	37	3	45	74	1	0.996 7	0.393 4
情景三	100	1	53	7	1	0.905 4	0.383 9

10.3.3　三种情景下的模型模拟

　　使用 2010 年的城市范围、坡度、山体阴影、交通图层和 3 种情形下的排除图层,作为模型预测的初始化输入数据,并根据模型校准最终得到的不同情景下的最优参数组合,在预测模式下运行 100 次蒙特卡洛迭代运算,并将蒙特卡洛试验产生的年度城镇开发概率图上大于 50% 临界值的栅格作为高概率可城镇化用地,将低于 50% 临界值的栅格作为低概率可城镇化用地,而将排除图层中设定的 100% 不被城镇化的概率区域定义为不可城镇化用地,2010 年现状城市建设用地则为已城镇化用地,最终得到 2030 年 3 种不同发展情景下的研究区城市用地增长模拟结果(表 10-2、图 10-6,见书后彩色图版)。

表 10-2　不同情景下的 2030 年模拟用地分类面积及比重

项目	已城镇化用地		不可城镇化用地		高概率可城镇化用地		低概率可城镇化用地	
	面积(km²)	比重	面积(km²)	比重	面积(km²)	比重	面积(km²)	比重
情景一	359.77	37.90%	113.32	11.94%	285.55	30.08%	190.57	20.08%
情景二	359.77	37.90%	196.91	20.75%	230.15	24.24%	162.37	17.11%
情景三	359.77	37.90%	200.67	21.14%	254.62	26.82%	134.15	14.13%

10.3.4　模型结果分析与评价

　　(1) 情景一:城市空间在原有基础上持续扩张,生态空间面临严重挤压。

　　从数量上看(表 10-2),昆山 2030 年不可城镇化用地面积仅占市域用地面积的 11.94%。与 2010 年实际情况相比,原有生态空间大多具有转变为城镇化用地的明显倾向,其中到 2030 年的高概率可城镇化用地占昆山市域面积的 30.08%。从空间上看(图

10-6),除阳澄湖、傀儡湖、淀山湖等面积较大的湖区能够得以保留之外,昆山市域范围内原有的生态用地大多都具有成为城镇化用地的较高可能性。其中,中部地区城镇化的连绵扩张态势比较明显,按照这一发展趋势,在这一范围内,除吴淞江周边地区外,几乎都将成为一个完整的城镇化区域。与此同时,在昆山生态保育以及传统水乡风貌保持的整体格局中扮演重要作用的北部片区及南部片区的生态空间同样面临较为严重的挤压,原有的湖荡、湿地空间格局难以保留与延续。

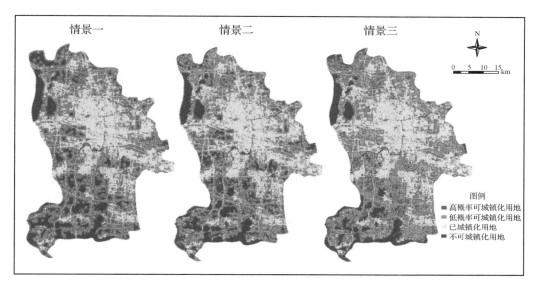

图 10-6 2030 年 3 种情景下的昆山市域城市范围模拟结果图

综上所述,如果昆山延续既有的城市用地增长模式而不作调整与约束,则其生态空间一方面将面临被城市空间挤压、转化的巨大风险;另一方面则会受到由城市空间逐渐连片发展而对生态空间产生的切割与碎化,而其市域生态空间的整体格局也将就此瓦解。这不仅对昆山的生态系统是一种极为严重的后果,更会对其所在更大尺度范围内的生态空间整体格局造成非常不利的、不可逆转的影响。要实现可持续发展并为市域空间格局的优化留有足够发展空间,昆山的发展路径必须进行合理转向。

（2）情景二:生态空间有所保留,但仍存碎化倾向。

在情景二中,主要着眼点在于依照 2010 年昆山各类生态空间的实际情况对其进行有针对性的保护。从模型模拟的结果来看,在此情景中不可城镇化的用地面积与情景一相比有了大幅度提高,其在昆山市域范围内所占比重达 20.75%,而其余生态空间中高概率可城镇化用地所占比重则仅为 24.24%。从空间格局来看,一方面除阳澄湖、淀山湖等重要水体及其周边生态空间得以较好地保留了其原有格局之外,在昆山西部与苏州相接地区以及东部与上海相接地区的生态空间也受到了有效的保护,为城市之间生态屏障的构筑提供了一定支撑。但另一方面,就局部地区而言,城市用地在一定程度上显现出了自发生长并逐渐破坏生态空间的连续性与完整性的现象,对一些生态及景观廊道的形成与保留非常不利。

与情景一相比而言,依照 2010 年昆山生态空间格局对既有生态空间进行分类保护能够为昆山市域的生态空间整体格局产生较为明显的保护效果,但需要明确的是,目前昆山的生态系统已经面临着较为严峻的挑战,仅仅在现有基础上进行保护并不能使其实现真正的格局优化,而在未来城市空间高速扩张趋势依旧存在的情况下,局部地区的生态空间将不可避免地因受其占用而发生恶化。

(3)情景三:空间集约利用趋向明显,但原有生态格局难以保持。

模型的模拟结果与《昆山市城市总体规划 2009—2030》中所规划的空间格局大体一致,城市的发展主要集中在由玉山、开发区、花桥为主体的中部地区,而除了城市建设用地的增加之外,中部地区呈现了较为明显的连片整合态势,用地的集约度较之 2010 年遥感影像解译所呈现的状态有所提高。但与此同时,部分在情景二中受到较为有效保护的中部区块则呈现出了被城镇化的可能(转换为城市建设用地的概率较高),而北部及南部原有生态空间中,在水体等重要生态空间的周边地区也开始表现为以现有城市空间为节点蔓延的趋势。在此情景下,2030 年昆山的不可城镇化用地为 200.67 km^2,占昆山市域面积的 21.14%,高于情景一及情景二的推演结果,而其高概率可城镇化用地与低概率可城镇化用地均居于情景一与情景二之间。

综上所述,按照情景三的发展设置,昆山的城市空间增长速度将比情景一有所减缓,但仍会在未来近 20 年内占用较大部分的生态空间。基于城市用地扩展的分析视角,该版昆山市总体规划在考虑了昆山未来经济社会发展与生态保护要求的基础上进行了空间上的协调与安排,但从模型模拟的结果来看,未来的城市用地增长情况依旧不容乐观,还需要在现有生态控制的基础上做力度更大、系统性更强的调整与约束。

10.3.5 空间格局优化政策制定

基于 SLEUTH 模型对未来昆山市生态及城市建设空间拓展情况的模拟,在《昆山市绿色生态空间规划与行动计划》中重点构建了昆山市的生态空间框架并对昆山市域的生态保护分区进行了划定。在此基础上,结合对昆山市经济社会发展趋势的总体判断,对规划期内昆山的建设用地拓展方向以及强度进行了综合指引。相关结果与昆山市政府相关部门的基本判断一致,经过进一步对接与协调,最终形成了规划中的空间格局优化政策,对昆山市的生态及城市空间建设发挥了指引作用。

(1)昆山市域生态空间框架构建

基于 SLEUTH 模型三种不同情景的模拟结果,确定了昆山市域的生态空间框架,即主要由重要河道、重要交通通道等带状生态空间构成,明确将吴淞江、沪宁高速通道、张家港-小虞河、夏驾河-大石浦等生态空间作为市域基本生态廊道。在此基础上,结合对各大生态廊道周边空间发展情况以及各廊道之间衔接模式的梳理,规划形成了包括“四横三纵”的昆山市域生态空间框架(图 10-7)。在生态框架周边实行最为严格的生态保护政策,通过强化建设行为的审批,保障昆山市域生态格局的稳定并逐渐实现其优化。

(2)昆山市域生态保护分区划定

在市域生态空间框架的基础上,基于 SLEUTH 模型对生态及建设空间发展状况的模拟,《昆山市绿色生态空间规划与行动计划》以阳澄湖、傀儡湖等自然水体以及玉山等山体为核心,结合对不同空间板块在市域生态总体格局中的重要性及敏感性的判断,划定了昆山市域范围内的 4 片生态保护分区(图 10-7)。与市域生态保护分区的划定相匹配,规划基于不同保护分区的等级与实际情况,明确了各分区内包括经济发展、空间建设以及生态保护等方面的综合政策体系。在综合政策体系的基础上，针对不同生态保护分区在规划期内的基本发展方向及模式的判断，以《昆山市绿色生态空间规划与行动计划》的近期发展及建设行动为抓手，构建了覆盖昆山市域的发展及保护综合指引。

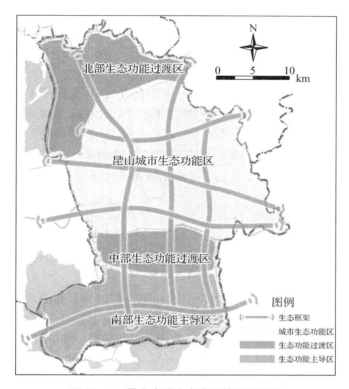

图 10 - 7　昆山市域生态空间格局规划图

（3）昆山市域用地拓展预测及引导

以模型模拟结果为依据，规划判断未来昆山的城市建设空间拓展主要集中于市域中部及北部。其中，市域东部地区具有最为适宜的用地条件，结合花桥等产业空间的建设，市域建设用地将主要向东拓展并逐渐强化与上海的一体化发展格局。市域北部地区现状以农业及生态空间为主，具有一定地开发条件但其对于市域整体的生态空间格局以及城市环境品质具有重要意义，基于 SLEUTH 模型的模拟结果，若对开发建设行为的控制力较弱，则北部地区的生态空间将受到建设活动的扰动而更趋破碎化，规划建议对其加大保护力度，强化对产业及居住空间拓展的监管。对于市域南部及西部湖区，从模拟的结果来看，在三个情景中其建设空间均呈较为破碎的状态，难以形成高效的城市发展空间。而结合昆山的生态保护以及文化旅游等相关规划要求，南部及西部地区应作为生态及文化空间进行合理保护，与模型模拟结果相符合，故在《昆山市绿色生态空间规划与行动计划》中建议对其继续延续现有保护开发策略，避免大规模建设活动的开展，促进市域多元空间格局的形成。

10.4 本章小结

中国正进行着世界上最大规模的城镇化进程,对资源、环境的压力与日俱增。为探索中国快速城镇化背景下典型资源环境约束区域城市用地空间扩展的趋势,本章以在相关研究及规划领域正在发挥越来越重要作用的 SLEUTH 模型为主要对象,重点梳理了模型的基本原理及技术方法。在此基础上,结合《昆山市绿色生态空间规划与行动计划》中对相关技术的实际运用过程及结果,并从实际案例的操作及评价入手,对 SLEUTH 模型进行一定程度的探索。从案例本身的角度来看,SLEUTH 模型能够以相对简单的模型设置,与 GIS 等其他空间研究技术手段实现有效结合,为了解研究区实际情况和判断未来发展趋势提供技术支撑。随着中国宏观发展背景的变化以及规划技术创新的持续推进,SLEUTH 模型具有进一步融入中国规划体系并发挥重要作用的潜力。

参考文献

[1] 黎夏,叶嘉安. 约束性单元自动演化 CA 模型及可持续城市发展形态的模拟[J]. 地理学报,1999,54(4):289-298:3-12.

[2] 杨青生. 基于元胞自动机的土地资源节约利用模拟[J]. 自然资源学报,2009,24(5):753-762.

[3] United Nations,Department of Economic and Social Affairs/Population Division. March 2012. World Urbanization Prospects,The 2011 Revision(Highlights). New York.

[4] 中国城市发展研究会. 中国城市年鉴[M]. 北京:中国统计出版社,2012.

[5] Xiang,W. N. ,Clarke,K. C. The use of scenario in land-use planning[J]. Environment and Planning B:Planning and Design,2003,30:885-909.

[6] Barredo,J. I. ,Kasanko,M. ,McCormick,N. ,Lavalle,C. . Modeling dynamic spatial processes:The simulation of urban future scenarios through cellular automata[J]. Landscape and Urban Planning,2003,64(3):145-160.

[7] He,C. ,Okada,N. ,Zhang,Q. ,Shi,P. ,Li,J. . Modeling dynamic urban expansion processes incorporating a potential model with cellular automata[J]. Landscape and Urban Planning,2008,86(1):79-91.

[8] Berling-Wolff,S. ,Wu,J. . Modeling urban landscape dynamics:A review[J]. Ecological Research,2004,19(1):119-129.

[9] José,I. B. ,Marjo,K. ,Niall,M. ,Lavalle,C. . Modeling dynamic spatial processes:The simulation of urban future scenarios through cellular automata[J]. Landscape and Urban Planning,2003,64(3):145-160.

[10] Tobler,W. R. . Cellular geography[M]//Philosophy in geography. Springer Netherlands,1979:379-386.

[11] Wolfram,S. . Cellular automata as model of complexity[J]. Nature,1984,311

(5985):419-424.

[12] Batty,M.,Xie,Y.. From cells to cities[J]. Environment and PlanningB,1994,21:531-548.

[13] Santé,I.,García,A. M.,Miranda,D.,Crecente,R.. Cellular automata models for the simulation of real-world urbanprocesses:A review and analysis[J]. Landscape and Urban Planning,2010,96(2):108-122.

[14] Ward,D. P.,Murray,A. T.,Phinn,S. R.. Astochastically constrained cellularmodel of urban growth[J]. Computers,Environment and Urban Systems,2000,24(6):539-558.

[15] Jenerette,G. D.,Wu,J.. Analysis and simulation of land-use change in the central Arizona-Phoenixregion[J]. Landscape ecology,2001,16(7):611-626.

[16] White,R.,Engelen,G.. Cellular automata as the basis of integrated dynamic regional modelling[J]. Environment and Planning B Planning and Design,1997(24):235-246.

[17] 黎夏,叶嘉安. 基于神经网络的单元自动机 CA 及真实和优化的城市模拟[J]. 地理学报,2002,57(2):159-166.

[18] Liu,X.,Li,X.,Shi,X.,Wu,S.,Liu,T.. Simulating complex urban development using kernel-basednon-linear cellular automata[J]. Ecological modelling,2008,211(1):169-181.

[19] Wu,F. A linguistic cellular automata simulation approach for sustainable land development in a fastgrowing region[J]. Computers,Environment and Urban Systems,1996,20(6):367-387.

[20] Al-kheder,S.,Wang,J.,Shan,J.. Fuzzy inference guided cellular automata urban-growth modelling using multi-temporal satellite images[J]. International Journal of Geographical Information Science,2008,22(11-12):1271-1293.

[21] Clarke, K. C.,Hoppen, S.,Gaydos, L. J.. A self-modifying cellular automaton model of historical urbanization in the San Francisco Bay area[J]. Environment and planning B,1997,24:247-261.

[22] Clarke,K. C.,Gaydos,L. J. Loose coupling a cellular automaton model and GIS:long-term urbangrowth Prediction for San Francisco and Washington/Baltimore[J]. International Journal ofGeographical Information Science, 1998, 12 (7):699-714.

[23] Herold,M.,Goldstein, N. C.,Clarke, K. C.. The spatiotemporal from of urban growth:measurement,analysis and modeling[J]. Remote Sensing of Environment,2003,86(3):286-302.

[24] Claire,A. J.,Scott,J. G.,David,D.,Claggett,P. Designing and implementing a regional urban modeling system using the SLEUTH cellular urban model[J]. Computers,Environment and Urban Systems,2010,34(1):1-16.

[25] Silva,E. A.,Clarke, K. C.. Calibration of the SLEUTH urban growth model for

Lisbon and Porto, Portugal[J]. Computers, Environment and Urban systems, 2002,26(6):525-552.

[26] 崔福全,徐新良,孙希华. 上海城市空间扩展过程模拟预测的多模型对比[J]. 生态学杂志,2012,31(10):2703-2708.

[27] 何丹,金凤君,蔡建明. 近 20 年京津廊坊地区城市增长模拟和预测研究[J]. 经济地理,2011,31(1):7-13.

[28] 李明杰,钱乐祥,吴志峰,等. 广州市海珠区高密度城区扩展 SLEUTH 模型模拟[J]. 地理学报,2009,65(10):1163-1172.

[29] 刘勇,吴次芳,岳文泽,等. 基于 SLEUTH 模型的杭州市城市扩展研究[J]. 自然资源学报,2008,23(5):797-807.

[30] 吴巍,周生路,杨得志等. 规划跨江通道对滨江副城建设用地增长的影响研究——以南京市浦口区为例[J]. 地理科学,2011,31(7):829-835.

[31] 黎夏,杨青生,刘小平. 基于 CA 的城市演变的知识挖掘及规划情景模拟[J]. 中国科学,2007,37(9):1242-1251.

[32] Akın, A., Clarke, K. C., Berberoglu, S.. The impact of historical exclusion on the calibration of the SLEUTH urban growth model[J]. International Journal of Applied Earth Observation and Geoinformation,2014,27:156-168.

[33] Jantz, C. A., Goetz, S. J., Shelley, M. K.. Using the SLEUTH urban growth model to simulate the impacts of future policy scenarios on urban land use in the Baltimore-Washington metropolitan area[J]. Environment and Planning B,2004,31(2):251-271.

[34] Onsted, J. A., Chowdhury, R. R. Does zoning matter? A comparative analysis of landscape change in Redland, Florida using cellular automata[J]. Landscape and Urban Planning,2014,121:1-18.

[35] Vermeiren, K., Van Rompaey, A., Loopmans, M., Serwajja, E.. Urban growth of Kampala, Uganda: Pattern analysis and scenario development[J]. Landscape and urban planning,2012,106(2):199-206.

[36] Rafiee, R., Mahiny, A. S., Khorasanic, N., Darvishsefat, A. A., Danekar, A. Simulating urban growth in Mashad City, Iran through the SLEUTH model(UGM)[J]. Cities,2009,26(1):19-26.

[37] Dietzel, C., Clarke, K. C.. Toward optimal calibration of the SLEUTH land use change model[J]. Transactions in GIS,2007,11(1):29-45.

11 城市与区域空间管制分区

11.1 城市与区域空间管制分区分析方法概述

11.1.1 城市与区域空间管制分区分析的意义

空间管制分区是城市与区域规划核心内容之一，也是政府实施空间管理的重要手段。然而，面对城乡增长主体日益多元化的客观现实，缺乏各方利益协调的单一部门管制分区政策很难达到预想的管制目标。因此，围绕"管制"理念对城乡空间进行调控，须重视并协调不同管理部门的利益，这是当前我国城乡规划空间管制由技术性向政策性转型的必然诉求（郝晋伟等，2012）。

我国多个政府管理部门对城乡用地拥有管理权限，以各自为主体编制了空间规划，并相应地制定了管控措施。如发改委的主体功能区规划（四区：优化开发区、重点开发区、限制开发区、禁止开发区）、国土资源部的土地利用总体规划（四区：允许建设区、有条件建设区、限制建设区、禁止建设区）、环保部的生态功能区规划（将全国划分为 216 个生态功能区，其中具有生态调节功能的生态功能区 148 个，面积占国土面积的 78%；提供产品的生态功能区 46 个，占国土面积的 21%；人居保障功能区 22 个，面积占国土面积的 1%）以及住建部的城乡总体规划（四区：禁建区、限建区、适建区、已建区）等，在同一片行政辖区范围内形成了"多元编制""多规管控"的独特现象。针对同一片国土，由于不同部门之间规划理念不同、利益诉求各异，缺乏有效沟通，导致各规划在编制及实施管理中纷争严重（李鹏等，2013）。尽管多个政府部门的区划在类型与名称上相近，但划分技术标准却不统一，且由于编制技术、用地分类体系、规划目的等存在差异，各类规划管制分区方法虽然大同小异，但"四区"划定结果大相径庭，甚至产生一定的冲突（李鹏等，2013）。因而，构建一套科学性强、适用性广的空间管制分区方法框架体系显得尤为重要和必要。

作为引导控制各类空间资源整合利用的增长管理模式，空间综合管制分区日益成为城市与区域规划的核心内容。通过科学划定空间管制分区，制定不同分区的开发利用标准与控制引导措施，对于制定有效而适宜的资源配置调节方式，合理确定城市建设用地增长边界和城市空间整体格局，促进城市与区域社会经济与生态环境的可持续发展具有重要指导意义（郑文含，2005；宋志英，2009；尹海伟等，2013）。

11.1.2 城市与区域空间管制分区相关研究简评

"空间管制"理念发端于城市增长管理模式理论、"精明增长"理论和新城市主义运动（郝晋伟，2013）。早在 100 多年前，美国自然主义者 G. P. Perksn 等人在《人与自然》一书中就提出了自然环境的重要性。1970 年代伊恩·麦克哈格以生态学为视角,从宏观和微观层面研究自然与人的关系,并提出了"千层饼"的生态适宜性评价方法(Mcharg,1969;李卫锋等,2003)。原国家建设部于 1998 年在《关于加强省域城镇体系规划工作的通知》中首次提到了"空间管制"的概念(汪劲柏、赵民,2008),此后相当长一段时期,空间管制始终停留在"理念"阶段,且仅囿于城镇体系规划层面。然而,随着我国城镇化进程的不断加速,曾在西方国家出现的城市蔓延、生态退化等问题开始逐步显现,传统的城市规划理念和方法也不断遭遇挑战和质疑,由此催生出"反规划""生态安全格局"等带有空间管制意味的新理念和新方法(俞孔坚等,2005);与此同时,国家陆续颁布《城市规划强制性内容暂行规定》(2002 年)、《城市规划编制办法》(2005 年)、《城市规划编制办法实施细则》(2006 年)、《中华人民共和国城乡规划法》(2008 年)、《城乡用地评定标准》(2009 年)等相关政策法规,逐步开始关注空间管制,并在规划实践过程中得到进一步强化。由此,空间管制开始逐步从过去的"理念"阶段迈向"行动"阶段。在十余年的时间里,国内空间管制从无到有、从弱到强、从理念到行动,其在规划体系中的地位逐步得到肯定和明确,并在各地规划编制中得到大量实践(孙斌栋,2007;金继晶,2009;杨伟民,2010;王磊,2013;郝晋伟,2013)。

城市规划中的空间管制是为适应城市规划转型而引入的重要规划思想和内容,但目前对于空间管制的论述和研究尚没有形成完整的体系框架,且对部分概念的理解还存在误区(郝晋伟等,2013)。在此背景下,学术界关于空间管制的讨论和研究日益增多,并主要集中在基本概念、区划标准、区划方法以及政策措施等方面(郝晋伟,2013)。

国内对空间管制基本概念的认识大致经历了两个阶段(郝晋伟,2013):2004 年以前,仅强调空间管制的空间准入规则和空间区划,视空间管制为一项规划的基础性工作(张京祥等,2000;徐保根等,2002);2004 年后,学者更加关注空间管制的政策性,更加强调空间的增长机制和配套政策,视空间管制为一种有效的增长管理模式和政府公共空间政策(郑文含,2005;曹璐等,2005)。虽然目前空间管制的基本概念得到了进一步明晰,但对空间管制的尺度、地位问题的认识还较为模糊。空间管制的尺度和层次与城乡规划体系的层次性紧密相关,《中华人民共和国城乡规划法》和《城市规划编制办法实施细则》也明确提出了城市规划的层次性。因此,空间管制体系必须与城乡规划体系相匹配,划分为区域层面和中心城区层面两个层次,才能在具体操作过程中保证管制的科学性和可操作性(袁锦富等,2008;郝晋伟,2013)。另外,空间管制在规划实践过程中的具体操作应包含用地布局规划之前的限制性要素分析和位于用地布局规划之后的综合性空间管制政策分析两个阶段(郝晋伟,2013)。

11.1.3　城市与区域空间管制分区方法简介

目前,国内空间管制分区的方法主要有两类:区域主导功能区划法和建设适宜性分类法。两类分区方法与我国目前主要的两类规划(主体功能区划和城乡规划)相适应,每一种分类方法各有侧重。区域主导功能区划法主要是按照具体区域或地块的主体功能进行分类,通常按照行政区边界确定某一行政单元的主导功能,划定优化建设区、重点建设区、限制建设区和禁止建设区等(宗跃光,2007;贾卉,2009)。建设适宜性分类法主要是按照土地建设适宜性进行分区,即通过构建一系列的用地适宜性评价指标体系来进行用地空间区划(袁锦富等,2008;郝春燕等,2008)。本书侧重城市规划师的具体工作实践,因而仅就建设适宜性分类法进行概括总结。

基于建设适宜性分类法的已有研究和规划实践中,很多学者在分析研究区特征的基础上直接概括得出区划结果(徐保根等,2002;韩守庆等,2004;郑文含,2005;孙斌栋等,2007;彭小雷等,2009),但这要求对研究区情况的高度认知才能得到科学的区划结果;也有不少学者基于空间准入准则,采用 GIS 空间定量分析方法进行区划分析(彭小雷等,2009),具体有多准则评价(纽心毅等,2007)、潜力—限制模型方法(宗跃光等,2007;尹海伟等,2013)、景观安全格局(俞孔坚等,2010)等方法。鉴于本书前面相关章节均有相关内容的介绍,在此不再赘述。

11.2 城市与区域空间管制分区分析框架

11.2.1 研究思路与框架

通过对城乡规划中空间管制相关研究的总结与梳理,结合本书前面相关章节的内容框架体系,从城市与区域规划实践中的应用流程出发,提出了本章的总体思路与框架,可概括为规划研究区自然生态环境本底特征与问题解析——生态网络构建——生态环境敏感性分析——用地空间发展潜力评价——建设用地适宜性评价——战略性成长空间辨识——空间管制分区与管控策略制定(图 11-1)。

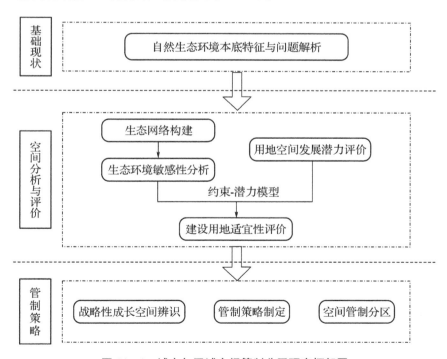

图 11-1 城市与区域空间管制分区研究框架图

11.2.2　方法与技术路线

方法与技术路线如图 11 - 2 所示。

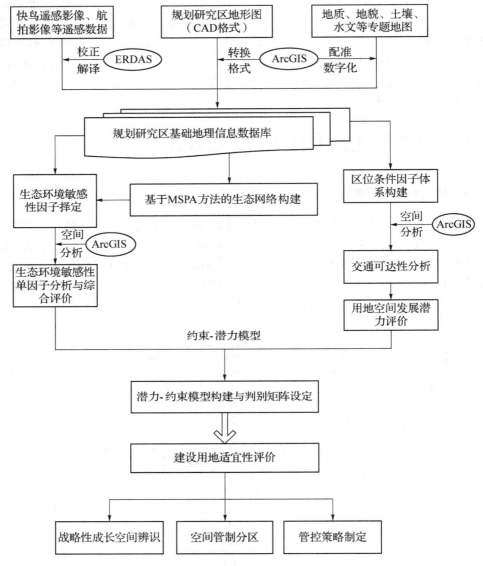

图 11 - 2　城市与区域空间管制分区技术路线图

11.3　案例应用解析

　　巴中市位于四川省东北部,地理坐标为东经 106°20′~107°49′,北纬 31°15′~32°45′;地处秦巴山区,属典型的盆周山区,山地约占 90%,丘陵和平坝约占 10%,地势北高南低;地质构造和地层岩性复杂,以褶皱为主,断裂不发育,滑坡、崩塌等地质灾害比较频繁;属亚热带湿润季风气候区,四季分明,雨量充沛,多年平均气温 16.7 ℃,多年平均降雨量 1 108.3 mm,6～10 月降水量占年降水量的 80% 左右,历来受区域性暴雨影响十分明显,洪灾发生频率高,危害大(张雷,2010)。

　　本章所选研究区为巴中市西部新城,位于巴中市中心城区的西侧(图 11－3(a),见书后彩色图版),是 2012 年巴中市城市总体规划(2012—2030)中确定的新城区,总面积为872.03 hm²,规划总人口 3.3 万人。研究区地处巴中市丘陵和平坝区,地形起伏较大,地貌多变且破碎,多孤立山丘,少完整山脉,山体多为典型的桌状山和单斜山,窄谷、深沟比较发育;河流水系较发育,呈树枝状,属典型山溪性河流,水位洪枯变幅大,在枯水期断流,而在雨季易出现雨洪性径流。研究区现状为乡村聚落景观,土地利用类型主要以农田(占 49.18%)和林地(占 42.01%)为主,农村居住用地、乡村道路、水体均约占 3% 左右(图 11－3(b),见书后彩色图版)。

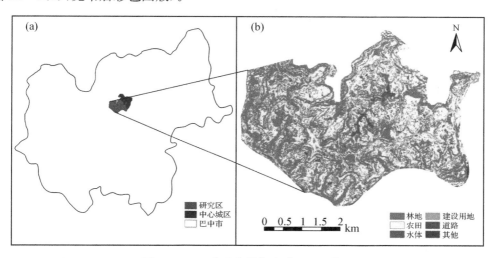

图 11－3　研究区位置与土地利用现状图

11.3.1　自然生态环境本底特征与问题解析

　　(1)自然生态环境本底特征

　　①地形地貌以丘陵为主,地形破碎,沟谷比较发育

　　规划研究区海拔不高,最高海拔约 660 m,最低海拔 330 m 左右,平均海拔 500 m 左右,地形以丘陵为主;地形起伏较大,山岭起伏,地貌多变且破碎,窄谷、深沟比较发育(表11－1、图 11－4、图 11－5,见书后彩色图版)。

表 11－1　规划研究区地形起伏度与坡度分类统计表

地形起伏度	面积(hm²)	百分比(%)	坡度	面积(hm²)	百分比(%)
<5 m	772.04	42.11%	<5°	276.32	15.07%
5～10 m	444.78	24.26%	5°～10°	407.07	22.20%
10～20 m	471.27	25.71%	10°～15°	312.66	17.05%
20～30 m	128.14	6.99%	15°～25°	335.60	18.31%
>30 m	17.09	0.93%	>25°	501.67	27.36%
总计	1 833.32	100%	总计	1 833.32	100%

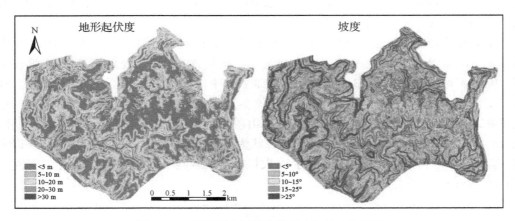

图 11 - 4　规划研究区地形起伏度与坡度分类图

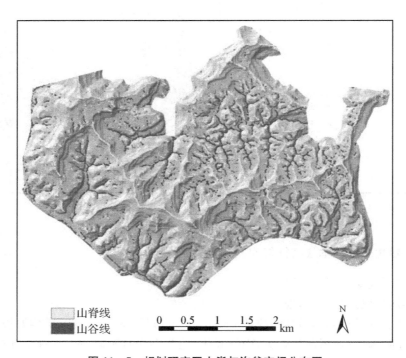

图 11 - 5　规划研究区山脊与沟谷空间分布图

②亚热带季风湿润气候,雨量充沛,光照适宜

规划研究区属亚热带湿润季风气候区,四季分明,雨量充沛,多年平均降雨量 1 108.3 mm,多年平均湿度为 76%,光照适宜,多年平均日照时数 1 470.6 h,无霜期 260~280 天;降水时空分布极为不均,6~10 月降水量占年降水量的 80% 左右,容易形成冬干春旱夏洪秋涝。

③河流水系较发育,但多为季节性河流,水位洪枯变幅大

规划研究区属渠江水系,河流均汇入巴河,河流水系较发育,多呈树枝状分布(图 11-6),但绝大多数为季节性河流,属典型山溪性河流,水位洪枯变幅大,在枯水期断流,

而仅在雨季出现地表径流,且多为雨洪性径流,易造成水土流失和洪涝灾害。

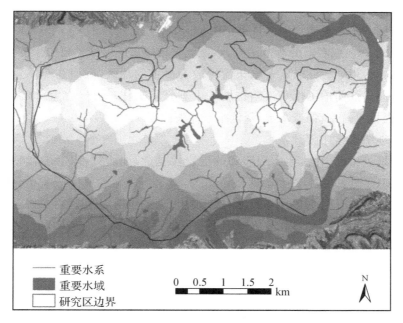

	重要水系
▓	重要水域
☐	研究区边界

0　0.5　1　1.5　2 km

N

图 11 - 6　规划研究区水系分布图

④自然生态环境优良,生物资源丰富

巴中市生态环境质量优良,生态质量达优级,在四川省 21 个市州中排名第四,巴中城区空气质量优良率高达 99.7%。规划研究区林地资源丰富,森林覆盖率 42%,主要地表水水质满足三类以上水质标准,多为一类、二类水质标准;巴中生物资源丰富,生物种类达 2 600 余种,其中国家重点保护的珍稀植物 23 种,如银杏、鹅掌楸等,国家重点保护动物 37 种,如金钱豹、黑熊、金雕、山猫等。规划研究区内植被多以松柏为主,林分质量较好,森林郁闭度较高,常见有白鹭等鹭鸟(图 11 - 7)。

图 11 - 7　规划研究区林地景观与白鹭照片

（2）自然生态环境问题解析

①水土流失较为严重

巴中市属于长江上游水土保持重点防护区，水土流失面积大（约 6 000 多 km²，占巴中市总面积的 50%左右），分布范围广，水土流失较严重的区域主要位于巴河下游段的巴州区和平昌县。规划研究区属于水土流失较为严重的片区，因而在开发建设过程中，需要做好水土流失的防治工作和道路护坡的生态修复工作；另外，在宜林地区加强林地的建设，增加森林覆盖率，保持水土，降低水土流失强度。

②自然地质灾害比较频繁

巴中市地处秦巴山区，地质构造和地层岩性复杂，地质灾害（滑坡、崩塌）比较频繁；年均降水 1 100 mm 左右，时空分布极不均匀，历来受区域性暴雨影响十分明显，最大日降雨量为 282.2 mm，一般性洪灾几乎年年发生，大的洪灾发生频率多在 5～10 年一遇，洪灾发生频率高，危害大。因此，应特别关注规划研究区沟谷地带的保护，尽量保护地表径流的原生态和泄洪通道。

③农村面源污染日益凸显

规划研究区属传统的农业区，村庄、农田广布，农田多以水田为主，生活污水、生活垃圾、化肥、农药、农膜、秸秆等造成的农村生态环境污染问题日益凸显。据统计，巴中市农村耕地每亩化肥施用量（折纯）在 40 kg 左右，部分地区高达 70～80 kg，远远高于四川省 27.8 kg 的平均值，容易造成土壤的重金属污染和土壤质量退化；农药品种结构不合理，高毒农药所占比例达 65%；农村地区生活污水和生活垃圾的收集处理率很低。

11.3.2　生态网络构建

（1）基于 MSPA 的生态网络分析

形态学空间格局分析（Morphological Spatial Pattern Analysis，MSPA）是沃格特（Vogt）等学者结合数学形态学制图算法提出的景观连通性分析新方法，该方法能够更加精确的分辨出景观的类型与结构（Soille P et al.，2009；曹翊坤，2012；邱瑶等，2013）。传统的景观格局指数或者模型分析景观连通性，是将斑块或者廊道提取出来单独分析，而形态学方法是从像元的层面上识别出目标内对景观连通性有重要意义的区域，如核心区和桥接区，并且将在物质信息能量流中起到不同作用的景观类型分开，从形态学上说明其功能的连通性（曹翊坤，2012）。

在 MSPA 方法中，通过识别要素之间的空间拓扑关系将景观进行分类，通常分为 7 类：①核心区（Core）：是绿色景观区域的内部区块，与景观边界有一定的距离，核心区对于城市生物物种来说是具有潜在的、适宜的、完整的生境斑块，在生态网络中代表了生态源地；②岛状斑块（Islet）：是指不相连且面积太小而不能作为核心区的绿色景观区域，表征的是单独的绿色景观碎块，内部的有机质与外界的有机质交换流动的可能性较小；③孔隙（Perforation）：是核心区和非绿色景观斑块之间的过渡区域，即内部斑块边缘（边缘效应）；④边缘区（Edge）：是核心区和主要非绿色景观区域之间的过渡区域；⑤桥接区（Bridge）：是非核心区像元连接至少两个不同的核心区的狭长区域，具有廊道的特征；它代表了能量交换和物质流动的迁移通道,其数量的多少表示了各个核心区之间的连通程度,在生态网络中表现为各个核心区域连接的通道;⑥环道区(Loop):是指一种连接同一核心区的狭长区域,同样也具有廊道的特征,是核心区内部相连的捷径,环道区的数量影响到核心区内部的斑块之间的聚集程度,其消失意味着区域内的能量交换和物质流动需要更长的距离才能够达到另一端;⑦支线(Branch):是没有核心区像元且只有一端与边缘区、桥接区、环道区或者孔隙相连的区域,代表着与核心区能够建立联系的绿色景观区域的残余(Urban,2001;Vogt,2007;Wickham,2010;曹翊坤,2012;Sun,2013;许峰等,2015)。

本研究中,首先将研究区内的植被信息即林地作为 MSPA 分析中的前景要素,并进行 MSPA 分析,并根据专题研究需要,将核心区作为重要斑块,岛状斑块作为一般斑块,桥接区和环道区作为研究区内的重要廊道,而将支线作为一般廊道,得到规划研究区的生态网络景观分类图(表 11-2、图 11-8,见书后彩色图版)。

表 11-2   规划研究区生态网络景观要素分类统计表

主要景观类型	面积(hm²)	占绿地总面积的百分比(%)
重要斑块(Core)	470.42	61.08%
重要廊道(Bridge+Loop)	134.26	17.43%
一般斑块(Islet)	86.30	11.21%
一般廊道(Branch)	79.15	10.28%
总计	770.13	100.00%

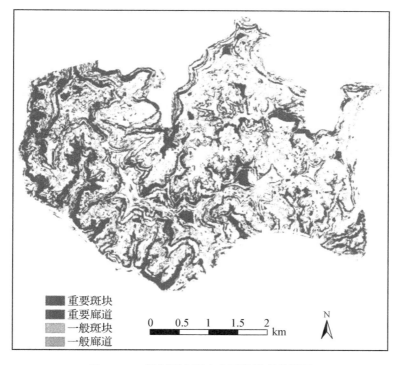

图 11-8   规划研究区生态网络景观类型图

基于 MSPA 分析结果可见,规划研究区林地核心区即重要生态斑块总面积约为 470.42 hm², 占林地总面积的 61.08%,空间分布呈条带状,主要分布在坡度较大的区域,并将规划研究区环绕分割成若干狭长的地块组团,重要斑块是规划研究区的主要生态源地,是生物多样性维持、水土涵养、水土与水质保持的生态关键区,应该加以严格保护,原则上禁止一切与生态保护无关的建设活动;重要廊道总面积约为 134.26 hm²,占林地总面积的 17.43%,空间分布多呈线型,是重要斑块间和斑块内部联系的重要通道,具有重要的生态学意义,对生物物种的迁移与扩散具有重要的促进作用,应该加以严格保护,原则上禁止一切与生态保护无关的建设活动,确因发展需要的地区,需要进行生态环境的影响评价,做到科学规划和生态补偿;一般斑块是面积较小且与重要斑块间缺乏联系通道的斑块,总面积约为 86.3 hm²,占林地总面积的 11.21%,呈碎块状散布在研究区中,不少斑块可以起到踏脚石(Stepping Stone)的生态功能,因此建议在规划中结合绿地生态系统规划与建设加以适当保护;一般廊道是联系通道的残余,如果修复得当,可以起到生态廊道的功能,总面积约为 79.15 hm²,占林地总面积的 10.28%,空间分布呈线型,建议在规划中适当保护并在关键地段加以修复。

（2）生态网络规划（绿廊规划）

根据 MSPA 方法提取的重要生态斑块与生态廊道,构建了规划研究区的生态网络体系(图 11-9,见书后彩色图版),从而减少破碎生境的孤立,增加生境的有效连接,保持生物多样性。

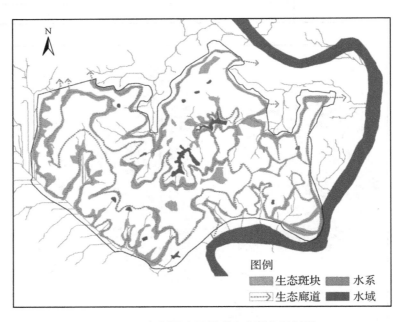

图 11-9 规划研究区景观生态网络规划图

11.3.3 生态环境敏感性分析

通过对规划研究区关键生态资源的识别,结合数据可获得性与可操作性,选用地形、植被、水域、农田四大要素作为生态敏感性分析的主要影响因子,并将生态网络的核心构成要素(源地与重要廊道)作为一类敏感性因子,构建了规划研究区的因子等级评价体系(表11-3)。然后,按敏感性程度划分为5个等级:极高敏感性、高敏感性、中敏感性、低敏感性、非敏感性,相应的分别赋值为9、7、5、3、1。最后,5类因子按照"取大"原则进行镶嵌叠合,得到总的生态环境敏感性分区结果(表11-4、图11-10,见书后彩色图版)。

表11-3 生态因子及其影响范围所赋属性值

生态因子		分类	分级赋值	生态敏感性等级
地形	坡度	>25%	9	极高敏感性
		15%~25%	7	高敏感性
		10%~15%	5	中敏感性
		5%~10%	3	低敏感性
		0~5%	1	非敏感性
	地形起伏度	>30 m	9	极高敏感性
		20~30 m	7	高敏感性
		10~20 m	5	中敏感性
		5~10 m	3	低敏感性
		<5 m	1	非敏感性
水域		较大水域	9	极高敏感性
		缓冲区 50 m	7	高敏感性
		缓冲区 100 m	5	中敏感性
		小水域如水塘	7	高敏感性
		缓冲区 25 m	5	中敏感性
植被		密林地	9	极高敏感性
农田		一般农田	5	中敏感性
生态网络		源地与主要廊道	9	极高敏感性

表11-4 规划研究区生态敏感性分类统计表

敏感性等级	面积(hm²)	百分比(%)
非敏感性	19.93	1.09%
低敏感性	31.34	1.71%
中敏感性	638.25	34.81%
高敏感性	239.09	13.04%
极高敏感性	904.74	49.35%
总计	1 833.35	100%

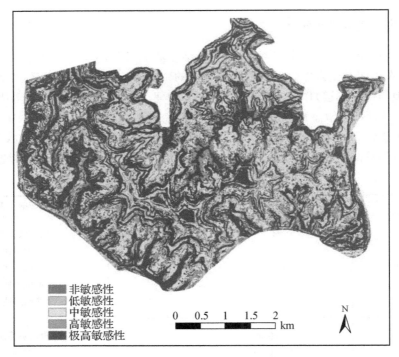

图 11 - 10 规划研究区生态敏感性分析总图

由敏感性分析结果可见,规划区敏感性总体上呈现高敏感性特征,高敏感性和极高敏感性合占研究区的 62.39%,主要为林地区域、高坡度与高地形起伏度区域;中敏感性区域分布较广,仅次于极高敏感性,占 34.81%,主要分布在农田区域,水塘周边和金水湖、群英水库的外围地区,及地形起伏和坡度中等的区域,分布不够集中,东部较西部稍显集中;而低敏感性和非敏感性区域分布很少,仅合占研究区的 2.80%,分布较为零散,呈散点状。

11.3.4 用地空间发展潜力评价

(1)潜力影响因子选取

规划研究区用地空间发展潜力的主要影响因子有距离巴中城区的可达性(区位条件)和核心自然生态、人文资源的美誉度。基于此,构建规划研究区的潜力影响因子及其相对重要性权重值(表 11 - 5)。

表 11 - 5 规划研究区用地发展潜力影响因子赋值表

主要影响因子	重要性等级	相对权重(1~100)	赋值说明
靠近高速公路出入口	非常重要	100	高速通道对于规划研究区具有无可替代的重要作用;测度巴中周边区域到规划研究区的便捷水平
靠近出入城主要通道	很重要	60~100	靠近巴中城区的主要通道赋值100,而西北和南部两个通道因偏离城区方向,故分别设为80和60;测度巴中城镇居民到规划研究区的便捷水平
靠近著名的自然人文点	非常重要	80~100	南龛寺、红色文化、群英水库与金水湖,赋值100,西华山普渡寺赋值80;测度核心景点的宜人性对用地发展潜力的重要影响

（2）交通可达性分析

交通可达性是根据规划研究区内高速、主干路、次干路等通达性因子和河流、地形坡度等限制性因子，采用 ArcGIS 空间分析中的费用加权距离方法（Cost Distance），获得影响规划研究区用地发展潜力的各类因子的可达性等时圈范围。通过交通可达性的计算，可以对规划研究区的交通条件进行定量分析（图 11-11～图 11-13，见书后彩色图版）。

①规划研究区现状可达性较差，规划可达性基本满足出行需要

规划研究区现状路网多为乡村道路，等级低，路幅小，靠近高速公路出入口、主要通道的现状可达性均较差，可达时间多在 20 min 以上；而基于规划路网的可达性水平明显改善，基本能够满足出行需要，可达时间多在 10～15 min 左右（考虑了主要通道到巴中中心城区的交通时间）。

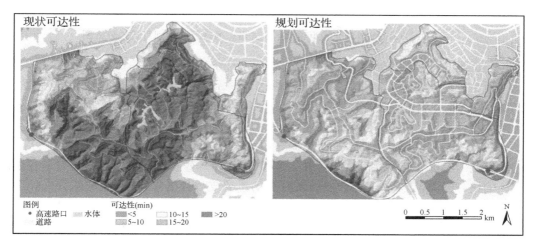

图 11-11　规划研究区距离高速路口的现状与规划可达性分析图

图 11-12　规划研究区距离主要通道的现状与规划可达性分析图

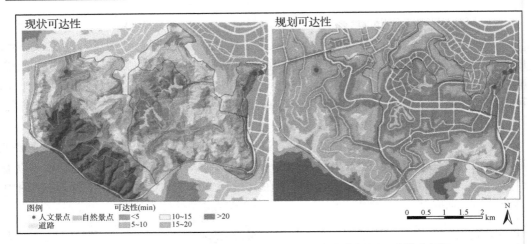

图 11 - 13　规划研究区距离自然人文景点的现状与规划可达性分析图

②总体上可达性水平呈东高西低，北高南低的分布格局

因受地形影响，西部交通路网等级和密度较东部片区低，所以交通可达性水平低于东部，而北部片区出入通道较多，而南部片区只有一个通道，造成北部可达性水平明显高于南部。

③自然人文景点可达性水平明显提升，为新城文化产业聚集提供了原动力

南龛山的佛龛文化、红色文化，群英水库与金水湖，普渡寺等自然人文景点是规划研究区的核心资源，是未来文化产业新城发展的重要支撑性要素，这些区域的宜人性会吸引巴中市及其周边区域的人流进入。通过交通可达性分析发现，这些区域的可达性水平明显提升，从高速路口和主要通道口大约 10～15 min 均可到达，基本实现"显山露水"，为新城文化产业聚集提供了重要的发展动力。

（3）用地空间发展潜力评价

用地空间发展潜力计算公式：$P_i = \log_{10}\left(\dfrac{I_i}{A_i^2} \times 100\right)$，其中，$P_i$ 为空间中某类影响因子的发展潜力；I_i 为某类影响因子的相对重要性权重；A_i 为某类影响因子的空间可达性水平（以分钟为单位）。将各类影响因子获取的发展潜力按照取最大值原则进行叠加，得到规划研究区的总体发展潜力分析结果（图 11 - 14，见书后彩色图版）。

由分析结果可见，规划研究区极高和高发展潜力主要分布在巴国大道的两侧以及群英水库和金水湖的周边区域，中发展潜力区域主要分布在西部和南部的台地区域，低与极低发展潜力区域主要分布在南部交通不便的片区。由此可见，规划研究区未来较长一段时间内用地成长的空间应相对集中在主要干道的两侧和重点发展区域（如南龛山、群英水库和金水湖）的周边地块，以最大的发挥交通和核心资源对规划研究区（文化产业新城）的辐射带动作用。

11.3.5　建设用地适宜性评价

用地适宜性是对区域经济社会、资源环境、交通以及自然属性的综合评价结果，是对自然生态保护与经济发展双重目标的综合权衡，而分级权衡的结果很大程度上决定了当地的用地适宜性方案与生态安全格局。

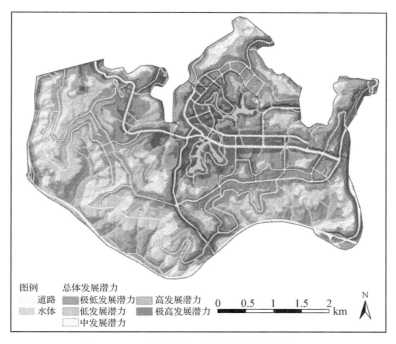

图 11 - 14　规划研究区总体发展潜力分析图

　　生态环境敏感性分析是对一个地区发展限制性条件的基本判断和空间分布的定量评价,各类发展潜力因子的相对权重以及交通可达性程度是支撑规划研究区发展的重要潜力因子。借鉴损益分析法(Cost-Benefit Analysis),构建由生态敏感性和发展潜力构成的约束-潜力模型,通过对土地发展有积极影响的潜力因子和有消极影响的约束因子进行综合分析,通过相互作用判别矩阵,识别建设用地适宜性的等级,并根据发展理念的差异,确定了三种不同的发展情景,进而得到三种情景下的用地适宜性方案(尹海伟等,2013)。

　　(1) 情景Ⅰ——生态优先,兼顾发展:高生态安全格局

　　在生态优先、兼顾发展的理念指导下,生态敏感性等级对规划区未来用地适宜性具有重要影响(表 11 - 6)。

表 11 - 6　高生态安全格局下的规划区用地适宜性分析判别矩阵

高生态安全格局	极低生态敏感性	低生态敏感性	中生态敏感性	高生态敏感性	极高生态敏感性
极低发展潜力	3	1	1	1	1
低发展潜力	3	3	1	1	1
中发展潜力	5	3	3	3	1
高发展潜力	7	7	3	3	1
极高发展潜力	9	9	5	3	1

　　注:9、7、5、3、1 分别代表极高、高、中、低和极低适宜性。下表同。

　　该情景方案判别矩阵凸显生态敏感性的地位和作用,充分考虑了生态环境的约束,属于高生态安全格局下的城市用地适宜性方案(表 11 - 7、图 11 - 15,见书后彩色图版)。

在该方案中,适宜性极低与低的用地空间相对较大(超过 67%);中适宜区域次之,占 22.47%;适宜性极高与高的用地空间相对较小(约 10%),利于生态保护,但未来建设用地发展空间相对狭小。

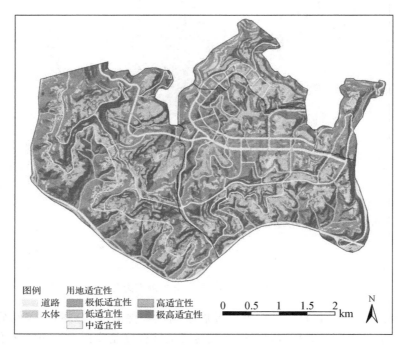

图 11 - 15　高生态安全格局下的建设用地适宜性分析图

表 11 - 7　高生态安全格局下的建设用地适宜性分类统计表

高生态安全格局	面积(hm²)	百分比(%)
极低适宜性	878.43	47.91
低适宜性	359.54	19.61
中适宜性	411.94	22.47
高适宜性	110.76	6.04
极高适宜性	72.65	3.96

(2)情景Ⅱ——发展为主,生态底线:低生态安全格局

在发展为主、生态底线的理念指导下,发展潜力等级对规划区未来用地适宜性具有重要影响,而生态往往是作为发展的底线加以控制与保护(表 11 - 8)。规划区高适宜性成长空间主要为中发展潜力以上且敏感性等级中以下的区域。

该方案判别矩阵凸显发展潜力的地位和作用,生态敏感性仅起划清生态底线的作用,属于低生态安全格局下的建设用地适宜性方案(表 11 - 9、图 11 - 16,见书后彩色图版)。在该方案中,适宜性极高与高的用地空间相对较大(约为 32%),极低与低适宜性仍略超过 60%,建设用地未来发展空间较大,存在蔓延式发展的可能,用地不够集中。

表 11-8 低生态安全格局下的规划区用地适宜性分析判别矩阵

低生态安全格局	极低生态敏感性	低生态敏感性	中生态敏感性	高生态敏感性	极高生态敏感性
极低发展潜力	3	3	1	1	1
低发展潜力	3	3	3	1	1
中发展潜力	9	9	7	3	1
高发展潜力	9	9	7	5	1
极高发展潜力	9	9	9	5	3

表 11-9 低生态安全格局下的建设用地适宜性分类统计表

低生态安全格局	面积（hm²）	百分比（%）
极低适宜性	826.04	45.06
低适宜性	305.00	16.64
中适宜性	112.34	6.13
高适宜性	292.90	15.98
极高适宜性	297.03	16.20

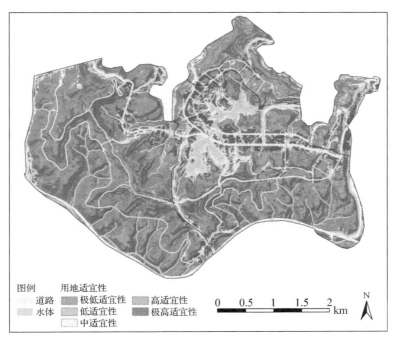

图 11-16 低生态安全格局下的建设用地适宜性分析图

（3）情景Ⅲ——生态与经济发展并重：中生态安全格局

在社会经济发展与生态环境并重的理念指导下，发展潜力等级与生态敏感性等级均对规划区未来用地适宜性具有重要影响（表 11-10）。规划区高适宜性成长空间主要为中发展潜力以上的区域且敏感性等级中以下的区域。

该方案判别矩阵凸显发展潜力与生态敏感性的高水平融合，属于中生态安全格局下的建设用地适宜性方案,并推荐作为规划研究区用地规划的依据(表 11 - 11、图 11 - 17,见书后彩色图版)。在该方案中,适宜性极高与高的用地空间相对较大(约为 25%),基本满足未来建设用地空间发展的需要,且有一定的建设用地集聚集约要求,利于生态保护(低与极低适宜性的空间约占 66.59%,能够满足规划研究区生态环境保护的需要)。

表 11 - 10　中生态安全格局下的规划区用地适宜性分析判别矩阵

低生态安全格局	极低生态敏感性	低生态敏感性	中生态敏感性	高生态敏感性	极高生态敏感性
极低发展潜力	3	3	1	1	1
低发展潜力	3	3	3	1	1
中发展潜力	7	7	5	3	1
高发展潜力	9	7	7	3	1
极高发展潜力	9	9	7	3	1

表 11 - 11　中生态安全格局下的建设用地适宜性分类统计表

中生态安全格局	面积(hm²)	百分比(%)
极低适宜性	880.54	48.03
低适宜性	340.18	18.56
中适宜性	152.53	8.32
高适宜性	314.63	17.16
极高适宜性	145.44	7.93

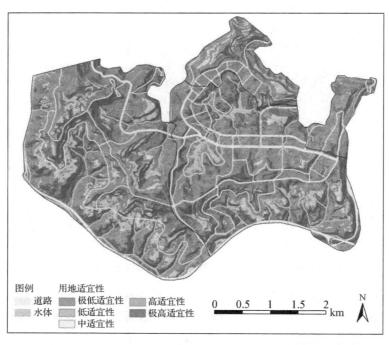

图 11 - 17　中生态安全格局下的建设用地适宜性分析图

11.3.6　战略性成长空间辨识

规划研究区属于高敏感性区域,林地占有很大比重,地形起伏较大,因而推荐中生态安全格局下的建设用地适宜性方案,即经济发展与生态环境并重。基于该建设用地适宜性方案,将面积大于 1 000 m² 的极高、高、中适宜性用地斑块提取出来,作为规划研究区的建设用地成长空间(图 11 - 18,见书后彩色图版)。

建设用地成长空间主要分布在巴国大道的两侧,总体上东部多于西部,北部多于南部;发展潜力极高的区域主要集中在南龛山、群英水库与金水湖、养生园三个片区,发展潜力高的区域主要分布在主干路例如巴国大道附近,具有沿路条带状分布的特点。因而建议规划研究区以道路建设为先导,以重点地段建设为核心,以道路周边地块为重点,聚点成轴,轴线带动,以最大的发挥核心地段的辐射带动作用。

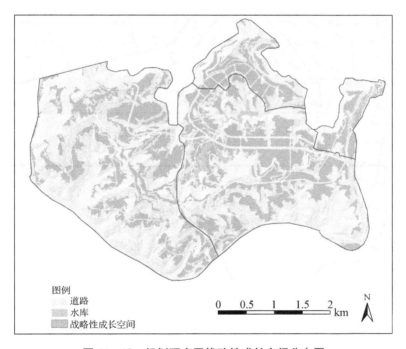

图 11 - 18　规划研究区战略性成长空间分布图

11.3.7　空间管制分区与管控策略制定

根据前面的分析结果,结合规划研究区实际,将空间管制分区划分为禁止建设区、重点建设区和弹性建设区(图 11 - 19,见书后彩色图版)。在此基础上,根据规划研究区实际,又将禁止建设区和弹性建设区进行了细分(图 11 - 20,见书后彩色图版),以增加空间管制分区的指导性和可操作性。

(1)禁止建设区

禁止建设区是规划研究区生态保护底线,是指生态敏感性高、关系区域生态安全的空间,其中最重要的空间主要包括由重要生态斑块和生态廊道组成的绿廊,以及由重要水域组成的蓝廊。

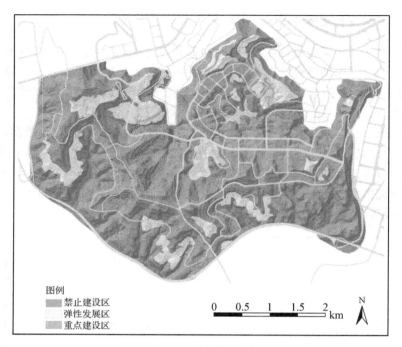

图 11 - 19　规划研究区空间管制综合分区图

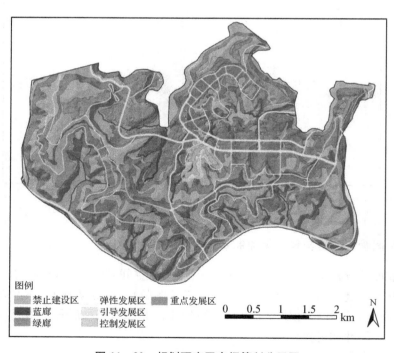

图 11 - 20　规划研究区空间管制分区图

①绿廊

主要范围：基于 MSPA 方法生成的核心区（Core）和桥接区（Bridge）。

管制措施:建议划定绿线,对重要生态斑块和生态廊道加以严格保护,并尽可能的修复廊道关键位置的断裂点,保证廊道的有效连接,在宜林区域与坡度较大区域加大造林力度,逐步推进退耕还林政策,提升生态环境质量,防治水土流失。

②蓝廊

主要范围:基于水文分析方法生成的主要河流,多为山溪性河流;面积较大的水域,主要为群英水库和金水湖以及其他面积较大的水域。

管制措施:建议划定蓝线,对规划研究区的主要泄洪通道加以严格保护,并在开发建设中尽可能的维持微地形地貌形态,保证泄洪通道的畅通,减少洪涝灾害等发生频率;控制大型水域周边用地的开发强度,并根据洪水位来布置水域周边的生态空间与建设空间,因地制宜规划建设滨水湿地,从而打造原生态的滨水景观,美化环境,调蓄洪水,增加生态系统服务价值。

(2)重点建设区

用地发展空间、区位条件、资源环境支撑能力均较优越的区域。该区域是规划研究区未来建设用地空间优先发展的主要区域。

主要范围:主要分布在规划主干路周边的高适宜建设区域。

管治措施:以南龛山周边、群英水库与金水湖周边、养生园为节点,以点带面,以期实现建设用地的良性增长;珍惜现有适宜发展空间,杜绝土地浪费,积极引导文化产业的发展,鼓励发展高层次服务业,积极推进新型城镇化,提升规划研究区(文化产业新城)的影响力和竞争力;建议以文化产业为触媒,以休闲养生、生态观光为纽带,带动周边休闲养生空间、生态产业空间、商业办公空间、生态居住空间、娱乐康体空间的发展,打造知名的文化产业新区。

(3)弹性发展区

主要包括控制发展区和引导发展区。

①控制发展区

主要位于水域缓冲区内的区域,一般为生态控制区域。

原则上不鼓励对其进行强度较大的开发利用,如果确有需要,也仅可允许较低强度的开发,不应对其生态功能产生大的影响。

②引导发展区

该区域是城镇发展潜力较大的区域,属于城镇空间用地的备用拓展区域,主要位于交通相对不太方便且用地空间不太优越的区域。

建议近期作为发展备用地考虑,加以控制,中远期作为城镇发展区域进行开发建设,并鼓励沿交通线组团式发展。

11.4 本章小结

本章以四川巴中西部文化产业新城为研究区,基于潜力—阻力评价模型对规划研究区建设用地适宜性进行了多情景评价,在此基础上辨识了规划研究区的战略性成长空间,进而提出规划研究区的空间管制分区与管控策略,对于合理确定规划研究区城市建设用地增长边界和城市空间整体格局,促进城市与区域社会经济与生态环境的可持续发展具有重要指导意义。

本章为空间管制提供了一套技术分析框架,能够满足目前城市与区域规划中空间管制科学分区的现实需要,对实现规划研究区精明增长与精明保护的有机统一和社会、经济、生态、环境的可持续发展具有重要的促进作用和实践意义。

参考文献

[1] 郝晋伟,李建伟,刘科伟. 基于 GIS 的中心城区空间管制区划方法研究——以岚皋县城中心城区为例[J]. 规划师,2012,28(1):86-90.

[2] 李鹏,冷炳荣,钱紫华."多规合一"导向下空间管制区划定与协调政策研究[J]. 城市时代,协同规划——2013 中国城市规划年会论文集(03 -城市总体规划),2013.

[3] 郝晋伟,李建伟,刘科伟. 城市总体规划中的空间管制体系建构研究[J]. 城市规划,2013(4):62-67.

[4] 宋志英,宋慧颖,刘晟呈. 空间管制区规划探讨[J]. 城市发展研究,2009(S1).

[5] 曹璐,蔡立力. 有关空间管制的几点认识[M]//中国城市规划学会. 城市规划面对面——2005 城市规划年会论文集. 北京:中国水利水电出版社,2005:612-617.

[6] 韩守庆,李诚固. 长春市城镇体系的空间管治规划研究[J]. 城市规划,2004,28(9):81-84.

[7] 郝春艳,黄明华. 对城市总体规划中心城区空间管制分区的建议[M]//生态文明视角下的城乡规划——2008 中国城市规划年会论文集. 大连:大连出版社,2008:1-7.

[8] 贾卉. 区域发展中的空间管制问题研究[D]. 西安:西北大学,2009.

[9] 钮心毅,宋小冬. 基于土地开发政策的城市用地适宜性评价[J]. 城市规划学刊,2007(2):57-61.

[10] 彭小雷,苏洁琼,焦怡雪,等. 城市总体规划中"四区"的划定方法研究[J]. 城市规划,2009,33(2):56-61.

[11] 孙斌栋,王颖,郑正. 城市总体规划中的空间区划与管制[J]. 城市发展研究,2007,14(3):32-36.

[12] 汪劲柏,赵民. 论建构统一的国土及城乡空间管理框架——基于对主体功能区划、生态功能区划、空间管制区划的辨析[J]. 城市规划,2008,32(12):40-48.

[13] 徐保根,张复明. 城镇体系规划中的区域开发管制区划探讨——以山西省为例[J]. 城市规划,2002,26(6):53-56.

[14] 俞孔坚,李迪华,韩西丽. 论"反规划"[J]. 城市规划,2005,29(9):64-69.

[15] 俞孔坚,王思思,李迪华. 北京城镇扩张的生态底线——基于生态系统服务及其安全格局[J]. 城市规划,2010,34(2):19-24.

[16] 袁锦富,徐海贤,卢雨田,等. 城市总体规划中"四区"划定的思考[J]. 城市规划,2008,32(10):71-74.

[17] 张京祥,崔功豪. 新时期县域规划的基本理念[J]. 城市规划,2000,24(9):47-50.

[18] 郑文含. 城镇体系规划中的区域空间管制——以泰兴市为例[J]. 规划师,2005(3):72-77.

[20] 宗跃光,王蓉,汪成刚,等.城市建设用地生态适宜性评价的潜力—限制性分析——以大连城市化区为例[J].地理研究,2007,26(6):1117-1127.

[21] 尹海伟,孔繁花,罗震东,等.基于潜力-约束模型的冀中南区域建设用地适宜性评价[J].应用生态学报,2013,24(8):2274-2280.

[22] 许峰,尹海伟,孔繁花,等.基于 MSPA 与最小路径方法的巴中西部新城生态网络构建[J].生态学报,2015(19).

[23] 曹翊坤.深圳市绿色景观连通性时空动态研究[D].北京:中国地质大学(北京),2012.

[24] 邱瑶,常青,王静.基于 MSPA 的城市绿色基础设施网络规划——以深圳市为例[J].中国园林,2013,29(5):104-108.

[25] Soille,P.,Vogt,P..Morphological segmentation of binary patterns[J].Recognition Letters,2009,30(4),456-459.

[26] Mcharg,I..Design with Nature[M].New York,Natural History Press,1969.

[27] 李卫锋,王仰麟,蒋依依,等.城市地域生态调控的空间途径[J].生态学报,2003,23(9):1823-1831.

[28] 张雷,肖天贵,燕亚菲,等.四川巴中地区 38 年来气候变化特征分析[J].成都信息工程学院学报,2010,25(3):293-300.

[29] Urban,D.,Keitt,T..Landscape connectivity,a graph-theoretic perspective[J].Ecology,2001,82(5):1205-1218.

[30] Wickham,J.D.,Riitters,K.H.,Wade,T.G.,Vogt,P..A national assessment of green infrastructure and change for the conterminous United States using morphological image processing[J].Landscape and Urban Planning,2010,94(3-4):186-195.

[31] Vogt,P.,Riitters,K.H.,Iwanowski,M.,Estreguil C,Kozak,J.,Soille,P..Mapping landscape corridors.Ecological Indicators[J],2007,7(2):481-488.

[32] Sun,J.,Southworth,J..Indicating structural connectivity in Amazonian rainforests from 1986 to 2010 using morphological image processing analysis[J].International Journal of Remote Sensing,2013,34(14):5187-5200.

[33] 金继晶,郑伯红.面向城乡统筹的空间管制规划[J].现代城市研究,2009(2):29-34.

[34] 王磊,沈建法.空间规划政策在中国五年计划/规划体系中的演变[J].地理科学进展,2013,32(8):1195-1206.

[35] 杨伟民.发展规划的理论和实践[M].北京:清华大学出版社,2010.

12 新时期城市与区域规划空间分析展望

12.1 3S集成应用将重构城市与区域规划空间分析方法体系

城市与区域规划是综合性的空间规划,以地理信息系统(GIS)、遥感(RS)和全球定位系统(GPS)为代表的3S空间信息技术在收集与管理海量规划空间数据、分析与解决空间规划问题方面具有独特的优势,其在城市与区域规划中的集成应用将重构城市与区域规划的空间分析方法体系,能够有效提升城市与区域规划编制的科学性("基于3S和4D的城市规划设计集成技术研究"课题组,2012)。

12.1.1 GIS在城市与区域规划中的应用

进入21世纪以来,结合新时期我国城市与区域规划面临的新形势、新问题,城市与区域规划正面临由传统物质空间规划向物质空间、社会空间、生态空间多维复合空间规划转变,即我国的城市与区域规划将迎来社会转向和生态转向。地理信息系统(GIS)是关于地理信息存储、分析、应用和管理的计算机技术系统,空间分析是其核心功能之一,也是地理信息系统区别于其他信息系统的主要特色,这也是和目前城市与区域规划中常用的制图软件例如AutoCAD的主要区别之所在。城市与区域规划的核心内容与GIS的核心功能在"空间"上具有相互借鉴的契合点和一致性,因而GIS对于城市与区域规划来讲是非常重要的工具("基于3S和4D的城市规划设计集成技术研究"课题组,2012),不仅是数据库,还是功能强大的工具箱。

在城市与区域规划中,运用GIS技术的海量数据库存储与查询功能可以构建城市规划管理信息系统,实现规划管理的现代化、可视化与自动化;运用GIS技术的空间分析功能,结合城市与区域规划专业模型,可以构建城市与区域规划的空间决策模型,对城市与区域规划中复杂的空间规划问题进行辅助决策,从而使规划方案更加科学、更有效率。

GIS在城市与区域规划中的应用主要包括以下两个方面:

(1) GIS在数据处理与规划管理中的应用

城市与区域规划是建立在对规划研究区自然地理、社会经济、生态环境等诸多方面基础资料全面了解掌握和系统梳理的基础之上的,这些海量数据的收集、处理与管理是城市与区域规划编制的基础、前提和重要保障。城市与区域规划编制产生了海量的空间数据,包括基础地形、遥感影像、土地利用、水文地质、工程地质、交通、绿化、工程管线等基础空间数据,还包括各个阶段的规划成果数据。这些数据往往形式与格式多样(文字、表格、图像等,CAD、IMG、JPG等)、比例尺不等。GIS拥有强大的空间数据收集、存储与管理功能,能够把规划研究区的人口、社会、经济、生态、环境等各类属性信息与空间位置进行关联,形成完整的规划信息数据库,供规划师和规划管理部门查询、调用、显示和管理。目前,各地大量建设并使用的规划管理信息系统大多基于 GIS 平台来进行构建的(熊学斌,2004;张合兵,2008;方旭东,2009;刘勤志,2013)。

一个完善的城市规划信息系统是以城市规划数据库为核心,将计算机技术、通信技术、网络技术、地理信息系统技术、遥感技术、城市规划及系统科学的理论和方法综合应用于城市规划与管理事务的图文一体化技术集成系统。我国的规划管理系统建设从 20 世纪 80 年代开始起步,主要经历了三个阶段:1980 年代末期到 1990 年代中期,探索和应用新技术阶段;1990 年代中后期,建设数据库、信息系统和开展业务自动化阶段;2000 年以后,结合 IT 主流技术,可持续发展的全面规划信息化阶段(高红梅,2010)。从城市规划信息技术实际应用来看,特别是地理信息系统技术的应用,为城市规划与管理提供了快捷有效的信息获取手段、信息分析方法;提供了新的规划管理技术和新的规划方案表现形式、新的公众参与形式和公众监督机制(胡玲,2006),大大提高了城市规划管理的现代化水平,减轻了日趋沉重的城市管理负担,显著改善了管理绩效,在城市的可持续发展、公众信息服务、城市动态监测管理、辅助决策、经济社会发展和宏观调控等方面都产生重大影响(高红梅,2010)。

(2) GIS 在空间分析与规划决策中的应用

面对城市与区域规划中收集的海量数据(包括规划研究区的历史数据与现状数据),传统的以定性分析为主的城市与区域规划方法由于缺乏大规模快速准确的数据分析工具,无法对所获取的规划研究区数据进行科学有效的定量分析与评价(毛汉英,1997;许为一,2008)。而定性分析中长期使用的经验分析方法也因数据分析中感性因素过多介入而带有太多的主观随意性,规划数据分析的落后成为制约规划学科发展的重要技术瓶颈,直接导致城市运行机制研究不足,对规划研究区未来发展方向预测失误(李伦亮,2005;许为一,2008;"基于 3S 和 4D 的城市规划设计集成技术研究"课题组,2012)。

随着 GIS 技术自身的不断完善,GIS 空间分析功能日益增强,并在城市与区域规划分析中得以广泛的应用(赵雷,2007;柏祝玲,2013)。本书第 2 章至第 11 章的很多内容均展示了 GIS 空间分析功能在城市与区域规划实践中的具体应用。这些应用为相应的城市与区域规划提供了强有力技术方法支撑和规划参考依据。

目前,在城市与区域规划分析中使用比较广泛的空间分析有地形分析、表面分析、缓冲区分析和空间叠置分析等。其中,地形分析是一个基础性的工作,它是合理利用城市土地、进行城市空间布局的依据;表面分析可以生成新的数据集,通过这些数据集可以更多的了解原始数据中所隐含的空间格局信息;缓冲区分析可以用来确定公共服务设施的服务半径,线状廊道如铁路、高压线、河流两侧的保护范围;空间叠置分析在规划中可以用来进行重大基础设施、公共服务设施的选址布局,城市建设用地的适宜性评价等分析工作,分析结果可以为规划提供科学的决策依据(柏祝玲,2013)。空间分析技术方法的应用,提高了城市规划对于各类规划基础数据的分析处理能力以及对于未来城市发展的预测、模拟和优化能力,使规划能够在理性综合分析的基础上做出科学的判断与决策(耿宜顺,2006)。

12.1.2 RS 在城市与区域规划中的应用

自 1960 年代以来,遥感(Remote Sensing, RS)技术在世界范围内迅速崛起,它改变了人类认识地球、了解地球的角度和方式。随着计算机技术、光学感应技术以及测绘技术的发展,遥感技术也从以飞机为主要载体的航空遥感发展到以航天飞机、人造地球卫星等为载体的航天遥感,极大地扩展了人们的观测视野,丰富了对地观测信息的来源,遥感图像越来越成为人们快速获取地表信息的主要来源(尹海伟等,2014)。

遥感数据具有信息量丰富、形象直观、覆盖面广、多时相等特点,使其成为城市与区域规划越来越重要的数据源,成为规划师准确了解规划研究区土地利用现状及其动态变化情况以及各类资源空间配置情况等的得力工具,也将改变传统城市与区域规划的工作模式,提高了城市规划工作的科学性、准确性和工作效率。

近年来,遥感技术得到了很大的发展,已经可以提供多类型、多时相、多光谱、多空间分辨率的对地观测数据。与此同时,从遥感数据中快速获取与准确提取城市与区域地表信息的研究也取得了较大进展,直接推动了 RS 技术和遥感影像数据在城市与区域规划领域的广泛应用(廖克,2006;赵薛强等,2011;"基于 3S 和 4D 的城市规划设计集成技术研究"课题组,2012;杨佩晔等,2012),例如土地利用遥感调查、城市土地利用变化遥感监测、城市综合现状调查与分析等。

遥感技术在城市与区域规划中的应用主要包括以下两个方面:

(1) 重要数据来源与现状调查底图

目前,国内传统城市与区域规划使用的基础数据(必不可少的基础图件)主要为地形图数据。然而,国内不同区域、不同尺度的地形图更新周期差异显著,通常更新周期短的在 3～5 年,长的甚至在 10～15 年,无法满足城市与区域规划对现势性的需要。我国快速的城镇化进程,使得城市变化日新月异,地形图测绘成果经常无法满足城市与区域规划的现实需要。在这一背景下,多种形式的遥感影像数据就成为规划、交通、国土、园林、水利、环保等众多部门广泛使用的数据产品,成为各部门重要的基础数据来源。

另外,在不同层次的城市与区域规划中,将遥感影像作为现状调查的基础图件和工作底图,能够有效减少现状调查的盲目性和克服因地形图滞后带来的现势性偏差;同时也可制作大型彩色挂图及专题地图等,为各级部门的管理、决策、宣传提供直观资料("基于 3S 和 4D 的城市规划设计集成技术研究"课题组,2012)。

(2) 土地利用动态变化与动态检测

结合不同时期的遥感数据能够客观、准确、高效地获取规划研究区的土地利用变化情况,辨识城市用地增长的特征、规律,进而能够为科学地进行未来城市用地的规划布局提供重要的依据和参考信息(参见本书第 8 章相关内容)。

另外,基于遥感数据的土地利用分类、地形图修测、不同土地利用类型特别是生态资源的提取与分析(例如基于植被归一化指数的植被信息提取、基于 TM6 的地表温度反演等),均为不同层次、不同类型的城市与区域规划及专项规划提供了强有力的技术支撑和数据保障(覃志豪等,2005;王英利,2013;周万蓬,2013;印影等,2014;马明等,2014)。

遥感技术在区域土地利用动态监测中的应用已取得巨大成功。自 1990 年代开始,国土资源部就利用 TM/ETM 数据监测全国范围内的土地利用动态变化,后来开始逐渐使用 SPOT(全色 2.5 m,多光谱 10 m)遥感影像数据进行国土动态变化的监测。2000 年以来,随着遥感技术的不断发展,国土资源部利用高分辨率遥感影像数据(航片)进行了两次土地利用遥感调查,并加快推进了全国土地变更调查与遥感监测工作、国土资源遥感监测"一张图"和综合监管平台建设,基本实现了土地利用动态变化与检测的年际更新和国土资源的有效监管,取得了良好的工作效果。

12.1.3 GPS在城市与区域规划中的应用

全球定位系统(Global Positioning System,GPS)是一种由空间卫星、地面监控站和用户接收机三部分组成的卫星导航和定位系统,具有定位精度高、速度快、成本低、操作方便、全天候作业等特点,目前已成为世界上应用范围最广泛、实用性最强的全球精密授时、测距、导航、定位系统。以美国GPS技术和俄罗斯GLONASS为代表的卫星导航定位系统在世界范围内得到了广泛的认可与应用。目前正在建设过程中的卫星导航定位系统还有我国北斗卫星导航定位系统、欧洲"伽利略"计划、印度卫星导航系统和日本"准天顶卫星系统"等。

目前,GPS技术已经广泛服务于城市规划、城市建设、工程测量、交通设计、基础施工等实践,并随着我国数字城市建设以及城市信息化进程的推进,GPS技术正在不断渗透到社会的各个领域。GPS技术在城市交通规划中已经得到了广泛应用,可为城市交通规划编制提供准确的交通流量、流向等数据。在大数据(Big Data)快速发展的今天,结合公交车、出租车等公共交通GPS位置信息进行交通出行方式、出行时间、出行空间等的分析研究日益增多(陈美,2013;唐要安,2013;赵鹏军等,2014),为实时、准确把握城市与区域规划中的城市空间联系、城市内部结构组织等提供了强有力的数据与方法支撑,提高了相关规划内容的科学性与有效性。

12.1.4 3S技术集成将重构城市与区域规划空间分析方法体系

3S技术在城市与区域规划中的应用并不是孤立的,而是一直处于集成应用的发展状态。目前3S技术集成在城市与区域规划中的综合应用,已经重构了城市与区域规划空间分析方法体系,形成了新的基于3S技术的城市与区域规划空间分析方法框架体系(详细分析参见第1章相关内容)。随着GIS、RS、GPS技术的不断发展,以及与其他技术平台例如CAD、3DMAX等的融合,将进一步丰富城市与区域规划空间分析方法体系。

在3S技术集成的不断发展过程中,地理设计(GeoDesign)、城市规划决策支持系统(Urban Planning Decision Support System,UPDSS)和虚拟现实技术(VR)等为城市与区域规划的多技术、多学科相互交叉与融合提供了新的技术方法,亦将对城市与区域规划空间分析的未来发展产生深远而广泛的影响。

(1)地理设计

地理设计是一种把规划设计活动与实时的(或准实时的)以地理信息系统为基础的动态环境影响模拟紧密结合在一起的决策支持方法论(马劲武,2013),试图从学术上打破地理学、城市规划学、景观设计学、建筑学与土木工程学等学科之间的界限,并从技术上对人居环境规划中所面临的问题提出解决方法。与传统规划设计方法工具相比,地理设计除了能够直观展示设计方案的视觉效果,更重要的是通过强大的空间数据管理和分析特性,在地理空间数据和其他数据源的支持下,能够对设计方案很容易地进行草绘和调整,并能很快获得空间知识上的反馈和快速的影响评估,并不断优化设计方案,从而使设计对自然环境可能造成的不良影响得到有效的预警和调整(李莉等,2011;罗灵军等,

2012；马劲武，2013；伊恩·毕夏普，2013；周文生等，2014；薛梅等，2014）。以道路设计为例，目前 GIS 系统只是充当了一种地图背景显示和相关指标分析的工具；而在 GeoDesign 的目标中，设计人员可以直接在地图上通过交互来调整设计方案（何兴富等，2013）。与此同时，相关的设计指标信息和提示会随之出现，设计人员在这种动态的适宜性信息反馈下不断进行方案调整，最终获得最佳设计方案，甚至是全盘否定某个方案。在这一过程中，GIS 不只是作为一款辅助工具存在，它贯穿了规划设计项目的整个生命周期，缩短了规划设计调整的时间，是规划设计过程的组成部分，即规划设计决策的辅助者和决策结果的表现者。

传统的 MIS（管理信息系统）、CAD（计算机辅助设计）、BIM（建筑信息模型）、GIS（地理信息系统）和 Neogeography（新地理学）等技术，都已经或正在沉浸入我们日常的设计过程之中（李莉等，2011；何兴富等，2013；周文生等，2014）。但是这些技术在我们的设计流程中是各自独立的，且是被分别调用的，它们并没有被整合到一起发挥最大的效率。例如，专注于设计的 CAD 工具与擅长数据管理的 GIS 数据库之间，还有不小的鸿沟，无法很好地满足规划设计人员的需要。而这些技术和思想，都有赖于进一步纳入地理设计的概念之下，使之成为一个真正的地理驱动的设计流程工具集。第一款地理设计软件是 ArcCAD，它尝试完全集成 GIS 与 AutoCAD 环境。最新的实践是 ESRI 的 Bill Miller 组织了一个小型团队开发了一款名为 ArcSketch 软件模块让 GIS 用户能够在 ArcGIS 软件中对地物要素进行草绘，这是业界对地理设计的第一个实质性响应。目前，国内的周文生等（2014）介绍了清华地理设计系统（简称"THGeoDesign"），该系统旨在为规划设计的全过程提供支持，已经具备了一定的数据集成分析能力。

地理设计的理论和工具是基于更精确和更完整信息之上的，设计不仅存在于草绘图形和大脑中的观念之中，它在一个设计过程的初始阶段，就通过数据工具提供了该项目意图的信息。同时，高度的设计交互式环境能够让更多的设计人员参与到设计过程中来，更有利于彼此的协作和沟通，提高设计的效率。尽管地理设计的理论和工具才刚刚出现，但这种基于工作流程的多工具集成无疑是发展的主线。唯有如此，当前只作为一种地理空间数据管理和可视化工具的 GIS 才能在应用中发挥更大的作用。

（2）城市规划决策支持系统

城市规划决策支持系统（Urban Planning Decision Support System，UPDSS）从本质上是一种规划支持系统（Planning Support System，PSS），其目标是实现城市规划信息的采集、传输、存储、加工、维护、使用以及动态更新、统计分析和辅助决策等功能（Harris，1960；张妍，尚金城，2002；龙瀛等，2010）。

城市规划决策支持系统与我们在城市与区域规划中经常使用的情景规划（Scenario Planning）紧密相关。情景规划的核心思想就是考虑未来一系列的可能情况，包括许多不确定性因素，提出多种规划目标，以政策导向为基础制定不同的情景方案，全面地辅助规划设计人员进行城市问题研究和城市规划，使问题研究与规划过程系统化，从而起到规划支持的作用，并使公众参与成为可能（杜宁睿等，2005）。城市规划决策支持系统与情景规划思想的结合，使传统的城市规划从"Plan For People（为公众规划）"转变为"Plan With People（与公众一起规划）"，使公众利益和各类利益共享者都能参与到规划制定的过程中（杜宁睿等，2005；钮心毅，2006）。

目前,国外城市规划支持系统的应用主要侧重于支持空间规划、城市环境改进规划、工业区位选址、土地使用规划和城市增长管理等,已经初步开发了一批可以实际操作的用于规划实践的规划决策支持系统软件,主要有 WHAT IF?、INDEX、Community Viz、CITYgreen、AEZWIN、EXPERT CHOICE、DEFINITE、RAMCO、BLMePlanning 等(杜宁睿等,2005;龙瀛,2007;龙瀛等,2006、2010)。其中,WHAT IF? 是美国 Klosterman 教授和 ESRI 公司联合开发的可操作土地利用规划支持软件,其设计思想为如果关于未来的政策选择和假设正确的话(IF),会出现一个什么样的情况(THEN WHAT)(Klosterman,1999),它基于 GIS 技术和 Scenario Planning 概念,不是为了追求准确地预测未来的唯一面貌,而是一个以多方案比选或政策为导向的规划支持工具。该软件将城市分析模型结合起来,把复杂的土地利用问题简化,所提供的未来土地利用模式考虑了不同地点具有不同的土地利用适宜性,其中对适宜地点的土地需求又考虑了特定的政策要求,从而对土地供给和土地需求进行平衡(Klosterman,1999;杜宁睿等,2005)。WHAT IF? 所针对的用户是城市规划中的专业人员和决策者,适用于快速城镇化地区的土地利用规划分析。较为成功的应用有:美国俄亥俄州 Medina 县的农田保护政策评估(Klosterman et al.,2003),澳大利亚 Hervey 湾地区土地利用规划(Pettit,2005)。在国内,也有将该软件应用于城市总体规划阶段的土地利用研究实例(杜宁睿等,2005)。

尽管目前有关城市规划决策支持系统的相关研究仍处于探索阶段,国外已有不少研究案例和操作软件,但是在国内城市规划决策机制尚不健全的背景下,国内规划决策支持系统的发展仍受到很大的体制约束(董鉴泓,2005;钮心毅,2006)。由于规划决策支持系统与城市规划的思想、体制有着密不可分的联系,所以在当前我国的城市规划体制下开展规划决策支持系统的应用,必须找准切入点(钮心毅,2006),应该从规划问题出发,从规划实践的实际需要出发使用新技术(Hopkins,1999),不应只从技术出发,为了技术而应用新技术,避免出现"技术导向"。钮心毅(2006)展望了两种可能的应用模式,其一是用于规划师之间交流沟通的规划支持系统;其二是用于规划师与决策者之间的交流沟通的规划支持系统。我国大量的城市规划实践需要有新方法、新技术的支持,规划决策支持系统也一定能够在我国城市与区域规划实践中有用武之地,应用前景十分广阔。

(3)虚拟现实技术

虚拟现实(Virtual Reality,VR)技术是 1990 年代以来兴起的一种可以创建和体验虚拟世界的计算机系统(刘学慧等,1997),是集先进的计算机技术、传感与测量技术、仿真技术、微电子技术、人工智能技术等为一体的综合集成技术,具有沉浸感(Immersion)、交互性(Interaction)和想象力(Imagination)3I 特征(胡明星,2000;郑皓等,2001;李春阳等,2003;姜峰,2004)。

虚拟现实技术可广泛地应用于城市规划中,从制作大比例尺城市模型到对城市的环境设计和规划进行研究。采用虚拟现实技术,能将各种规划设计的方案定位于现实环境中,考察加入规划方案后对现实环境的影响,评价方案的合理性;同时人在虚拟的设计环境中行走,能够感知空间设计的合理性。因此,应用虚拟现实技术为实践各种可行方案创造了条件,不仅可以提高城市规划的科学性,降低城市开发的成本,同时还能缩短规划、设计的时间。另外,虚拟现实技术的运用,可以使城市规划中原有的一些只可意会不可言传的内容,以一种直观的面貌展现出来,在城市规划领域具有非常重要的应用价值,对城市规划决策者、规划设计者、城市建设管理者以及公众,在城市规划与管理的整个决策过程中的有效合作提供了重要的技术保障。例如,美国曾利用虚拟现实技术对洛杉矶和拉斯维加斯两个城市的改造进行了虚拟实验,用于评价城市设计和规划的方案,将城市的街道及其建筑物,尤其是高层建筑物根据城市的功能和城市美学的原则,进行了多种方案的对比分析,同时还对街道树种的选择进行比较,包括幼年树和成年树绿化效果及美观情况做了一一比较,最后做出了人行道树种的优化。国内也有一些虚拟现实案例,例如姜峰(2004)的西安市二环路虚拟漫游系统,李春阳等(2003)的深圳市中心区三维仿真模型,刘昌华等(2007)的南京市城市仿真系统等。

然而,虚拟现实技术作为一种全新的技术,在城市科学范围内的运用才刚刚起步,在技术和方法上还存在许多问题,有待进一步解决和完善。当然,在不久的将来,随着计算机软硬件的迅速提升,以及国内规划体制的不断完善,作为城市规划设计中崭新而便捷的技术手段,虚拟现实技术必将为城市规划建设画上精彩的一笔(郑皓等,2001)。

12.2　大数据将推动城市与区域规划空间分析方法的大变革

12.1.1　大数据的概念内涵与基本特征

（1）大数据的概念内涵

今天,社会生活方方面面都在迅速数据化。在互联网浪潮推动下,搜索引擎、电子商务、定向广告等建立在海量数据之上的互联网应用取得了巨大成功,这启发人们去重新审视数据的价值(魏凯,2013)。2011 年 5 月,麦肯锡全球研究院(McKinsey Global Institute)发布了研究报告《大数据:创新、竞争和生产力的下一个前沿领域》(Big data,The next frontier for innovation,competition,and productivity);2012 年 1 月在瑞士达沃斯举行的世界经济论坛上,发布了题为《大数据,大影响》(Big Data,Big Impact)的报告;2012年 3 月,美国政府在白宫网站上发布了《大数据研究和发展倡议》(Big Data Research and Development Initiative)(薛辰,2013)。这些研究报告与倡议都指出了在当前数据大爆炸时代数据本身所蕴含的巨大战略价值,并在全球迅速兴起一股大数据研究的热潮。

到目前为止,对"大数据"并未形成公认的定义。维基百科将大数据定义为"无法在一定时间内用常规软件工具对其内容进行抓取、管理和处理的大量而复杂的数据集合";研究机构 Gartner 认为大数据是"需要新处理模式才能具有更强的决策力、洞察发现力和流程优化能力的海量、高增长率和多样化的信息资产"。由此可见,大数据是一种高级信息生产力,大数据技术的战略意义不在于掌握庞大的数据信息,而在于对这些含有意义的数据进行专业化处理的能力。

（2）大数据的基本特征

大数据的基本特征包括以下 4 个方面:①数据体量大,从 TB 级别跃升到 PB 级别;②数据类型繁多,例如网络日志、视频、图片、地理位置信息等,既包括结构化数据,也包括大量的非结构化数据;③数据的商业价值高,但价值密度低,以视频为例,连续不间断监控过程中,可能有用的数据仅仅只有一两秒;④数据体系动态、流转快速(传统技术已经难以应对,需要采用新的技术加以处理)。通常,可以将以上4个特征概括为4个"V":Volume,Variety,Value,Velocity(唐要安,2013)。

12.1.2　大数据的三大转变与四大挑战

目前,大数据开启了一次重大的时代转型,已经在许多领域特别是商业领域获得了成功应用,表现出了巨大的技术优势。如同望远镜让我们能够感受宇宙,显微镜让我们能够观测微生物一样,大数据已经正在改变人们的生活、工作和理解世界的思维方式(Viktor Mayer-Schönberger et al.,2013)。

（1）大数据的三大转变

维克托在《大数据时代:生活、工作与思维的大变革(Big Data:A Revolution That Will Transform How We Live,Work,and Think)》中提出了大数据时代处理数据理念上的三大转变:全数据模式而不是随机抽样,承认混杂性允许不精确,关注相关关系而不是因果关系(Viktor Mayer-Schönberger et al.,2013)。

①全数据模式而不是随机抽样

要分析与某事物相关的所有数据,而不是依靠分析少量的样本数据。在小数据时代,由于当时技术条件的限制,我们获取数据的技术手段和能够处理的数据仍然十分有限。因而,大多数学者均采用随机抽样的方法进行统计分析,即通过随机抽样获取的少量样本数据来对数据总体进行估计,以获取数据总体的统计学信息。在小数据时代,随机抽样方法取得了巨大的成功,成为现代社会科学等相关领域的核心方法之一。然而,随机抽样方法的成功很大程度上依赖于抽样的绝对随机性,但现实抽样的随机性很难保证,一旦抽样过程中存在偏差,分析结果可能就会与数据总体相去甚远。另外,样本的代表性及其数量均对统计分析结果产生重要的影响。这些随机抽样方法存在的固有缺陷在大数据时代表现的越来越明显,因而推动了大数据时代全数据模式(即采用与研究对象相关的所有数据)的产生与发展。

②承认混杂性允许不精确

据统计,只有5%的数据是结构化的且能适用于传统的数据库。如果不接受混乱,不承认数据的混杂性,剩下的95%的非结构化数据都无法被使用,例如网页、照片、视频数据等。在小数据时代,准确性是分析方法的重要判据,如今这依然适用于一些领域。然而,在一些领域,借助于大数据分析技术快速获取一个事物的大致轮廓与发展脉络,就远胜于对严格精确性的追求。例如,我们通过城市交通流量的 OD 调查来分析城市道路的承载情况,进而为城市道路交通规划提供参考和依据。但当我们掌握了城市道路数字监控系统的详细交通流数据时,通过利用大数据分析方法,就能够非常清晰的获取整个城市不同时间、不同路段道路承载情况的全貌,从而为道路交通规划与交通流疏导等提供强有力支撑。

③关注相关关系而不是因果关系

维克托等(2013)认为在大数据时代,知道"是什么"就够了,没必要知道"为什么",即更关注相关关系而不是因果关系。例如,亚马逊网站的购书推荐系统能够根据用户的历史购买与搜索记录快速推荐给用户可能关心的书目,从而代替了传统的专家学者在线推荐与书评,提高了网站运营效率;沃尔玛超市则根据历史销售数据得出,在季节性飓风来临之前,不仅手电筒销售量大幅增加,而且蛋挞的销量也明显增加,因而每当飓风来临时,沃尔玛都会把蛋挞放置在靠近飓风用品的位置,以方便行色匆匆的顾客从而增加销量。虽然,维克托等(2013)列举的相关案例印证了相关关系的重要性,但我们仍很难忽视相关背后的因果关系,因为只有对因果关系的不断探求,我们才能辨识纷扰的虚假相关,避免在错误的道路上越走越远却浑然不知。比如,亚马逊因为拥有客户的历史购买和搜索记录,因而可以通过大数据分析得到用户的个人偏好,从而据此给出用户可能感兴趣的推荐书目,两者之间有着密切的关联。再如,如果沃尔玛的大数据分析没有能够辨识蛋挞为什么会在飓风来临时销量猛增的原因,那么仅从相关关系上是无法做出将蛋挞放置在飓风用品的位置附近的决策。由此可见,仅仅局限于满足了解相关关系,而忽视相关背后的关联机制与因果关系的深入探求,我们将很有可能背道而驰。

(2)大数据的四大挑战

正如人类学家 Clifford Geertz(1999)在《文化的解释(The Interpretation of Cultures)》中曾指出的"努力在可以应用、可以拓展的地方,应用它,拓展它;在不能应用、不能拓展的地方,就停下来"。目前,大数据尚处于发展时期,还有很多领域有可能不适合使用大数据,大数据也有一些自身亟待解决的重大问题,面临着一系列巨大的挑战,主要有:数据垃圾多、大数据处理与分析技术欠缺、分析结果缺乏有效性验证、大数据的共享与安全问题等。

①数据垃圾多(数据价值的稀疏性)

大数据的数量很大,增长速度很快,品种很多,但价值密度却很低,其中有很多都是垃圾数据。据 IDC 统计,在 2012 年的所有信息中,只有 23% 有用(IDC,2011)。内容残缺、精度有误、重复冗余、格式矛盾、类型不同、结构不一、尺度不同、标准差异、过时失效、错误异常、动态变化、局部稀疏等问题都可能造成数据的失真、甚至是错误。因而,在使用大数据进行分析之前,进行有效数据的遴选就显得尤为重要。获取的数据应该是基本准确和真实的,已经成为大数据成功的关键。这也是目前大数据在商业领域取得重大成功的主要原因之所在。因为这些商业数据多来自用户真实的购买记录,失实率低。当大数据面对社会科学、公共管理等领域时,大数据的噪声问题可能就成为阻碍大数据应用的主要障碍。因为大量的垃圾数据极有可能导致错误的结论,而我们在面对这些领域的数据时,多数情况下我们很难给出数据遴选的具体标准,从而快速有效地从大数据的海洋里遴选出我们需要的数据信息。

②大数据处理与分析技术欠缺

大数据的 4"V"特征决定了目前大部分的数据分析技术与方法都不能满足其要求。虽然目前已经有了一些能够进行非结构化数据存储、处理、分析的软件与技术平台(例如,Hadoop 上的分布式文件系统 HDFS(Hadoop Distribute File System)),也有一些大数据分析处理的商业案例(比如,亚马逊、沃尔玛等),但是这些商业应用案例仍处于大数据的收集、存储与简单的相关分析的阶段,与真正意义上的大数据的功能仍相去甚远。数据挖掘是凸现大数据价值、盘活大数据资产和有效利用大数据的基础技术,可以用于从数据中提取信息,从信息中挖掘知识。然而,目前数据挖掘的相关新技术、新方法仍需要较长时期的积累,并非一日之功。只有当与大数据匹配的数据挖掘技术逐渐走向成熟,大数据时代才可能真正到来。否则,大数据很有可能步人工智能的后尘,在一场泡沫之后,步入"大数据的冬天"和发展的低谷期,只有等到大数据处理与分析技术的重大突破与变革之后,大数据的春天才会真正意义上到来。

③分析结果缺乏有效性验证

在小数据时代,虽然我们获取的数据有限,也存在诸如数据抽样很难做到完全随机抽样、有偏的抽样数据等问题,但统计分析结果有着较为严谨的数理基础,结果的可靠性基本得到保障。在大数据时代,由于数据的高冗余性、数据价值的稀疏性,我们经常无法获取某一研究问题的全样本数据,且获取的很多数据也很难避免数据可能高度偏斜等问题(例如,基于微博数据的城市空间研究,即使我们获取了某一城市城区范围内所有微博用户的地址与文本数据,我们对城市空间的结论仍很有可能产生重要偏差,因为使用微博用户群体本身就是城市中的某类特殊群体,即使是全样本,但依然相对于所有城市居民而言属于高度有偏的数据),对数据统计分析结果的有效性无法置评,以至于无从知道结果的准确性、有效性。如果我们过于乐观地接受大数据分析结果,我们很有可能陷入"被错误的数据带入了错误的结果"的尴尬境地(当然,这里并不是否认大数据必将带给我们的生活方式、分析方法、研究思路等的重要转变)。

④大数据的共享与安全问题

目前,受技术、成本、体制等方面的限制,只有大型公司和政府相关部门才有可能广泛收集、存储和处理大数据。虽然 2009 年以来开展的"数据开放运动"取得了一定的成效,但离真正的数据共享还有很长的路要走。在我国城市规划的大数据探索研究中,主要采用的数据多为政府开放数据(例如环保、统计等政府网站)、地理开放数据(例如百度地图)、社交媒体数据(例如新浪微博)、公交 IC 卡数据、出租车 AVL(Automatic Vehicle Location)数据和手机信令等,这些数据采集的手段仍然处于研究探索阶段,数据种类不够丰富,数据质量难以保障,与大数据的 4"V"特征仍有较大差距(张翔,2014)。城市规划研究特别是城市空间结构方面的研究,往往需要对城市社会群体和城市居民个体进行研究,不可避免存在个人隐私安全问题,而这一问题在大数据时代更加突出,因为大数据具有非常高的精度、非常广的覆盖面和非常丰富的种类,即使可以删除数据集中的个人身份信息,还是很有可能通过算法把分散的数据关联起来重新识别出个人身份(张翔,2014)。最近一份对欧洲 150 万手机用户的数据集进行的研究表明,只需要 4 项参照因素就足以确认其中 95% 的人员身份(Crawford,2013)。在城市规划中,研究时空行为需要分析大量公共数据,人们的习惯性出行路径也可能成为辨识个人身份的重要信息。可以预见,城市规划中大数据滥用造成的安全问题将变得更加尖锐(张翔,2014)。

综上所述,我们在使用大数据研究分析某一问题时,首要的任务与目标仍是快速获取真实有效的数据,从而有效避免数据的冗余与失真,进而避免分析结果有效性的失据。在保证数据真实性、有效性的基础上,大数据处理与分析技术就成为大数据时代的核心组成,也是大数据技术广泛应用的重要技术保障。

12.1.3　大数据对城乡规划方法的变革

大数据为城乡规划中的空间分析提供了新的研究视角与分析方法,将会逐渐变革城乡规划研究的范式。在城市与区域规划中,利用大数据技术对自然、生态、环境、气象、水文等自然信息和经济、社会、文化、人口、交通等人文社会信息的深入挖掘,可以为城乡规划提供强大的决策支持,并提高城乡规划的科学性和前瞻性。

国外对大数据在城市规划上的应用已经开展了许多积极的探索。例如,《伦敦 2062》(Imagining the Future City:London 2062)通过 Oyster 交通卡、地铁运行和公共自行车 GPS 等数据分析公共交通流;通过对出租车记录、打的软件和 Twitter 记录等数据分析城市网络簇群的空间分布。通过这些大数据的分析,《伦敦 2062》深入地研究了伦敦的流动空间(Bell,2013)。瑞士日内瓦与 Lift conference 合作,将 Swisscom 提供的一周内手机用户在通话中移动产生的地理数据进行视觉化,为我们描述了一座活动的城市,主要包括日/夜实时流量、各城区间的流量、各时段的通话流量、周流量、周末出城/入城流量等主题信息图,为了解日内瓦城市内部人口流动提供了大数据支撑。

目前,国内已有不少学者使用微博、手机信令、公交与出租车 AVL(Automatic Vehicle Location)、百度热图数据等来进行城市居民的时空行为与城市流的空间结构研究等(甄峰等,2012;关志超,2012;龙瀛等,2013;秦萧等,2013),初步展示了大数据在城市与区域规划研究中的具体应用,对推动城市与区域规划空间分析方法的变革具有重要的意义。

下面主要从基于微博等网络社交平台的城市空间关联研究,基于手机信令数据的城市人口时空演化研究,基于公交与出租车 AVL 数据的城市居民出行模式研究等几个方面,来介绍目前国内外学者在城市与区域规划研究中对大数据应用的一些成果。

(1) 基于微博等网络社交平台的城市空间关联研究

甄峰等(2012)基于收集的中国节点城市的新浪微博数据(特别是微博用户之间的关系,包括粉丝、关注和好友),从网络社会空间的角度入手,将城市理解为网络社区中的节点,将城市间的好友关系理解为网络社区中节点间的信息流,并借鉴 Taylor(2004)所提出的世界城市网络研究方法,构建代表城市间的网络社区好友关系矩阵,并进而借助 ArcGIS 分析软件将网络社区好友关系反映到地理空间上,构建了基于网络社区的中国城市网络体系,揭示了中国城市网络的发展特征(图 12-1、图 12-2)。

结果表明,微博社会空间视角下的中国城市网络存在着明显的等级关系与层级区分,城市的网络连接度与城市等级表现出了相对一致性,但这并不能表明,网络社会空间中的城市网络就是地理空间城市网络的简单投影,因为研究发现微博网络的空间扩张并不完全遵循已有的基于地理空间的等级体系。根据城市网络层级与网络联系强度,东部、中部、西部 3 大区域板块的网络联系差异明显,东部地区内部的联系,以及东部与中部地区和西部地区的联系几乎构成当前网络体系中的全部。城市网络呈现出分层集聚现象,具体表现为"三大四小"发展格局,即京津冀区域、珠三角区域、长三角区域、成渝地区、海西地区、武汉地区、东北地区。高等级城市在整个城市网络中处于绝对支配地位,北京以突出的优势成为全国性的网络联系中心,而上海、广州、深圳则成为全国性的网络联系副中心。

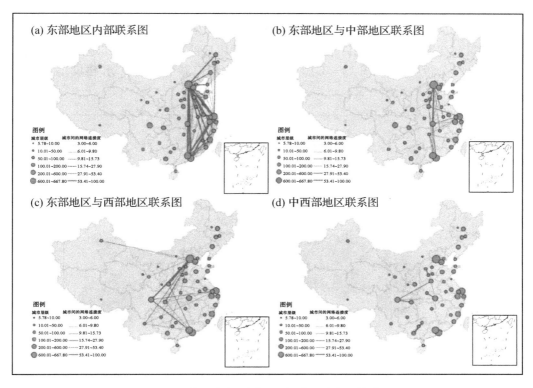

图 12 - 1　中国东部、中部、西部地区城市网络联系图

资料来源:甄峰,王波,陈映雪,2012。

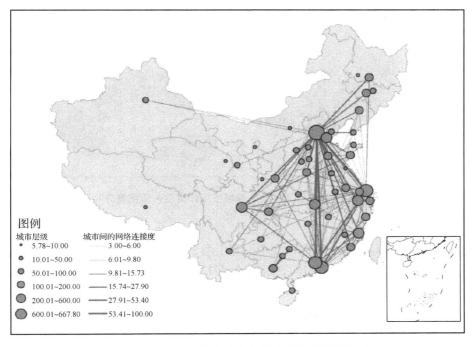

图 12 - 2　基于网络社会空间的中国城市网络体系

资料来源:同图 12 - 1。

（2）基于手机信令数据的城市人口时空演化研究

关志超等（2012）利用深圳联通一家移动运营商约 150 万手机用户的信令数据，通过将基站小区与交通网络的空间匹配，对深圳市手机用户的居住地与工作地，以及出行行为进行了定量分析与评价（图 12-3、图 12-4），对深圳市城市交通规划、建设、运营管理决策具有重要的实践应用意义。

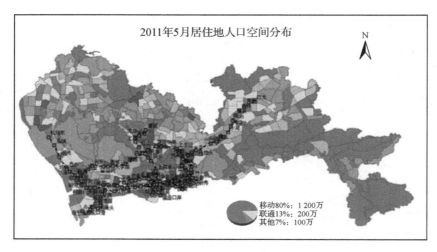

图 12-3　基于交通小区的深圳市工作岗位人口密度分布
资料来源：关志超，胡斌，张昕，等，2012。

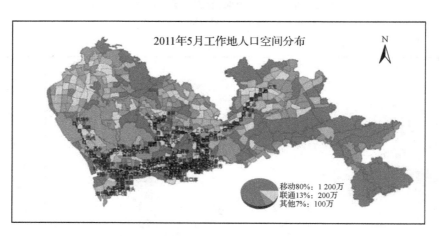

图 12-4　基于交通小区的深圳市工作岗位人口密度分布
资料来源：同图 12-3。

2013 年，无锡市城市规划编制研究中心和上海云砥信息技术有限公司共同实施完成的基于手机信令数据的无锡居民出行调查，在 2013 年 11 月至 12 月两个月内，对占无锡总人口 78.4% 的无锡移动 505 万手机用户进行了连续不间断追踪，动态采集了无锡市域范围内手机用户的信令数据。然后，通过对手机用户时空变化信息数据的初步分析，得到了无锡市的职住空间分布与出行行为特征，为优化调整城市空间结构，科学安排城市用地布局，集约利用空间资源提供了重要的科学支撑。

（3）基于公交与出租车 AVL 数据的城市居民出行模式研究

龙瀛等（2013）利用北京市 2008 年 4 月连续一周的公交 IC 卡刷卡数据（约 854 万持卡人连续一周共约 7 797 万次出行），结合 GIS 获取的北京市公交线路、公交站点和交通分析小区（Traffic Analysis Zone，TAZ），并利用北京市 2005 年的居民出行调查数据（调查规模为 74 839 户，被调查人数为 191 835 人，抽样率为 1.36%）以支持、印证刷卡数据的大数据挖掘分析结果，通过设计的数据模型对数据进行了分析处理，进而对北京市通勤出行和职住关系进行了识别、评价和可视化，并对典型居住区和就业地的通勤出行进行了重点分析（图 12-5～图 12-7）。研究结果表明，基于大数据分析的平均通勤时间和平均通勤距离结果与北京市 2005 年的居民出行调查数据结果基本能够吻合，同时通勤距离分布的圈层结构印证了北京市的单中心城市结构。

另外，龙瀛等（2013）正在使用北京市出租车的 AVL 数据信息提取出租车轨迹数据和兴趣点（Point of Interest，POI）数据，评价交通分析小区（TAZ）尺度的城市功能，并计划将公交刷卡数据与出租车轨迹数据整合，实现更为完整的城市功能的评价（Yuan 等，2012）。预期的评价结果是，每个交通分析小区能够识别出各项城市功能的比例，如居住、就业、购物等，进而评价每个小区的混合使用程度，是对传统的基于土地使用数据评价土地混合使用程度的一种方法补充。

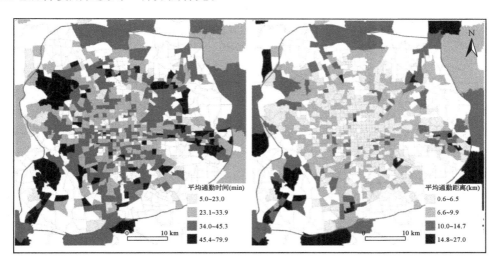

图 12-5　北京市中心区各交通分析小区的平均通勤时间和平均通勤距离

资料来源：龙瀛，崔承印，茅明睿，等，2013。

12.1.4　城市规划在大数据时代的发展

通过前面的案例介绍，我们可以发现城市规划领域仍处于大数据应用的初级阶段，成功的案例固然可能鼓舞人们对大数据的探索，推动大数据的理论范式、研究应用的发展，但是盲目的数据崇拜也可能误导其发展方向（张翔，2014）。例如，在"谷歌流感趋势"（GFT）、"亚马逊电商和 Netflix 影视推荐"等案例的推动下，出现了不少激进的、流行的大数据观点，可能导致批判性的、定性的和后实证性的研究空间被压缩（Graham，2013）。因此，对于这些盲目的大数据崇拜，城市规划的大数据应用必须重视以下三个方面。

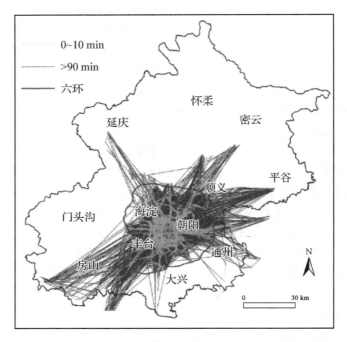

图 12 − 6　北京市中心区的极端出行时间的通勤出行形态

资料来源：同图 12 − 5。

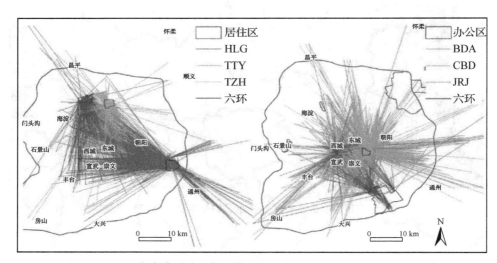

图 12 − 7　北京市典型地区的通勤出行形态（三大居住区与三大办公区）

注：HLG，回龙观社区；TTY，天通苑社区；TZH，通州社区；BDA，北京亦庄开发区；CBD，中央商务区；JRJ，金融街

资料来源：同图 12 − 5。

（1）以小数据分析方法提升大数据质量

在现阶段，先进的科技手段可以帮助人们获得很多的样本数据，却仍然不能获得"全样本"数据。在以社交媒体数据为基础的城市居民空间行为研究和城市之间的关联程度研究中，社交媒体被看做使用率很高、具有较大样本覆盖率的数据源（张翔，2014）。然而，2013 年第四季度，新浪微博日活跃用户仅占我国网民数量的约 10%，占我国人口总

数的约 4.5%,覆盖率仍然不高,无法实现分析样本的全覆盖。

大数据可以为城市规划提供丰富的数据,然而在大数据初期,数据源还不能达到"全样本"的水平,城市规划依然面临着众多数据"陷阱",如果不重视数据的质量问题,极有可能造成重大的偏差。因此,在城市规划的大数据应用中仍然有必要使用小数据统计调查的理论模型和分析方法,检验大数据的质量,并探究提升大数据质量的新方法(龙瀛等,2013)。

(2) 以城市规划专业知识驱动大数据分析

不少学者认为,大数据分析可以发现更多的相关性,不需要因果关系解释现象背后的原因(Viktor Mayer-Schönberger et al.,2013)。然而,依靠相关性分析而没有专业知识解读,一旦条件发生变化,便难以对预测模型做相应调整,极易出现错误。例如,谷歌公司的"谷歌流感趋势"(GFT),虽然刚开始的预测是成功的,但在后来的预测中却产生了严重的数据偏差。因而,这种基于完全数值化、算式模型来研究社会人文问题的方式,受到了尖锐的批判。

随着分析数据的增加,结果中的伪相关将以指数级别增长,大数据应用遇到的类似问题将会更突出。鉴于城市规划的大数据应用仍处于探索阶段,因此需要借助城市规划专业的理论和知识来阐述数字代表的信息,在寻找相关性的同时,深入辨析潜在的因果关系(张翔,2014)。

(3) 以多维分析视角校验大数据结果

大数据应用能够提高城市规划分析现状问题的能力,也将极大地提高对未来的模拟预测能力。然而,大数据分析难以模拟人的思维方式和分析社会关系,更难以挖掘相关性背后的因果逻辑关系,这正是人类凌驾于计算机之上的智力优势。如果我们完全依靠大数据进行模型分析与预测,在大量的虚假相关无法来得及有效辨识的大数据时代,我们可能已经在错误的道路上越走越远。

在清晰认识大数据局限性的前提下,城市规划者需要构建新型的城市规划支撑体系,该体系既要反映人类决策行为特点,又要发挥大数据预测在城市规划决策中的辅助作用,以多维分析视角校验大数据结果(参见第 1 章中的相关论述)。

大数据时代已经到来,而且将极大地改变人类的思维方式和城市规划的分析研究方法,只有积极推动大数据研究,才能更好地抓住机遇、克服挑战,推动城市规划理论与实践的新发展,回避或忽视都是徒劳的。

参考文献

[1] 刘勤志,廖国衡,许文强. 基于 GIS 的土地利用总体规划决策支持系统[J]. 科技资讯,2013(32):36-37.

[2] 张合兵,桑振平,李晨. 基于 GIS 平台的土地利用规划管理信息系统设计研究[J]. 河南理工大学学报,自然科学版,2008,27(3):288-293.

[3] 方旭东. 基于 GIS 的港口规划信息系统的初步研究[J]. 港口科技,2009(5):18-21.

[4] 熊学斌,王勇,郭际元. 基于 GIS 的中小城市规划管理信息系统[J]. 现代计算机,下半月版,2004(5):53-55.

[5] 尹海伟,孔繁花. 城市与区域规划空间分析实验教程[M]. 南京:东南大学出版社,2014.

[6] 李莉,袁超. 地理设计的思想,方法和工具[J]. 地理空间信息,2011,9(6):42-44.

[7] 杰克,丹哲芒,马劲武,等. 地理信息系统:设计未来[J]. 中国园林,2010(4):19-26.

[8] 周文生,杨旭彤,苏文松. 地理设计平台的研发及其在城市规划中的应用探索[J]. 中国园林,2014(10):004.

[9] "基于3S和4D的城市规划设计集成技术研究"课题组. 空间信息技术在城市规划编制中的应用研究[M]. 北京:中国建筑工业出版社,2012.

[10] 赵雷,徐建刚. GIS在当前城市规划中的应用热点[J]. 中华建设,2007(10):77-78.

[11] 毛汉英,方创琳. 新时期区域发展规划的基本思路及完善途径[J]. 地理学报,1997,52(1):1-9.

[12] 李伦亮. 科学的发展观与城市规划方法论[J]. 规划师,2005,21(2):14-17.

[13] 柏祝玲,张晓瑞. GIS空间分析技术在城市规划实验教学中的应用[J]. 实验室研究与探索,2013(10):107.

[14] 许为一,杨昌新,肖单涛. GIS空间分析功能在城市规划设计中的应用初探[J]. 科技广场,2008(11):142-145.

[15] 耿宜顺. 基于GIS的城市规划空间分析[J]. 规划师,2000,16(6):12-15.

[16] 胡玲. 城市规划管理信息系统设计与实现[D]. 成都:电子科技大学,2006.

[17] 高红梅. 规划管理系统的总体设计[D]. 北京:中国地质大学(北京),2010.

[18] 克利福德·格尔茨. 文化的解释[M]. 南京:译林出版社,1999.

[19] Harris,B.. Plan or projection:An examination of the use of models in planning[J]. J Ame Planning Asso,1960,26(4):265-272.

[20] 龙瀛. 规划支持系统原理与应用[M]. 北京:化学工业出版社,2007.

[21] 龙瀛,何永,刘欣,等. 北京市限建区规划:制订城市扩展的边界[J]. 城市规划,2006,30(12):20-26.

[22] Klosterman,R. E.. The what if? collaborative support system[J]. Environment and Planning,B,Plan-ning and Design,1999(26):393-408.

[23] Klosterman,R. E. ,Siebert,L. ,Hoque,M. A. ,Kim,J. K. ,Parveen,A.. Using an operational planning support system to evaluate farmland preservation policies[M]//Planning support systems in practice. Springer Berlin Heidelberg,2003:391-407.

[24] Pettit,C. J.. Use of a collaborative GIS-based planning-support system to assist in formulating a sustainable-development scenario for Hervey Bay,Australia[J]. Environment and Planning B,planning and design,2005,32(4):523-545.

[25] 董鉴泓. 中国国情与城市发展[J]. 城市规划学刊,2005(1):7-9.

[26] Hopkins,L. D.. Structure of a planning support system for urban development[J]. Environment and Planning B,1999(26):333-344.

[27] 刘昌华,张文志,李沛,等. 虚拟现实技术在南京市规划与设计中的应用[J]. 河南理工大学学报,自然科学版,2007,26(1):36-41.

[28] 郑皓,蓝运超,范凌云.浅谈虚拟现实技术及其在城市规划中的应用[J].武汉大学学报,工学版,2001,34(6):110-113.

[29] 李春阳,郭永明.虚拟现实技术在城市规划与设计领域的实践[J].测绘科学,2003,28(1):38-41.

[30] 胡明星.虚拟现实技术及其在城市规划中的应用[J].规划师,2000,16(6):19-20.

[31] 刘学慧,吴恩华.虚拟现实的图形生成技术[J].中国图象图形学报,A辑,1997,2(4):205-212.

[32] 姜峰.数字规划中的虚拟现实技术[J].武汉大学学报,工学版,2005,37(6):129-132.

[33] 马劲武.地理设计简述,概念,框架及实例[J].风景园林,2013(1):26-32.

[34] 薛梅,何兴富,邱月.地理设计系统框架研究及实践[J].城市勘测:2014(3),011.

[35] 伊恩·毕夏普,陈立欣.地理设计中的优化[J].景观设计学,2013(6):007.

[36] 罗灵军,邓仕虎.从地理信息服务到地理设计服务[J].地理信息世界,2012(12):40-46.

[37] 龙瀛,毛其智.城市规划支持系统的定义、目标和框架[J].清华大学学报:自然科学版,2010,50(3):335-337.

[38] 杜宁睿,李渊.规划支持系统(PSS)及其在城市空间规划决策中的应用[J].武汉大学学报(工学版),2005(1):137-142.

[39] 钮心毅.规划支持系统,一种运用计算机辅助规划的新方法[J].城市规划学刊,2006(2):96-101.

[40] 何兴富,谢征海.基于地理设计的三维道路设计系统研究与实现[J].地理信息世界,2013,20(6):72-76.

[41] 张妍,尚金城.开发区环境规划决策支持系统的研制与应用[J].科学学与科学技术管理,2002,23(5):89-91.

[42] 赵鹏军,李铠.大数据方法对于缓解城市交通拥堵的作用的理论分析[J].现代城市研究,2014(10):007.

[43] 陈美.大数据在公共交通中的应用[J].图书与情报,2013(6):22-28.

[44] 唐要安.大数据在交通中的应用[J].交通世界,2013(24):126-127.

[45] 印影,姜琦刚,林楠,等.资源一号02C星数据在土地利用分类中的应用[J].科学技术与工程,2014,14(29):051.

[46] 马明,岳彩荣,张云飞,等.基于TM影像的土地覆盖分类比较研究[J].绿色科技,2014(3).

[47] 覃志豪,李文娟,徐斌,等.利用Landsat TM6反演地表温度所需地表辐射率参数的估计方法[J].海洋科学进展,2005,22(B10):129-137.

[48] 王英利,张建国,游珍,等.基于RS和GIS的土地利用结构动态变化及发展预测研究——以南通市为例[J].国土与自然资源研究,2013(6):1-2.

[49] 周万蓬,章龙.基于CBERS-02和Landsat TM数据的土地利用调查对比研究[J].东华理工大学学报,社会科学版,2013,32(3):371-374.

[50] 廖克,成夕芳,吴健生,等.高分辨率卫星遥感影像在土地利用变化动态监测中的应

用[J]. 测绘科学,2006,31(6):11-15.

[51] 关志超,胡斌,张昕,等. 基于手机数据交通规划、建设、管理决策支持应用研究[C]. 第七届中国智能交通年会优秀论文集——智能交通应用,2012.

[52] 杨佩晔,韩周林,陈朝镇,等. RS 与 GIS 在城市绿地景观生态规划中的应用研究[J]. 绵阳师范学院学报,2012,30(11):125-129.

[53] 赵薛强,林桂兰. 3S 技术在海南省海岸保护利用规划中的应用[J]. 台湾海峡,2011, 30(3):330-335.

[54] 魏凯. 大数据的技术挑战及发展趋势[J]. 信息通信技术,2013(6):005.

[55] 龙瀛,崔承印,茅明睿,等. 大数据时代的精细化城市模拟,方法、数据、案例和框架 [J]. 城市时代,协同规划——2013 中国城市规划年会论文集(13-规划信息化与新技术),2013.

[56] Yuan, J. , Zheng, Y. , Xie, X. . Discovering regions of different functions in a city using human mobility and POIs[J]. Proceedings of the 18th ACM SIGKDD international conference on Knowledge discovery and data mining, 2012, pp. 186-194. Beijing, China, ACM.

[57] 秦萧,甄峰,熊丽芳,等. 大数据时代城市时空间行为研究方法[J]. 地理科学进展, 2013(9):1352-1361.

[58] Taylor, P. J.. World City Network, A Global Urban Analysis[M]. Psychology Press,2004.

[59] 张翔. 大数据时代城市规划的机遇、挑战与思辨[J]. 规划师,2014,30(8):38-42.

[60] INTERNATIONAL DATA CORPORATION. Electronic Med-icines Compendium. 2011 IDC Digital Universe Study, BigData is Here, Now What? [R]. 2011.

[61] Graham, M. , Shelton, T. . Geography and the future of big data, big data and the future of geography[J]. Dialogues in Human Geography,2013,3(3):255-261.

[62] 维克托·迈尔·舍恩伯格,肯尼思·库克耶. 大数据时代,生活、工作与思维的大变革[M]. 盛杨燕,周涛译. 杭州:浙江人民出版社,2013.

[63] 甄峰,王波,陈映雪. 基于网络社会空间的中国城市网络特征—以新浪微博为例[J]. 地理学报,2012,67(8):1031-1043.

[64] Crawford, K. 大数据真有这么神奇吗? [EB/OL]. http://www. bwchinese. com/article/1042044. html.

[65] BELL, S. , PASKINS, J. . Imagining the Future City, London 2062[EB/OL]. http,//www. uc1. ac. uK/1ondon-2062/book.

[66] 薛辰. 国际大数据研究论文的计量分析[J]. 现代情报,2013,33(9):129-134.